植物寄生生态学研究

——以菟丝子属研究为例

李钧敏 董 鸣 金则新 等 著

科学出版社

北京

内 容 简 介

寄生植物是生态系统中的一类特殊植物类群。寄生植物可以直接或间接地影响寄主的其他寄生生物或共生生物，诱导营养级联效应，从而影响生态系统的结构与功能。本书分为上下两篇。上篇为基础篇，综合国内外文献，阐述植物寄生生态学的概念、内容及研究现状。下篇为实例篇，综合本书作者实验室多年来承担的国家自然科学基金项目与浙江省自然科学基金项目等的研究成果，全面阐述菟丝子属植物寄生带来的生态学效应。

本书内容深入浅出、浅显易懂，可供从事植物学、生态学及相关领域研究或教学的工作者使用，也可为农林等专业方向的学生与广大科技工作者提供参考，对野生植物保护部门的研究与管理者亦大有裨益。

图书在版编目(CIP)数据

植物寄生生态学研究：以菟丝子属研究为例/李钧敏等著. —北京：科学出版社，2022.10
　ISBN 978-7-03-073382-5

Ⅰ.①植…　Ⅱ.①李…　Ⅲ.①寄生植物–菟丝子–生态学–研究
Ⅳ.①Q948.9

中国版本图书馆 CIP 数据核字（2022）第 189525 号

责任编辑：马　俊　郝晨扬 / 责任校对：严　娜
责任印制：吴兆东 / 封面设计：无极书装

科学出版社 出版
北京东黄城根北街 16 号
邮政编码：100717
http://www.sciencep.com
北京廛诚则铭印刷科技有限公司 印刷
科学出版社发行　各地新华书店经销

*

2022 年 10 月第 一 版　开本：787×1092　1/16
2023 年 1 月第二次印刷　印张：16 3/4
字数：397 000
定价：198.00 元

前　言

作为生态系统的一个特殊类群,寄生植物引起了越来越多研究人员的关注,需开展大量深入的研究。通过研究寄生植物与生态系统中其他营养级的物种间的相互作用,尤其是寄主植物受到寄生植物侵染后如何通过改变基因表达来提高防御能力,如何改变在防御与生长之间的投入以进一步适应寄生胁迫,可以深入探讨寄生植物在整个生态系统中的重要作用和地位。

自 2005 年以菟丝子属植物为研究对象开展植物寄生生态学研究以来,我们得到了国家自然科学基金项目“植物寄生对群落可入侵性的影响及机制”(No.30800133)、中国-保加利亚政府间科技合作委员会第 15 届例会项目“盐胁迫下中国及保加利亚本地菟丝子属茎寄生植物与模式寄主植物之间的相互关系:生态及农业应用价值”(No.15-2)、中国博士后基金项目“寄生植物对群落可入侵性的影响”(No.20080440557)、浙江省自然科学基金项目“本地寄生植物对外来入侵植物入侵性的影响及机制”(No.Y5110227)和“寄生植物对入侵植物的偏好及机制”(No.Y5090253)等的资助。在这些项目的支持下,我们在 *Ecology*(《生态学》)、*New Phytologist*(《新植物学家》)等专业期刊上发表了论文,在植物寄生生态学领域取得了一些原创性成果。

研究发现,寄生植物吸收寄主的营养物质,改变凋落物的质量与数量,改变根的周转与分泌物存在格局,影响土壤理化特性,并且影响土壤微生物群落的结构与功能多样性。寄生植物可以影响寄主的行为,改变寄主与非寄主植物之间的相互作用,影响种内与种间竞争,从而影响植物群落的结构和功能。寄生植物可以直接或间接地影响寄主的其他寄生或共生生物,诱导营养级联效应,从而影响生态系统的结构与功能。

本书分为上下两篇。上篇为基础篇,综合国内外文献,以生态系统结构组成为主线,从寄生植物的生物学特性、寄生植物对寄主植物的偏好、寄生植物对寄主植物生长的影响、寄生植物寄生对寄主植物群落的影响、寄生植物对其他营养级的影响、寄生植物寄生对土壤特性及土壤微生物的影响、寄主植物及环境和生物因子对寄生植物的影响等 7 个方面阐述寄生植物生态学的概念、内容及研究现状。下篇为实例篇,综合我们多年来承担的国家自然科学基金项目与浙江省自然科学基金项目的研究成果,以菟丝子属植物为研究对象,从菟丝子属植物寄生对入侵植物生长的影响、环境因子对菟丝子属植物寄生效果的影响、生物因子对菟丝子属植物寄生效果的影响、寄主植物响应菟丝子属植物寄生的分子生物学机制、菟丝子属植物寄生对植物群落的影响、菟丝子属植物寄生对土壤特性及土壤微生物的影响、菟丝子属寄生植物与寄主植物的气候生态位及对全球变暖的响应、菟丝子属寄生植物和寄主植物的适应与进化等 8 个方面阐述菟丝子属植物寄生带来的生态学效应。

研究过程中还发现,在植物寄生生态学的研究中最重要的是建立一个模式系统,研究寄生植物与寄主植物的直接关系、寄生植物与非寄主植物及群落中其他营养级生物组分的间接作用、寄生植物与群落中其他营养级生物组分间的进化关系。关于菟丝子属植物寄生生态学的研究，目前主要包括如下三个模式系统。

模式系统一：菟丝子-大豆-根瘤菌（丛枝菌根真菌）系统。大豆是世界重要的粮食与油料作物，根瘤菌与豆科植物的共生固氮是已知固氮量最高的生物固氮体系，茎全寄生的菟丝子是大豆常见的有害寄生植物，给大豆的栽培带来了一定的危害。以菟丝子-大豆-根瘤菌系统为研究对象，可以研究全寄生植物对植物根际共生细菌或真菌的下行效应，植物根际共生细菌或真菌对全寄生植物的上行效应，全寄生植物、共生细菌或真菌及外界环境因子对寄主植物生长的交互作用等。

模式系统二：菟丝子-拟南芥系统。生态基因组学将功能基因组学的研究手段和方法引入生态学领域，通过群体基因组学、转录组学、蛋白质组学等手段与方法将个体、种群及群落、生态系统不同层次间的生态学相互作用整合起来，确定在生态学响应及相互作用中具有重要意义的关键基因和遗传途径，阐明这些基因及遗传途径变异的程度及其所带来的生态和进化后果，从基因水平探索有机体响应天然环境（包括生物与非生物的环境因子）的遗传学机制。物种间的相互作用是非常重要的生态学过程，决定了生态系统的结构与功能。开展物种间相互作用的生态基因组学研究可以从分子水平探讨物种间发生相互作用的机制及可能的进化意义。虽然大豆的基因组测序工作已经完成，但现在各服务机构所提供的基因组学、蛋白质组学、生物信息学等相关分析仍以模式植物拟南芥为主。采用菟丝子-拟南芥系统进行研究，可以较好地阐明全寄生植物与寄主植物之间的相互作用及相关的基因调控机制。

模式系统三：菟丝子-入侵植物系统。入侵植物由于具有较快的生长速度和强大的资源捕获能力，在相同条件下可能提供给寄生植物充足的养分而受到寄生植物的青睐，但寄生植物是否是一种潜在有效的入侵植物生物防治剂仍需长期深入的研究，尤其要关注的是寄生植物寄生可能给生态系统中的其他物种带来的非靶向性的生态效应，因此寄生植物-入侵植物系统是一个良好的研究系统。同时全寄生植物对非靶向的本地植物也具有一定的危害作用，因此，我们仍需长期关注全寄生植物防治入侵植物的可行性研究，如全寄生植物对入侵植物竞争能力的影响是否与物种有关，寄生植物寄生对土壤地下生态系统的影响及地下生态系统如何反馈地上部分的生长，以及寄生植物寄生的群落生态学效应。同时，入侵植物在入侵地碰到新的天敌，如何响应新天敌，如何权衡生长与防御策略，如何快速适应从而进一步扩大入侵范围。这些领域的研究将有助于进一步了解入侵植物的入侵机制。

参与本书编写的人员在科研过程中凝练研究方向，逐渐在植物寄生生态学研究领域积累了丰富的成果，汇集为本书。本书第 1~7 章由李钧敏、董鸣和金则新撰写；第 8 章由李钧敏、董鸣、金则新和杨蓓芬撰写；第 9 章由陈露茜、李钧敏、柳本·扎戈尔切夫（Lyuben Zagorchev）和杨蓓芬撰写；第 10 章由高芳磊、袁永革和李钧敏撰写；第 11 章由周丽和李钧敏撰写；第 12 章由余华和李钧敏撰写；第 13 章由袁永革和李钧敏撰写；第 14 章由蔡超男和李钧敏撰写；第 15 章由李钧敏撰写。台州学院教师管铭（2012 年）、严巧娣（2013~2015 年）和马俊霞（2020 年），博士后卡罗琳·布鲁内尔（Caroline Brunel）（2020 年），博士研究生迈克尔·奥波库·阿多马科（Michael Opoku Adomako）（2020~2021 年），硕士研究生李永慧（2012~2014 年）、张静（2012~2015 年）、车秀霞（2013～2014 年）、郭素民（2014 年）、余斌斌（2019 年）和张雪（2018～2019 年），本科生王如魁（2012 年）和陈惠萍（2013～2014 年）参与了项目的研究；德国康斯坦茨大学马克·范·克伦（Mark Van Kleunen）教授（2020～2021 年），瑞士联邦森林、雪与景观研究所李迈和教授（2014～2020 年）、弗兰克·哈格多恩（Frank Hagedorn）教授（2014 年）和贝亚特·弗雷（Beat Frey）教授（2019 年），浙江大学吕洪飞教授（2019 年），山西师范大学闫明教授（2012～2021 年），广西师范大学梁士楚教授（2013 年），肯尼亚技术大学阿尤布·奥杜尔（Ayub Oduor）副教授（2019 年）对项目的开展进行了指导，在此一并表示感谢。

著　者

2022 年 6 月

目　　录

上篇　基　础　篇

下篇 实 例 篇

上　篇

基　础　篇

第 1 章　寄生植物的生物学特性

寄生植物（parasitic plant）是生态系统的特殊组成类群之一（Press，1998；Jones et al.，1994；Smith，2000）。寄生植物是指由于缺少足够的叶绿体，其根系或叶片器官退化，失去自养能力，在不同程度上依赖其他植物体内营养物质来完成其生活史的某些被子植物类群。由于根系或叶片退化或缺乏足够的叶绿素，寄生植物以特殊的吸器（haustorium）寄生在寄主植物的根和（或）茎上，依靠吸收寄主的养分和水分而生存（Hibberd and Jeschke，2001）。全世界共有 4200 多种寄生植物，数量占种子植物的 1%以上（盛晋华等，2004）。寄生植物在自然和半自然生态系统中普遍存在。

1.1　寄生植物类型

在被子植物中，大约 277 个属 4750 个物种是寄生植物（Nickrent and Musselman，2004），包括乔木、灌木、藤本和草本植物，它们广泛分布于不同的生态环境中，并且具有不同的生育习性及寄主识别特性（Robinson，2000；Yoder，2001；李志军等，2002；Phoenix and Press，2005）。部分寄生植物科属分布见表 1-1（Robinson，2000）。其中玄参科（Scrophulariaceae）寄生植物达 700 多种；火焰草属（*Castilleja*）有 200 种，小米草属（*Euphrasia*）有 170 种，马先蒿属（*Pedicularis*）有 350 种。另外，桑寄生科（Loranthaceae）、旋花科（Convolvulaceae）、列当科（Orobanchaceae）和樟科（Lauraceae）中也比较多（李钧敏和董鸣，2011）。

表 1-1　部分寄生植物科属分布

科	属的数量（估计）/个	种的数量（估计）/个	寄生类型	典型属
蛇菰科（Balanophoraceae）*	18	45	根全寄生	蛇菰属、安第斯菰属、锁阳属、莲花菰属
旋花科（Convolvulaceae）	1	160	茎半寄生或全寄生	菟丝子属
菌花科（Hydnoraceae）	2	15	根全寄生	菌花属、牧豆寄生属
刺球果科（Krameriaceae）	1	17	茎半寄生或全寄生	刺球果属
樟科（Lauraceae）	1	20	茎半寄生	无根藤属
盖裂寄生科（Lennoaceae）	2	5	根全寄生	沙菰属、穗沙菰属、龙须寄生属
桑寄生科（Loranthaceae）	74	700	茎或根半寄生	*Phthirusa*、梨果寄生属、钝果寄生属
羽毛果科（Misodendraceae）	1	8	茎半寄生	羽毛果属
铁青树科（Olacaceae）	29	193	根半寄生	青皮木属、海檀木属
山柚子科（Opiliaceae）	10	32	根半寄生	*Agonandra*、山柚子属
檀香科（Santalaceae）+	40	490	根半寄生	假柳穿鱼属、檀香属、百蕊草属
槲寄生科（Viscaceae）	7	350	茎半寄生	油杉寄生属、肉穗寄生属、槲寄生属
大花草科（Rafflesiaceae）§	8	50	茎或全寄生	簇花草属、大花草属
玄参科（Scrophulariaceae）″	78	1940	根半寄生	帚地黄属、黑草属、火焰草属、青冈寄生属、小米草属、马先蒿属、列当属、鼻花属、独脚金属

注：*包含锁阳科；+包含房底珠科；§包含离花科、簇花草科和奴草科；//包含列当科

寄生植物的种类很多。桑寄生科为常绿寄生性小灌木，典型物种如红花寄生（*Scurrula parasitica*）。槲寄生科为常绿小灌木，典型物种如槲寄生（*Viscum coloratum*）。列当科为半寄生草本植物，典型物种如列当（*Orobanche coerulescens*）、肉苁蓉（*Cistanche deserticola*）和野菰（*Aeginetia indica*）。玄参科独脚金属（*Striga*）为半寄生草本植物，典型物种如独脚金（*Striga asiatica*）。樟科无根藤属（*Cassytha*）为茎半寄生草本植物，典型物种如无根藤（*Cassytha filiformis*）。旋花科菟丝子属（*Cuscuta*）为全寄生草本植物，典型物种如原野菟丝子（*Cuscuta campestris*）。

1.1.1 全寄生植物与半寄生植物

根据寄生植物与寄主的关系、对寄主的依赖程度或获取寄主营养成分的不同，可将寄生植物分为两大类：全寄生植物（holoparasite）和半寄生植物（hemiparasite）（盛晋华等，2004）。全寄生植物体内不含有叶绿素，不能独立地同化碳素和氮素，无叶片或叶片退化，无光合作用能力，其导管和筛管分别与寄主植物木质部导管和韧皮部筛管相通，从寄主植物上获取自身生存所需要的全部营养物质，包括水分、无机盐和有机物质等。全寄生植物可占全部寄生植物的20%左右，如旋花科植物。

半寄生植物有正常的茎和叶，营养器官中含有叶绿素，能进行光合作用，制造营养物质，但其光合作用水平低，且与强烈的呼吸作用相偶联，所以净同化作用获得的产物很少，不够自身生长所需，因根系缺乏，需要从寄主植物中吸取水分和无机盐，其导管与寄主植物的导管相连。半寄生植物可占全部寄生植物的80%左右，如桑寄生科、槲寄生科、樟科、玄参科等植物（李钧敏和董鸣，2011）。

1.1.2 根寄生植物与茎寄生植物

根据寄生植物寄生在寄主的部位不同，即吸器在根上还是茎上产生，又可将寄生植物分为根寄生植物和茎寄生植物（盛晋华等，2004）。根寄生植物叶片退化成鳞片状，部分含有叶绿素甚至无叶绿素，光合作用能力低，寄生在寄主植物的根部，地上部分与寄主彼此分离，如列当、独脚金、蛇菰等；根寄生植物占全部寄生植物的60%。茎寄生植物寄生在寄主的茎上，两者紧密结合在一起（Yoder，2001；Phoenix and Press，2005），如菟丝子、无根藤等；茎寄生植物占全部寄生植物的40%。

1.1.3 专性寄生植物与兼性寄生植物

根据寄生植物的生活史是否可独立完成，可将寄生植物分为专性寄生植物（obligate parasite）和兼性寄生植物（facultative parasite）。专性寄生植物的生活史在没有寄主的情况下不能独立完成，而兼性寄生植物则可以在离开寄主的情况下独立完成其生活史。全寄生植物均是专性寄生植物；半寄生植物则既可能是专性寄生植物，也可能是兼性寄生植物。菟丝子为茎全寄生植物；菌花属植物是根全寄生植物；桑寄生科的寄生乔木澳洲火树（*Nuytsia floribunda*），每年12月开花，称为"圣诞树"，是专性根半寄生植物；鼻花属（*Rhinanthus*）植物则为兼性根半寄生植物；槲寄生是专性茎半寄生植物。

1.1.4　具有致病力的寄生植物与不具有致病力的寄生植物

在所有的寄生植物中，仅大约有 25 个属对植物具有危害性，被认为是具有致病力的寄生植物（Nickrent and Musselman，2004）。这些寄生植物可以致死寄主，引起植物种群、群落乃至生态系统结构与功能发生变化，其中危害性最大的为独脚金属、列当属（*Orobanche*）、菟丝子属和油杉寄生属（*Arceuthobium*）。其他对寄主影响不大的寄生植物则被称为不具有致病力的寄生植物。

油杉寄生属的矮槲寄生感染针叶树可使其生长延缓或畸形，从而导致美国每年损失大量木材（Parker and Riches，1993）。在世界范围内影响最大的寄生植物是玄参科和列当科近缘的根寄生植物。易受这些寄生植物感染的作物包括重要的谷物，如玉米、高粱、谷子和大米，以及豆类和其他蔬菜。独脚金属植物感染非洲谷类和豆类中的 2/3 以上，产量损失达 100%，而且使作物无法继续生产。据联合国粮食及农业组织估计，非洲 25 个国家的 1 亿多居民的生命受到了独脚金属植物造成的作物损失的威胁（Estabrook and Yoder，1998）。

1.2　吸器结构及寄生过程

1.2.1　吸器

吸器是联系寄生植物和寄主植物的桥梁，是所有寄生植物共有的器官。吸器能够穿透寄主植物的表皮、皮层从而到达维管束，将寄生植物的维管束和寄主植物的维管束连接，形成两者间互通的维管束通道，称为"维管束桥"（图 1-1）（Estabrook and Yoder，1998）。

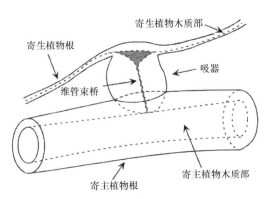

图 1-1　寄生植物吸器示意图（修改自 Estabrook and Yoder，1998）

吸器在结构上均具有高度特化的木质部，多数没有典型的韧皮部结构（全寄生植物的吸器常具有韧皮部结构）（黄新亚等，2011）。根据起源与着生位置的不同，吸器可以分为初生吸器和次生吸器（Kuijt，1969）。初生吸器在种子萌发时即开始发育，位于根的顶端；次生吸器则在幼苗长成以后形成，多发生在次生根，侧生或少量顶生，在结构上比初生吸器原始（Weber，1987）。

寄生植物吸器的形成过程如下：①寄生植物种子萌发，②诱导寄主植物产生吸器诱导因子；③吸器诱导因子诱使寄生植物根部形成突起；④突起穿透寄主植物形成吸器；⑤吸器吸附后成熟（图1-2）（Estabrook and Yoder，1998）。吸器诱导因子大多是一些酚类化合物，如 xenognosin A、xenognosin B（Lynn *et al.*，1981）和醌类物质2,6-二甲氧基-对-苯醌（DMBQ）（Chang and Lynn，1986）。在全寄生植物中，有关诱导吸器形成的研究不多（Goyet *et al.*，2017）。Goyet 等（2017）利用外源性细胞分裂素和特异性细胞分裂素受体抑制剂 PI-55 进行的生物测定表明细胞分裂素诱导吸器形成并增加寄生植物的侵袭性，根系分泌物含有一种具有二氢玉米素特性的细胞分裂素，在萌发种子吸器发育早期触发了细胞分裂素反应基因的表达，结果表明寄主根的细胞分裂素组成性分泌物在全寄生植物大麻列当（*Phelipanche ramosa*）吸器形成中发挥了重要作用。

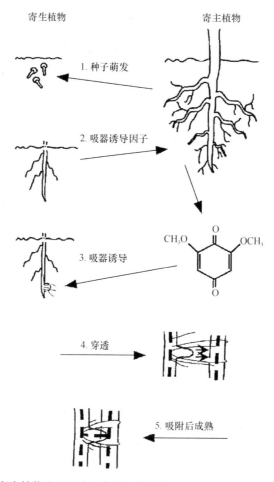

图1-2　寄生植物吸器形成示意图（修改自 Estabrook and Yoder，1998）

吸器是物质流动的通道。寄生植物通过吸器与寄主植物建立维管束通道，从寄主植物中获取水分和养分（Press and Graves，1995），还能传输防御物质和 RNA 等（Wu，2018）。

1.2.2　寄生关系的建立

有功能的吸器的形成标志着寄生植物和寄主植物寄生关系的建立。寄生植物与寄主植物建立寄生关系可以有两种方式：一是寄生植物的种子在适宜的温湿条件下萌发后，其根或茎感受到寄主植物的化学信号刺激，形成吸器，建立寄生关系，如兼性根寄生植物；二是寄主植物的种子在感受到化学信号刺激之后开始萌发，并形成吸器，建立寄生关系，如专性根寄生植物（胡飞和孔垂华，2003）。

1.3　寄生植物的繁殖

大多数寄生植物存在种子繁殖与营养繁殖两种方式，但也有一些寄生植物，如槲寄生，只有种子繁殖方式。

1.3.1　种子繁殖

进行种子繁殖时，寄生植物的种子存在一个与寄主植物建立寄生关系的过程，这个过程对寄生植物的生存具有非常重要的意义。例如，根寄生植物锁阳和肉苁蓉的种子只有感受到寄主植物的存在时才迅速萌发，与寄主植物建立寄生关系，这个感受过程的诱发因子包括寄主植物释放的某些次生代谢产物，如赤霉素等。有些寄生植物的种子没有休眠期，成熟胚立即萌发；然而在大多数情况下，寄生植物的种子具有长时间休眠的特征，如槲寄生的种子一般要经过 3～5 年才能萌发。另外也有一些寄生植物的种子需要通过动物的消化才能显著提高种子萌发率，如鸟类或袋鼠的肠道消化能显著提高槲寄生的种子萌发率（李小燕等，2016）。

1.3.2　营养繁殖

在资源有限或荒漠等严酷和恶劣的环境条件下，营养繁殖对寄生植物具有重要意义，但是寄生植物营养繁殖的空间范围可能要比自养植物的空间范围小得多。大部分寄生植物只能在寄主植物上产生新的营养繁殖体，如锁阳（*Cynomorium songaricum*）的营养繁殖体在寄主的根上呈串状分布，肉苁蓉在其肉质茎基部产生新的芽体，具有顶端生长点且长度大于 15cm 的离体菟丝子茎段能与寄主重新建立寄生关系（李小燕等，2016）。

1.3.3　繁殖策略

寄生植物从寄主植物中吸收生长所需的水分与养分，因此寄主植物的生长状态在很大程度上影响寄生植物的繁殖策略。当寄主植物生长旺盛时，能满足寄生植物吸收营养物质的要求，使寄生植物正常地进行种子繁殖与营养繁殖。当肉苁蓉寄生于 5 年以上的梭梭（*Haloxylon ammodendron*）时，种子产量和种子质量比寄生于 3 年的梭梭大幅度提高，单株种子产量提高 2～5 倍（郑雷等，2013）。然而，当寄主植物产生的营养物质不足以维持寄生植物的正常生长发育时，甚至寄主植物干枯死亡，则寄生植物需要将尽可能多的剩余营养物质用于繁殖输出（Fenner，1985）。

环境因子也可以影响寄生植物的繁殖策略。锁阳和肉苁蓉等植物种子的繁殖必须在出土后才能完成，如果环境条件不允许其出土，其种子繁殖会受到影响。例如，沙丘的增高导致锁阳与肉苁蓉被埋得更深，其种子繁殖势必会受到影响；深埋也有可能导致锁阳和肉苁蓉产生更多的营养繁殖体，从而使资源分配向营养繁殖倾斜（李小燕等，2016）。

1.4　寄生植物的生活史

寄生植物的生命周期必须与寄主的生命周期同步以最大限度地提高适合度。一般来说，寄生植物的生命周期包括以下 3 个阶段：①种子萌发；②寄生植物附着、吸器形成和穿透寄主维管系统；③营养转移以及资源捕获（Shen *et al.*，2006）。对于某些寄生植物，第一阶段和第二阶段是由寄主植物释放的化学信号触发的。第三阶段主要包括从寄主到寄生植物的物质流以及寄生植物与寄主建立联系后的相互作用（Shen *et al.*，2006）。

1.4.1　全寄生植物的生活史

全寄生植物在初生根的分生组织顶端形成吸器，吸器穿透寄主植物表皮和皮层，附着在寄主植物的维管系统，从寄主植物中获取养分，完成全寄生。

1.4.1.1　菟丝子的生活史

菟丝子种子均具有休眠的特点。菟丝子种子的休眠可以分为初生休眠和次生休眠两种类型。其中初生休眠的时间较短，一般为 1～3 天，次生休眠的时间较长，可达 5 年以上。当菟丝子种子遇到不利条件时会进入次生休眠期。一般经历过初生休眠后的菟丝子种子发芽率较高（王景升，1987；席家文等，2000）。

菟丝子种子萌发时会长出细长的茎（直径 0.5～2.8mm），茎表面光滑弯曲，茎顶端向光性生长（汪学敏，2010），当顶端接触到合适的寄主植物时，会在接触处形成吸器，吸器分泌黏液使之固定在寄主植物上，吸器通过机械压力以及液化植物表皮的作用，不断侵入寄主植物表皮内部直至到达维管束。当吸器到达维管束以后，部分组织分化为导管和筛管，分别与寄主的导管和筛管相连，从寄主中吸取养分和水分，直至开花结果（刘永，2001；王华磊等，2004）。

菟丝子从 7 月开始开花，花期较长，开花后形成球形或近似球形的果实，成熟的果实内包裹大量种子。这些种子落在土壤中，在土壤中经过休眠后又会萌发形成新的菟丝子植株（汪学敏，2010）。

1.4.1.2　锁阳的生活史

锁阳种子外面有一层坚硬的外壳，种子内部还有大量抑制萌发的脱落酸（abscisic acid，ABA），因此锁阳种子萌发前需要经历一段漫长的休眠期。休眠期的打破需要低温高湿的环境，一方面使种子充分吸水膨胀，另一方面降低 ABA 浓度（岳鑫，2013）。

锁阳种子萌发后，会形成芽管状器官（岳鑫，2013），芽管状器官在寄主植物根系分泌的次生代谢物质的刺激下，开始形成初生吸器。这些次生代谢物包括黄酮类化合物、细胞分裂素等（Albrecht *et al.*, 1999）。初生吸器形成后，与寄主植物的根接触，接触处会不断膨大，形成瘤状物，初生吸器不断向寄主植物根内部延伸，到达寄主植物根系韧皮部，然后分化形成的维管束和寄主植物的维管束相连，形成次生吸器，进而从寄主中吸取养分和水分（李天然等，1994；岳鑫，2013）。

锁阳的繁殖方式有两种：无性繁殖和有性繁殖。无性繁殖的方式和匍匐茎比较类似，在花序期，锁阳形成许多不定根并侵入寄主植物根内部，并在此处不断膨大形成次生吸器，然后产生新的芽体。有性繁殖时，在每年五六月，锁阳开始露出地面，至七八月开始成熟。同株的雄性和雌性部分相互授粉、结籽。8 月以后，全株植物枯萎死亡，种子被沙丘掩埋，进入休眠期，等待时机合适时，开启并进入下一轮生命周期（岳鑫，2013）。

1.4.2　半寄生植物的生活史

半寄生植物依赖寄主植物而生存，但是自身也能进行光合作用。半寄生植物的生活史和全寄生植物类似，包括种子萌发形成吸器，侵入寄主植物内部，通过自身的维管组织与寄主植物相连，从寄主植物中获取养分，完成生长、繁殖、衰老等过程。

1.4.2.1　独角金的生活史

独脚金种子细小呈粉末状，独脚金种子的萌发需要合适的外界条件，这些条件包括温湿度、水分、光照，以及来自寄主植物分泌的信号分子的刺激作用。寄主植物分泌的信号分子包括一些次生代谢物如独脚金醇类化合物等（羊青等，2017）。

当环境合适且独脚金种子落在寄主植物附近时，在寄主植物信号分子的刺激下，种子开始萌发，萌发时胚根不断生长形成主根，当主根与寄主植物的根接触时，会在接触处不断膨大，吸附在寄主植物根表面，然后不断侵入寄主植物根内部，直至到达寄主植物维管系统，然后自身分化的维管组织与寄主植物的维管组织相连，进而可以从寄主植物中吸收养分和水分（黄建中，1990）。

独脚金的生长周期为 90～120 天。在独脚金出土一个月后，基部开始开花，开花一个多月后成熟并形成蒴果。果实内含有大量种子，当果实成熟后会破裂，大量种子会散布在土壤中，经过休眠期后会进入下一轮生命周期（黄建中，1990）。

1.4.2.2　槲寄生的生活史

槲寄生种子主要依靠鸟类来进行传播。鸟类以槲寄生果实为食，果实经过消化后，种子被吐出或者随粪便排出，黏附在枝条上，至此槲寄生种子得以传播。槲寄生种子会在寄主植物枝条上黏附很长时间才会萌发。研究发现经过鸟类回吐或通过鸟类粪便排出的槲寄生种子的萌发率显著提高。槲寄生种子的萌发不受寄主植物激素和其他信号分子的影响（孙奇，2017）。

槲寄生种子萌发时会形成吸器穿透寄主植物树皮进入寄主植物皮层，并不断深入到达木质部，然后从寄主植物木质部获取水分和养分。槲寄生为半寄生植物，部分养分来源于寄主植物，部分通过自身光合作用完成。槲寄生的花期为 4～5 月，果期为 9～11

月（任路明等，2018）。鸟类取食槲寄生的果实后，通过回吐或者排便的方式排出槲寄生种子。槲寄生种子经过休眠后遇到合适环境又会萌发进入新一轮生命周期（孙奇，2017）。

1.5 典型菟丝子属全寄生植物

菟丝子属全寄生植物由150多个物种组成（Yuncker，1932）。菟丝子属全寄生植物不具有光合作用能力，完全依赖寄主植物获取营养与水分（Shimizu and Aoki，2019）。

1.5.1 菟丝子

菟丝子（*Cuscuta chinensis*）别名金线草，一年生寄生缠绕性草本，全株无毛，茎细，直径 1mm 以下。菟丝子广泛分布于中国、朝鲜、日本、印度、斯里兰卡、阿富汗、伊朗、苏联、马达加斯加、澳大利亚等地。

1.5.2 南方菟丝子

南方菟丝子（*Cuscuta australis*）为一年生寄生缠绕性草本，茎黄色，纤细，直径 1mm左右。在中国分布于吉林、辽宁、河北、山东、甘肃、宁夏、新疆、陕西、安徽、江苏、浙江、福建、江西、湖南、湖北、四川、云南、广东、台湾等地。

1.5.3 原野菟丝子

原野菟丝子（*Cuscuta campestris*）为一年生寄生草本，茎缠绕，黄色，纤细，直径 1～1.5mm。原野菟丝子分布于日本、印度尼西亚、印度、巴基斯坦、阿富汗、以色列、阿拉伯半岛、瑞士、苏联、匈牙利、德国、奥地利、荷兰、英国等地。

1.5.4 金灯藤

金灯藤（*Cuscuta japonica*）又名日本菟丝子，为一年生寄生缠绕性草本，茎较粗壮，肉质，直径 1～2mm，黄色，常带紫红色瘤状斑点，无毛，多分枝。金灯藤分布于中国南北各省区，韩国、朝鲜、日本也有分布。

主要参考文献

胡飞, 孔垂华. 2003. 寄生植物对寄主植物的化学识别. 生态学报, 23(5): 965-971

黄建中. 1990. 话恶性半寄生植物: 独脚金. 植物杂志, 3: 18-19

黄新亚, 管开云, 李爱荣. 2011. 寄生植物的生物学特性及生态学效应. 生态学杂志, 30(8): 1838-1844

李钧敏, 董鸣. 2011. 植物寄生对生态系统结构和功能的影响. 生态学报, 31(4): 1174-1184

李天然, 苏格尔, 刘基焕, 等. 1994. 寄生药用有花植物锁阳在寄主体内的繁殖. 内蒙古大学学报(自然科学版), 25(6): 673-679

李小燕, 杜捷, 陈金元. 2016. 寄生植物繁殖策略的研究进展. 安徽农业科学, 44(8): 1-3

李志军, 段黄金, 吕春霞, 等. 2002. 寄生植物锁阳茎的发育解剖学研究. 西北植物学报, 22(3): 526-529

刘永. 2001. 对光合强度测定的改进. 芜湖职业技术学院学报, 3(1): 34-35

任路明, 陈学林, 茹刚, 等. 2018. 槲寄生的一个新寄主植物. 生物学通报, 53(9): 2

盛晋华, 翟志席, 郭玉海. 2004. 荒漠肉苁蓉种子萌发与吸器形成的形态学研究. 中草药, 35(9): 1047-1049

孙奇. 2017. 雌雄异株植物槲寄生的繁殖生态学研究. 长春: 长春师范大学硕士学位论文

汪学敏. 2010. 两种本土菟丝子对加拿大一枝黄花的寄生控制效应. 合肥: 安徽大学硕士学位论文

王华磊, 汤飞宇, 杨太新. 2004. 寄生被子植物吸器的研究. 生物学通报, 39(11): 7-9

王景升. 1987. 浅谈种子休眠. 新农业, 17(19): 12-15

王靖, 崔超, 李亚珍, 等. 2015. 全寄生杂草向日葵列当研究现状与展望. 江苏农业科学, 43(5): 144-147

席家文, 娄巍, 洪权春. 2000. 珲春地区菟丝子种类、分布、为害以及主要寄主的调查. 延边大学农学学报, 22(4): 7-9

羊青, 王祝年, 李万蕊, 等. 2017. 独脚金的研究进展. 中成药, 39(9): 1908-1912

岳鑫. 2013. 药用寄生植物锁阳组织培养体系的建立及褐变的研究. 呼和浩特: 内蒙古大学博士学位论文

郑雷, 崔旭盛, 吴艳, 等. 2013. 梭梭树龄与肉苁蓉种子产量关系的研究. 中国农业大学学报, 18(2): 100-104

Albrecht H, Yoder J I, Phillips D A. 1999. Flavonoids promote haustoria formation in the root parasite *Triphysaria versicolor*. Plant Physiology, 119(2): 585-592

Bardgett R D, Smith R S, Shiel R S, et al. 2006. Parasitic plants indirectly regulate below-ground properties in grassland ecosystems. Nature, 439(7079): 969-972

Chang M, Lynn D G. 1986. The haustorium and the chemistry of host recognition in parasitic angiosperms. Journal of Chemical Ecology, 12(2): 561-579

Estabrook E M, Yoder J I. 1998. Plant-plant communications: rhizosphere signaling between parasitic angiosperms and their hosts. Plant Physiology, 116(1): 1-7

Fenner M. 1985. Seed Ecology. London and New York: Chapman and Hall: 1-23

Goyet V, Billard E, Pouvreau J B, et al. 2017. Haustorium initiation in the obligate parasitic plant *Phelipanche ramose* involves a host-exudated cytokinin signal. Journal of Experimental Botany, 68(20): 5539-5552

Hibberd J M, Jeschke W D. 2001. Solute flux into parasitic plants. Journal of Experimental Botany, 52(363): 2043-2049

Jones C G, Lawton J H, Shachak M. 1994. Organisms as ecosystem engineers. Oikos, 69(3): 373-386

Kuijt J. 1969. Parasitic Plants. Berkeley: The University of California Press

Lynn D G, Steffens J C, Kamat V S, et al. 1981. Isolation and characterization of the first host recognition substance for parasitic angiosperms. Journal of the American Chemical Society, 103(6): 1868-1870

Nickrent D L, Musselman L J. 2004. Introduction to parasitic flowering plants. Plant Health Instructor, 13: 300-315

Parker C, Riches C R. 1993. Parasitic Weeds of the World: Biology and Control. Wallingford: CAB International

Phoenix G K, Press M C. 2005. Linking physiological traits to impacts on community structure and function: the role of root hemiparasitic Orobanchaceae (ex-Scrophulariaceae). Journal of Ecology, 93(1): 67-78

Press M C, Graves J D. 1995. Parasitic plants. London: Chapman and Hall

Press M C. 1998. Dracula or Robin Hood? A functional role for root hemiparasites in nutrient poor ecosystems. Oikos, 82(3): 609-611

Robinson R. 2000. Parasitic Plants. Farmington Hills: Gale Group

Shen H, Ye W, Hong L, et al. 2006. Progress in parasitic plant biology: host selection and nutrient transfer. Plant Biology, 8(2): 175-185

Shimizu K, Aoki K. 2019. Development of parasitic organs of a stem holoparasitic plant in genus *Cuscuta*. Frontiers in Plant Science, 10: 1435

Smith D. 2000. The population dynamics and community ecology of root hemiparasitic plants. American Naturalist, 155(1): 13-23

Weber H C. 1987. Evolution of the secondary haustoria to a primary haustorium in the parasitic Scrophulariaceae/Orobanchaceae. Plant Systematics and Evolution, 156(3-4): 127-131

Wu J Q. 2018. miRNAs as a secret weapon in the battlefield of haustoria, the interface between parasites and host plants. Molecular Plant, 11(3): 354-356

Yoder J I. 2001. Host-plant recognition by parasitic Scrophulariaceae. Current Opinion in Plant Biology, 4(4): 359-365

Yuncker. 1932. The Genus *Cuscuta*. Memoirs of the Torrey Botanical Club, 18(2): 113-331

第 2 章　寄生植物对寄主植物的偏好

2.1　寄　主　范　围

大多数植物物种在自然条件下不会被寄生植物寄生，被视为非寄主植物（Press and Graves，1995）。相反，能够支持寄生植物生长到成熟的植物以及寄生植物已经适应其生命周期的植物被认为是寄主植物（Michael *et al.*，2012）。

大部分寄生植物具有同时攻击大量不同共存物种的特性，即具有广泛的寄主范围，这可能是因为不同的寄主可以为不同的寄生植物提供不同类型的资源（这些资源包括营养和化学防御两个方面）。因此，大部分寄生植物都被认为是"通才"（generalist）。例如，根寄生火焰草属（*Castilleja*）植物可以寄生 100 多种不同科的寄主植物（Press，1998），独脚金可以寄生 100 多种植物（Press，1998），根寄生植物小鼻花（*Rhinanthus minor*）大约可以寄生 18 科 50 种寄主植物（Gibson and Watkinson，1989），百蕊草（*Thesium chinense*）可以寄生 22 种植物（Suetsugu *et al.*，2008）。虽然茎寄生植物的寄主范围比根寄生植物要小得多（Norton and Carpenter，1998），但仍具有广泛的寄主范围。例如，菟丝子属植物有几百种寄主（Kelly *et al.*，1988），五蕊寄生属植物镰形五蕊寄生（*Dendrophthoe falcata*）有 400 多种寄主（Joshi *et al.*，1985）。然而有些寄生植物的寄主范围较窄，仅可寄生一种或几种寄主植物，如列当科的青冈寄生（*Epifagus virginiana*）只能寄生北美水青冈（*Fagus grandifolia*）（Musselman and Press，1995）。

尽管大多数寄生植物具有广泛的寄主范围，但寄生植物在不同寄主上的寄生过程和寄生程度有很大的差别。一些寄主仅能维持寄生植物的生存，而另外一些寄主则能支持寄生植物旺盛的营养和生殖生长（Shen *et al.*，2006）。

在寄生植物的寄主范围和生活史特性的进化中，列当属（*Orobanche*）的祖先均具有窄的寄主范围，常寄生于多年生寄主植物上，这些特性的特化与可预见的资源有密切关系（Krasnov *et al.*，2006）。然而在进化过程中，列当属中出现了具有宽的寄主范围、常寄生在一年生寄主植物上的物种，如锯齿列当（*Orobanche crenata*）和分枝列当（*Orobanche aegyptiaca*）。这些物种常存在于人为破坏的生态系统中，经常对其寄主产生致死性的破坏。这些物种的寄主范围和生活史特性的变化与列当属杂草的进化有关。Schneeweiss（2010）利用基于最大相似性的系统遗传学发现寄生植物的寄主范围与生活史特性的进化存在相关性。

2.2　寄主选择性

虽然多数寄生植物表现出广寄生现象，如菟丝子属可以寄生于上百种植物上，但有一部分寄生植物对寄主的选择范围较小，甚至有少数专性寄生植物只寄生在某种寄主上

(Brochot and Tinnin，1986)，即存在寄主选择性或寄主偏好。当许多不同的植物出现在群落中时，寄生植物只会选择其中一部分作为寄主。列当科(Gibson and Watkinson，1989)和刺球果科(Krameriaceae)(Musselman and Dickison，1975)等植物中均存在这种现象。寄生植物可以区别对待对其生长、繁殖和适合度有利的寄主。

Bao 等（2015）研究发现甘肃马先蒿（*Pedicularis kansuensis*）能与多种寄主形成吸器连接，包括单子叶植物和双子叶植物，但它对某些物种的选择性攻击比其他物种更频繁。寄生植物对寄主的选择性可能提供了一种机制，通过这种机制，甘肃马先蒿抑制了首选寄主的性能，对同域植物群落的结构和生产力都有重要影响，从而有利于草地恢复。

2.3　寄生植物偏好寄主植物的机制

寄生植物可以通过时间和空间上的很多方式选择偏好的寄主。当一个物种在群落中丰富度很高时，它碰到寄生植物的机会很多，因此很有可能成为寄生植物偏好的寄主。寄生植物对寄主植物的选择是由以下特性或因素决定的：①寄生植物的识别与吸器侵入能力；②寄主植物防御寄生植物侵入的能力；③寄主植物资源对寄生植物生长的适宜程度（胡飞和孔垂华，2003）。例如，一些根/茎寄生植物会偏好高氮植物，如豆科植物（Seel and Jeschke，1999；Kelly，1992；Schulze and Ehleringer，1984；Matthies，1996，1997；Radomijac *et al.*，1999），或者偏好具有易到达的维管系统的植物（Kelly *et al.*，1988），或者防卫能力低的植物，或者资源能长期被利用的植物（如多年生的木本植物），或者易于获得有限资源的植物（如具有深根系的植物）（Lively，1999；Quested *et al.*，2003），或者具有较高的营养物质含量、较低的硬度和较少的次生代谢产物的植物（胡飞和孔垂华，2004）。

2.3.1　寄生植物对寄主植物的化学识别

有研究表明，部分寄生植物对寄主植物的识别是通过寄主植物释放的化学信号实现的，而且寄生植物能否识别寄主植物释放的化学信号是其实现异养生长的关键（胡飞和孔垂华，2003）。大量试验表明，植物根系分泌物中的化学信号（主要包括醌类、酚类和黄酮类等物质）对列当科根半寄生植物吸器的产生具有强烈的诱导作用（Albrecht *et al.*，1999；Goyet *et al.*，2019），其中醌类物质 2,6-二甲氧基-对-苯醌（DMBQ）是目前列当科根半寄生植物吸器诱导试验最常用的化合物（Ishida *et al.*，2016）。Mescher 等（2006）发现五角菟丝子（*Cuscuta pentagona*）更偏好番茄，而不是小麦，主要是由于其寄主的挥发性成分不同。

现已发现寄生植物对寄主植物的化学识别主要有两种方式。一是寄生植物种子在温度、湿度条件适宜时预先萌发生长，萌发后寄生植物根部感受到寄主植物释放的化学信号，即产生吸器固定到寄主植物上，完成由寄生识别到异养生长的过程。寄生植物种子萌发后若不能接收到寄主植物的化学信号，将不能完成寄生过程，导致其因无法吸取寄主植物的营养而死亡。危害十分严重的寄生杂草菟丝子属植物就属于这种方式。二是寄生植物的种子在没有接收到寄主植物释放的刺激其萌发的化学信号前一直处于休眠状态（休眠期有的可长达数十年），一旦这些种子感受到寄主植物的化学信号，就会立即开始萌发，其根部感受到寄主植物的化学信号后产生吸器并完成寄生过程。对禾本科作物危害极大的独脚金属植物就属于这种方式。

2.3.2　寄生植物对寄主的偏好与寄主含氮量差异有关

一些研究发现，与非豆科植物或牧草相比，半寄生植物在豆科寄主上的寄生程度更强（Gibson and Watkinson，1989；Matthies，1996，1997；Seel and Jeschke，1999；Adler et al.，2001）。也有研究发现，寄生植物偏爱与含氮量高的植物，如豆科、禾本科植物形成稳定的寄生关系（Suetsugu et al.，2008；Lu et al.，2014），表明寄生植物对寄主的偏好可能受到含氮量的影响。而 Tennakoon 等（1997）发现澳洲檀香偏爱寄生豆科和木麻黄科等固氮植物。而固氮植物之所以能成为寄生植物偏好的寄主，是因为其能为寄生植物提供更多的氮素（Bell and Adams，2011；Lu et al.，2014）。Kelly（1992）研究发现，在只有单一寄主单子山楂（Crataegus monogyna）存在时，欧洲菟丝子（Cuscuta europaea）在接触寄主并与寄主发生缠绕的数量与寄主的含氮量呈正相关。Jiang 等（2008）认为半寄生植物优良寄主的主要评判依据就是寄主植物含有易于吸收的氮源物质。然而胡飞等（2005）的研究结果发现金灯藤（日本菟丝子）在不同寄主上发生缠绕的数量的差异与寄主的含氮量关系不显著。

2.3.3　寄生植物对寄主的偏好受到寄主次生代谢产物的影响

寄生植物通常从寄主中获得次级化合物（Boros et al.，1991；Stermitz and Pomperoy，1992；Adler and Wink，2001）。寄生植物对次生代谢产物的吸收可以增加其对食草动物的抗性（Adler，2000），从而减少食草动物的取食，增加对传粉者的吸引力（Adler et al.，2001）。然而，如果次生代谢产物对传粉者和食草动物都具有威慑作用，则次生代谢产物的产生也可能会增加成本（Strauss and Agrawal，1999）。

半寄生植物火焰草属（Castilleja）植物能够寄生在白羽扇豆（Lupinus albus）上。白羽扇豆有两种不同的基因型：一种含有较高的生物碱；另一种则含有较低的生物碱。当火焰草寄生在生物碱含量较高的白羽扇豆基因型上时，昆虫对其取食量要低于寄生在生物碱含量较低的白羽扇豆基因型上的火焰草，因此，火焰草倾向于寄生在生物碱含量较高的基因型上以增加自身的化学防御能力（Adler，2000）。胡飞等（2005）的研究结果发现金灯藤（日本菟丝子）对寄主植物的选择与寄主植物的"味道"（次生代谢物质）有关。Kelly 和 Horning（1999）指出，在多种寄主存在的条件下，菟丝子的生物量比单一寄主高，这可能是由于不同寄主植物可提供不同的营养物质。

2.3.4　寄生植物对寄主的偏好受到光照强度与光质的影响

光照强度和养分浓度是影响菟丝子等选择寄主的两个主要因素。一般认为，菟丝子对寄主的定位和随后的附着主要是由光照强度和光质的变化引起的，而不是由寄主植物的挥发性化学物质引起的（Wu et al.，2019）。菟丝子幼苗在红光与远红光比（R：FR）

较低的光照下生长较好。

2.3.5 寄生植物对寄主的偏好受到根结构的影响

甘肃马先蒿对禾本科的偏好主要是由于禾本科植物根部构型的变化：在土壤压实的作用下，禾本科植物根部通常会形成大量水平分布的、纤维状的小根，这可能会增加根半寄生植物攻击的风险（Press and Phoenix，2005）。相反地，寄生植物对豆科植物的高度偏爱可能与缺乏外皮有关：外皮是许多根的第一道物理防御线，缺乏外皮使得根容易受到吸器的入侵（Cameron et al.，2005；Jiang et al.，2008）。寄主-寄生植物界面的组织学检查也表明，诱导木质化和包裹等防御机制可能阻止根寄生植物穿透某些潜在寄主的中柱（Cameron et al.，2006；Suetsugu et al.，2012）。

2.3.6 寄生植物对寄主的偏好受到地理位置的影响

寄主偏好也可能取决于潜在寄主的多样性，桑寄生科的槲寄生在异质热带雨林中表现出较弱的寄主偏好，而在多样性较差的温带森林中表现出较强的寄主偏好。这可能是因为在一个多样性较低的生态系统中，当偏好的寄主在群落中占较大组分时，寄生植物对特定寄主的偏好更可能发生（Norton and Carpenter，1998）。

2.3.7 其他

小鼻花对寄主的偏好主要受到三方面的影响：一是寄主增长率（Hautier et al.，2010）；二是寄主植物能够很好地保护其木质部免受半寄生植物的侵害（Cameron et al.，2006；Cameron and Seel，2007）；三是半寄生植物能够从寄主中获取的溶质类型和数量的变化（Seel et al.，1993；Press and Graves，1995）。非禾本科的草本植物对小鼻花有很强的抗性，因为存在物理抗性，小鼻花不能获取其资源（Cameron and Seel，2007），相反地，禾本科草本植物对小鼻花不存在抗性（Cameron et al.，2006），小鼻花可以自由地获取寄主的资源并吸收寄主木质部溶质（Cameron and Seel，2007）。

另外，Demey 等（2015）发现具有克隆传播能力的物种更容易被寄生，一旦寄生植物与寄主植物通过吸器连接，寄生植物就有可能从相互连接的克隆分株网络中获取资源。

主要参考文献

胡飞, 孔垂华. 2003. 寄生植物对寄主植物的化学识别. 生态学报, 23(5): 965-971

胡飞, 孔垂华. 2004. 寄生植物对寄主的选择和影响. 应用生态学报, 15(5): 905-908

胡飞, 孔垂华, 张朝贤, 等. 2005. 日本菟丝子对寄主的选择行为. 应用生态学报, 16(2): 323-327

Adler L S, Karban R, Strauss S Y. 2001. Direct and indirect effects of alkaloids on plant fitness via herbivory and pollination. Ecology, 82(7): 2032-2044

Adler L S, Wink M. 2001. Transfer of quinolizidine alkaloids from hosts to hemiparasites in two *Castilleja-Lupinus* associations: analysis of floral and vegetative tissues. Biochemical Systematics and Ecology, 29(6): 551-561

Adler L S. 2000. Alkaloid uptake increase fitness in hemiparasitic plant via reduced herbivory and increased pollination. American Naturalist, 156(1): 92-99

Albrecht H, Yoder J I, Phillips D A. 1999. Flavonoids promote haustoria formation in the root parasite *Triphysaria versicolor*. Plant Physiology, 119(2): 585-592

Bao G S, Suetsugu K, Wang H S, et al. 2015. Effects of the hemiparasitic plant *Pedicularis kansuensis* on plant community structure in a degraded grassland. Ecological Research, 30(3): 507-515

Bell T L, Adams M A. 2011. Attack on all fronts: functional relationships between aerial and root parasitic plants and their woody hosts and consequences for ecosystems. Tree Physiology, 31(1): 3-15

Boros C A, Marshall D R, Caterino C R, et al. 1991. Iridoid and phenylpropanoid glycosides from *Orthocarpus* spp.: alkaloid content as a consequence of parasitism on *Lupinus*. Journal of Natural Products, 54(2): 506-513

Brochot N E, Tinnin R O. 1986. The effect of dwarf mistletoe on starch concentration in the twigs and needles of lodge pole pine. Canadian Journal of Forest Research, 16(3): 658-660

Cameron D D, Coats A M, Seel W E. 2006. Differential resistance among host and non-host species under lies the variable success of the hemi-parasitic plant *Rhinanthus minor*. Annals of Botany, 98(6): 1289-1299

Cameron D D, Hwangbo J K, Keith A M, et al. 2005. Interactions between the hemiparasitic angiosperm *Rhinanthus minor* and its hosts: from the cell to the ecosystem. Folia Geobotanica, 40(2-3): 217-229

Cameron D D, Seel W E. 2007. Functional anatomy of haustoria formed by *Rhinanthus minor*: linking evidence from histology and isotope tracing. New Phytologist, 174(2): 412-419

Demey A, De Frenne P, Baeten L, et al. 2015. The effects of hemiparasitic plant removal on community structure and seedling establishment in semi-natural grasslands. Journal of Vegetation Science, 26(3): 409-420.

Gibson C C, Watkinson A R. 1989. The host range and selectivity of a parasitic plant: *Rhinanthus minor* L. Oecologia, 78(3): 401-406

Goyet V, Wada S, Cui S, et al. 2019. Haustorium inducing factors for parasitic Orobanchaceae. Frontiers in Plant Science, 10: 1056.

Hautier Y, Hector A, Vojtech E, et al. 2010. Modelling the growth of parasitic plants. Journal of Ecology, 98(4): 857-866

Ishida J K, Wakatake T, Yoshida S, et al. 2016. Local auxin biosynthesis mediated by a YUCCA flavin monooxygenase regulates haustorium development in the parasitic plant *Phtheirospermum japonicum*. Plant Cell, 28(8): 1795-1814

Jiang F, Jeschke W D, Hartung W, et al. 2008. Does legume nitrogen fixation underpin host quality for the hemiparasitic plant *Rhinanthus minor*. Journal of Experimental Botany, 59(4): 917-925

Joshi G C, Pande C P, Kothyari B P. 1985. New host of *Dendrophthoe falcata* (Linn. F.) Ettings[1985]. Indian Journal of Foresty, 8(3): 235

Kelly C K, Horning K. 1999. Acquisition order and resource value in *Cuscuta attenuata*. Proceedings of the National Academy of Sciences of the United States of America, 96(23): 13219-13222

Kelly C K, Venable D L, Zimmerer K. 1988. Host specialization in *Cuscuta costaricensis*: an assessment of host use relative to host availability. Oikos, 53(3): 315-320

Kelly C K. 1992. Resource choice in *Cuscuta europaea*. Proceedings of the National Academy of Sciences of the United States of America, 89(24): 12194-12197

Krasnov B R, Morand S, Mouillot D, et al. 2006. Resource predictability and host specificity in fleas: the effect of host body mass. Parasitology, 133(1): 81-88

Lively C M. 1999. Migration, virulence, and the geographic mosaic of adaptation by parasites. American Naturalist, 153(5): S34-S47

Lu J K, Xu D P, Kang L H, et al. 2014. Host-species-dependent physiological characteristics of hemiparasite *Santalum album* in association with N_2-fixing and non-N_2-fixing hosts native to southern China. Tree Physiology, 34(9): 1006-1017

Matthies D. 1996. Interactions between the root hemiparasite *Melampyrum arvense* and mixtures of host plants: Heterotrophic benefit and parasite-mediated competition. Oikos, 75: 118-124

Matthies D. 1997. Parasite-host interaction in *Castilleja* and *Orthocarpus*. Canadian Journal of Botany, 75(8):

1252-1260

Mescher M C, Runyon J B, De Moraes C M. 2006. Plant host finding by parasitic plants. Plant Signaling and Behavior, 1(6): 284-286

Michael P T, Huang K, Lis K E. 2012. Host resistance and parasite virulence in *Striga*-host plant interactions: a shifting balance of power. Weed Science, 60(2): 307-315

Musselman L J, Dickison W C. 1975. The structure and development of the haustorium in parasitic Scrophulariaceae. Botanical Journal of the Linnean Society, 70(3): 183-212

Musselman L J, Press M C. 1995. Introduction to parasitic plants. *In*: Press M C, Graves J D. Parasitic Plants. London: Chapman and Hall: 1-13

Norton D A, Carpenter M A. 1998. Mistletoes as parasites: host specificity and speciation. Trends in Ecology and Evolution, 13(3): 101-105

Press M C, Graves J D. 1995. Parasitic Plants. London: Chapman and Hall: 292

Press M C, Phoenix G K. 2005. Impacts of parasitic plants on natural communities. New Phytologist, 166(3): 737-751

Press M C. 1998. Dracula or Robin Hood? A functional role for root hemiparasites in nutrient poor ecosystems. Oikos, 82(3): 609-611

Quested H M, Cornelissen J H C, Press M C, et al. 2003. Decomposition of sub-arctic plants with differing nitrogen economies: a functional role for hemiparasites. Ecology, 84(12): 3209-3221

Radomijac A M, McComb J A, Pate J S. 1999. Gas exchange and water relations of the root hemiparasite *Santalum album* L. in association with legume and non-legume hosts. Annals of Botany, 83(3): 215-224

Schneeweiss G M. 2010. Correlated evolution of life history and host range in the nonphotosynthetic parasitic flowering plants *Orobanche* and *Phelipanche* (Orobanchaceae). Journal of Evolutionary Biology, 20(2): 471-478

Schulze E D, Ehleringer J R. 1984. The effect of nitrogen supply on growth and water-use efficiency of xylem-tapping mistletoes. Planta, 162(3): 268-275

Seel W E, Jeschke W D. 1999. Simultaneous collection of xylem sap from *Rhinanthus minor* and the hosts *Hordeum* and *Trifolium*: hydraulic properties, xylem sap composition and effects of attachment. New Phytologist, 143(2): 281-298

Seel W E, Parsons A N, Press M C. 1993. Do inorganic solutes limit the growth of the facultative hemiparasite *Rhinanthus minor* L. in the absence of a host? New Phytologist, 124(2): 283-289

Shen H, Ye W, Hong L, et al. 2006. Progress in parasitic plant biology: host selection and nutrient transfer. Plant Biology, 8(2): 175-185

Stermitz F R, Pomperoy M. 1992. Iridoid glycosides from *Castilleja purpurea* and *C. indivisa*, and quinolizidine alkaloid transfer from *Lupinus texensis* to *C. indivisa* via root parasitism. Biochemical Systematics and Ecology, 20(5): 473-475

Strauss S Y, Agrawal A A. 1999. The ecology and evolution of plant tolerance to herbivory. Trends in Ecology and Evolution, 14(5): 179-185

Strauss S Y, Rudgers J A, Lau J A, et al. 2002. Direct and ecological costs of resistance to herbivory. Trends in Ecology and Evolution, 17(6): 278-285

Suetsugu K, Kawakita A, Kato M. 2008. Host range and selectivity of the hemiparasitic plant *Thesium chinense* (Santalaceae). Annals of Botany, 102(1): 49-55

Suetsugu K, Takeuchi Y, Futai K, et al. 2012. Host selectivity, haustorial anatomy and impact of the invasive parasite *Parentucellia viscosa* on floodplain vegetative communities in Japan. Botanical Journal of the Linnean Society, 170(1): 69-78

Tennakoon K U, Pate J S, Fineran B A. 1997. Growth and partitioning of C and fixed N in the shrub legume *Acacia littorea* in the presence or absence of the root hemiparasite *Olax phyllanthi*. Journal of Experimental Botany, 48(5): 1047-1060

Wu A P, Zhong W, Yuan J R, et al. 2019. The factors affecting a native obligate parasite, *Cuscuta australis*, in selecting an exotic weed, *Humulus scandens*, as its host. Scientific Reports, 9(1): 511

第 3 章　寄生植物对寄主植物生长的影响

寄生植物寄生在寄主植物上之后，通过特殊的转移细胞与寄主的韧皮部相连，通过管胞与寄主的木质部相连，形成强烈的汇，从而使寄主的资源（大量的水分、营养物质和次生代谢产物）流向自身（Jeschke and Hilpert，1997）。寄生植物从寄主中吸收大量营养物质，这可能会导致寄主营养供应不足而死亡。寄生植物对寄主的影响没有统一的模式，大部分的寄生植物可以抑制寄主植物的生长，但是也有一些寄生植物寄生在寄主植物上之后，对寄主植物产生促进效应或不显著的生态学效应（Lim et al.，2016）。

3.1　寄生植物抑制寄主植物的生长

寄生植物，尤其是半寄生植物，很少杀死寄主植物，更多的是影响寄主植物的生理功能，抑制寄主的生长、繁殖及竞争能力。例如，菟丝子属植物可以延缓蚕豆（*Vicia faba*）（Wolswinkel，1974）和蓖麻（*Ricinus communis*）（Jeschke and Hilpert，1997）的生长。寄生植物对寄主植物的影响有以下 3 种途径：一是寄生植物与寄主植物竞争营养物质；二是寄生植物对寄主光合作用能力的抑制；三是寄生植物对寄主植物的毒性作用。

3.1.1　寄生植物与寄主植物竞争营养物质

Press 等（1999）发现寄生植物与寄主竞争碳和其他营养物质的范围与其汇的强度和寄生植物自养能力的强弱有关。一些研究指出，菟丝子属全寄生植物可以形成强烈的汇，从而改变寄主的资源流向，使其流向寄生植物（Wolswinkel，1974；Jeschke et al.，1994a，1994b；Jeschke and Hilpert，1997）。Shen 等（2005）发现原野菟丝子对微甘菊（*Mikania micrantha*）的抑制在 60 天时达到最大，而在 72 天时几乎可以使微甘菊藤茎死亡，同时还发现原野菟丝子与寄主植物的总生物量比未寄生的微甘菊（对照）要小得多。这与寄生植物豇豆独脚金（*Striga gesnerioides*）、黄独脚金（*S. hermonthica*）、宽叶独脚金（*S. asiatica*）和寄主植物 C_3 双子叶植物及 C_4 禾谷类植物之间的关系是一致的，即感染的寄主植物生物量积累的下降可能比寄生植物产生的生物量要大得多（Graves et al.，1990，1992；Cechin and Press，1993；Hibberd et al.，1996b）。在大花菟丝子（*Cuscuta reflexa*）和彩叶草（*Coleus blumei*）的研究中发现，在低氮供给时，大花菟丝子的生物量加上寄主植物彩叶草的生物量比未感染的彩叶草要小得多（Jeschke et al.，1997）。在寄生的情况下，寄主植物为寄生植物提供资源，其光合作用强度比对照低得多。Shen 等（2005）发现原野菟丝子在 10～40 天时其干物质是增加的，但在 40～60 天时，其寄生植物的光合作用强度随着寄主生物量的下降而开始下降。相似的结果在大花菟丝子寄生彩叶草和蓖麻时均有发现（Jeschke and Hilpert，1997），在弯管列当（*Orobanche cernua*）寄生烟草（*Nicotiana tabacum*）（Hibberd et al.，1998，1999）时也有发现。Jeschke 等（1994a）

发现菟丝子属植物自身产生的光合作用产物小于1%。上述这些研究表明寄生植物利用资源的有效性要远远低于寄主植物，从而导致寄主植物生物量的减少远远高于寄生植物的获益。

寄生植物的生活史与其从寄主植物中获得的资源相匹配（Jeschke et al.，1997）。Shen等（2005）发现原野菟丝子在寄主植物地上部分死亡之前会完成成熟过程，表明原野菟丝子可以感受到寄主的发育状态，并且可以及时地调控其生长与发育。这就是寄生植物与寄主植物发育之间的同步性。

3.1.2 寄生植物对寄主光合作用能力的抑制

寄生植物除了部分地改变寄主植物吸收的营养物质和光合产物的流向，抑制寄主植物的生长之外，也可以诱导寄主的生理响应，使寄主植物的生长和资源分配产生异常。例如，寄生植物可以通过抑制寄主的光合作用能力，从而抑制寄主植物的生长（Hibberd et al.，1996b；Cameron et al.，2005）。

寄生植物对其寄主植物的光合速率和（或）整个植物生命周期中的冠层光合作用具有显著的负面影响（Watling and Press，2001）。有关专性半寄生杂草对寄主植物光合作用的负面影响已有较多研究（Watling and Press，2001）。例如，在黄独脚金-玉米组合中，只有20%的寄主生物量的减少是由于资源被寄生植物直接吸收，其余的则是由寄生对寄主光合作用的抑制引起的（Graves et al.，1989）。黄独脚金可以通过减少寄主的叶面积和光合作用速率、CO_2同化作用能力来抑制寄主的生长（Cechin and Press，1993；Frost et al.，1997）。

除了半寄生植物外，全寄生植物分枝列当和弯管列当也对寄主植物的光合作用表现出了相似的负面影响（Hibberd et al.，1996a）。Shen等（2007）发现未感染全寄生植物原野菟丝子的微甘菊叶片的光合作用能力要比感染了原野菟丝子的微甘菊高，表现出更高的净光合作用速率和气孔导度。该研究还发现原野菟丝子可以显著抑制微甘菊第8片全展开成熟叶片的光合作用（下午5点光强较弱时除外），这可能是由于原野菟丝子显著降低微甘菊的光饱和点、最大光合作用速率、稳态量子产额（steady-state quantum yield，ΦSⅡ）和羧化效率，提高了光补偿点。原野菟丝子对幼嫩叶片光合作用的影响要大于衰老叶片，表明幼嫩叶片对光更敏感（Shen et al.，2007）。

关于非杂草兼性半寄生植物对寄主光合作用影响的数据较少。Cameron等（2005）发现兼性半寄生性小鼻花能够降低寄主叶片中 PSⅡ（光系统Ⅱ）的稳态量子产额。Cameron 等（2008）发现半寄生植物小鼻花可显著降低非禾本科草本植物长叶车前（*Plantago lanceolata*）的 PSⅡ最大光化学量子产量（F_v/F_m）值，但对禾本科梯牧草属植物 *Phleum bertolonii* 没有显著影响；被寄生的梯牧草的稳态量子产额显著被抑制，但在被寄生的长叶车前上稳态量子产额没有显著下降；长叶车前上寄生的小鼻花的 ΦSⅡ也很低，但在梯牧草上没有显著变化。Cameron 等（2008）首次证实了兼性半寄生植物生物量的丢失是寄主光合作用受到抑制造成的。

寄生植物对寄主植物光合作用的影响不仅可以通过影响气孔导度来实现，而且可以通过影响光合作用速率来实现。全寄生植物原野菟丝子可以影响寄主植物微甘菊的 CO_2饱和点与羧化效率。这与黄独脚金感染稻（*Oryza sativa*）晚期阶段的效应一致（Watling and Press，2010）。然而寄生植物一般只影响高粱属（*Sorghum*）的气孔导度，对光合作用代谢没有影响（Frost *et al*.，1997；Watling and Press，1997）。

关于植物寄生对寄主植物光合作用的影响机制仍不清楚。研究发现脱落酸（abscisic acid，ABA）可能在寄生植物对寄主植物的生长调控中起主要作用（Drennan and El Hiweris，1979）。寄生植物寄生在寄主植物上之后，寄主叶片通常表现出较高的 ABA 水平（Taylor *et al*.，1996；Frost *et al*.，1997），ABA 浓度的增加导致寄主气孔导度的降低（Frost *et al*.，1997），通过减少与寄主对木质部汁液的竞争来增加寄生植物的有效汇强度（Taylor *et al*.，1996；Watling and Press，2001）。当更多的木质部汁液通过吸器进入寄生植物后，可以增强寄生植物的蒸腾作用（Press and Graves，1995），从而抑制光合作用（Taylor *et al*.，1996）。

3.1.3　寄生植物对寄主植物的毒性作用

当寄生植物对寄主植物造成的危害与寄生植物的大小不成比例时，寄生植物与寄主之间不是源-汇的关系，而是一种毒害作用（Shen *et al*.，2006）。例如，黄独脚金可以使其寄主高粱的生物量减少为未寄生生物量的 1/30（Parker，1984），这可能是寄生植物对寄主的毒害作用造成的，而非源-汇关系造成的。Musselman（1980）推测寄生植物可以分泌毒性物质进入寄主的维管系统，从而抑制寄主植物光合作用，但目前该作用机制仍是未知的。

有多种原因可以造成这种不成比例的危害（Shen *et al*.，2006）。①寄生植物利用资源的效率比其寄主低很多，如寄主生物量的减少远远高于寄生植物得到的资源量（Matthies and Egli，1999）。②寄生植物影响寄主的行为从而给寄主植物的生理带来危害（Watling and Press，2001）。③寄生植物破坏寄主植物的异速生长和结构，如槲寄生可以破坏寄主水分和营养平衡，降低寄主的光合作用和呼吸速率（Meinzer *et al*.，2004）。当然，任何上述因子的组合也可以引起类似的效果。例如，槲寄生的叶面积低于寄主好几个数量级，但它们将部分寄主的资源引向自身，从而抑制寄主的生长，或者通过寄生植物诱导的生理响应导致不正常的生长格局，改变资源向寄主的分配（Marshall *et al*.，1994）。寄生植物可以通过刺激寄主产生激素或者把激素转运至寄主来改变寄主的形态与生理过程（Livingston *et al*.，1984）。另外，独脚金属植物还可以产生直接毒性作用，改变寄主植物的生长与生理过程（Ransom *et al*.，1996）。

3.2　寄生植物促进寄主植物的生长

寄生植物可以通过提高寄主植物的光合作用能力，补偿寄主植物由于被寄生而丢失的资源，进而促进寄主植物生长（Jeschke *et al*.，1995），例如，大花菟丝子可以提高豆科（Fabaceae）以及多数非豆科寄主植物的光饱和点（Jeschke *et al*.，1994a，1995，1997；Jeschke and Hilpert，1997）；独脚金属寄生植物可以促进高粱的光合作用（Cechin and Press，1993）。寄生植物对寄主光合作用的促进作用也在矮生槲寄生（Clark and Bonga，1970）以及寄生早期的独脚金-高粱系统（Cechin and Press，1993）中被发现。

虽然寄主植物光合作用能力的增强可以补偿寄生植物寄生导致的资源丢失（Shen et al.，2007），但大多数时候，并没有完全补偿寄生植物寄生导致的碳损失（Hibberd et al.，1998）。例如，全寄生植物弯管列当寄生于烟草时，烟草表现出抑制叶片衰老的现象，弯管列当可以在烟草的整个生命周期中增加20%的冠层光合作用，但并没有完全补偿烟草所损失的碳。大花菟丝子虽然可以增加寄主植物彩叶草和蓖麻气孔的开放、蒸腾速率和光合作用，但是仍然抑制了寄主的生长和干物质的聚集。上述情况是由寄生植物与寄主之间的源-汇效应造成的（Cechin and Press，1993），但仅在全寄生植物中被发现，在半寄生植物中未见（Watling and Press，2001）。

Hibberd 等（1998，1999）在研究寄生于烟草的弯管列当时发现，寄生植物可以改变烟草寄主的产量，提高寄主的资源捕获能力，导致寄生植物与感染的寄主的总产量要比未感染寄主的总产量高。这些研究表明，寄主植物对寄生植物寄生的响应不能通过简单的源-汇相互作用来解释，感染的寄主与未感染的寄主之间生物量的差异可能是由于干物质直接转移到寄生植物中，寄主植物通过持续提高叶面积（更大的叶面积比）、增加比叶面积、延缓衰老等来维持其生产力。

3.3 寄生植物对寄主植物的生长无影响

寄生植物对寄主植物的影响除上述两种以外，部分寄生植物对寄主植物的生长没有明显影响。例如，郑国琦等（2006）发现肉苁蓉在梭梭上寄生时，肉苁蓉对梭梭体内的矿质元素没有明显的影响。Hibberd 等（1998）发现在弯管列当-马铃薯（*Solanum tuberosum*）系统中寄生植物对寄主幼嫩叶片的光合作用没有明显的影响。

以上研究结果显示寄生植物对寄主光合作用的影响似乎没有一个共同的模式（Shen et al.，2007），可能与物种特征、生物所处的非生物环境有关。

3.4 寄生植物对寄主植物产生效应的影响因素

有关环境因子及生物因子对于寄生植物对寄主植物有害效应的影响已有不少研究，但有些因素没有获得一致的结论，受到物种及实验设计的影响。

3.4.1 土壤养分

土壤养分不仅能够影响寄主植物的生长，而且能够改变寄生植物和寄主植物之间的关系（Shen et al.，2013）。Těšitel 等（2015）研究发现土壤养分含量的提高能缓解寄生植物对寄主植物的有害效应。

3.4.2 干旱胁迫

Těšitel 等（2015）研究发现干旱加剧了寄生植物对寄主植物的有害效应，但也有研究发现随着土壤含水量的增加，寄生植物对寄主植物的有害效应加剧（Evans and

Borowicz，2013；Cirocco et al.，2016）。此外，还有相关研究表明干旱和寄生植物寄生对寄主植物的影响是相对独立的（Le et al.，2015）。

3.4.3　寄主共生微生物

　　与寄主共生的微生物可以通过恶化根寄生植物营养环境和降低吸器萌发所需刺激物的含量等途径抑制根寄生植物吸器的形成或调控寄主营养物质流失，缓解根寄生植物对寄主的伤害（Press and Phoenix，2005）。鲍根生（2020）研究发现带内生真菌的甘肃马先蒿寄生后植株的净光合速率、蒸腾速率、气孔导度和水分利用率要高于不带内生真菌的甘肃马先蒿寄生后植株的各项指标，而带内生真菌的甘肃马先蒿寄生后麦宾草植株的胞间 CO_2 浓度显著低于不带内生真菌的甘肃马先蒿寄生后的胞间 CO_2 浓度。

　　也有研究发现，寄生植物可以削弱寄主植物及其共生体的互利共生作用，从而抑制寄主植物的生长发育（Mueller and Gehring，2006；Stein et al.，2009；Cirocco et al.，2017）。

主要参考文献

鲍根生. 2020. 禾草内生真菌共生体对根寄生植物光合特性影响的研究. 青海畜牧兽医杂志, 50(3): 1-6

郑国琦, 宋玉霞, 郭生虎, 等. 2006. 肉苁蓉寄生对寄主梭梭体内主要矿质元素含量的影响. 干旱地区农业研究, 24(5): 182-187

Cameron D D, Geniez J M, Seel W E, et al. 2008. Suppression of host photosynthesis by the parasitic plant *Rhinanthus minor*. Annals of Botany, 101(4): 573-578

Cameron D D, Hwangbo J K, Keith A M, et al. 2005. Interactions between the hemiparasitic angiosperm *Rhinanthus minor* and its hosts: from the cell to the ecosystem. Folia Geobotanica, 40(2-3): 217-229

Cechin I, Press M C. 1993. Nitrogen relations of the *Sorghum-Striga hermonthica* host-parasite association: germination, attachment and early growth. New Phytologist, 124(4): 681-687

Cirocco R M, Facelli J M, Watling J R. 2016. High water availability increases the negative impact of a native hemiparasite on its non-native host. Journal of Experimental Botany, 67(5): 1567-1575

Cirocco R M, Facelli J M, Watling J R. 2017. Does nitrogen affect the interaction between a native hemiparasite and its native or introduced leguminous hosts? New Phytologist, 213(2): 812-821

Clark J, Bonga J M. 1970. Photosynthesis and respiration in black spruce (*Picea mariana*) parasitized by eastern dwarf mistletoe (*Arceuthobium pusillum*). Canadian Journal of Botany, 48(11): 2029-2031

Drennan D S H, El Hiweris S O. 1979. Changes in growth regulating substances in *Sorghum vulgare* infected by *Striga hermonthica*. *In*: Musselman L J, Worsham A D, Eplee R E. Proceedings of the 2nd Symposium of Parasitic Weeds. Raleigh: North Carolina State University: 144-155

Evans B A, Borowicz V A. 2013. *Verbesina alternifolia* tolerance to the holoparasite *Cuscuta gronovii* and the impact of drought. Plants, 2(4): 635-649

Frost D L, Gurney A L, Press M C, et al. 1997. *Striga hermonthica* reduces photosynthesis in sorghum: the importance of stomatal limitations and a potential role for ABA? Plant, Cell and Environment, 20(4): 483-492

Graves J D, Press M C, Smith S, et al. 1992. The carbon canopy economy of the association between cowpea and the parasitic angiosperm *Striga gesnerioides*. Plant, Cell and Environment, 15(3): 283-288

Graves J D, Press M C, Stewart G R. 1989. A carbon balance model of the *Sorghum-Striga hermonthica* host-parasite association. Plant, Cell and Environment, 12(1): 101-107

Graves J D, Wylde A, Press M C, et al. 1990. Growth and carbon allocation in *Pennisetum typhoides* infected with the parasitic angiosperm *Striga hermonthica*. Plant, Cell and Environment, 13(4): 367-373

Hibberd J M, Barker E R, Scholes J D, et al. 1996a. How does *Orobanche aegyptiaca* influence the carbon relations of tobacco and tomato? *In*: Moreno M T, Cubero J I, Berner D, et al. Advances in Parasitic

Weed Research. Sevilla: Junta de Andalucia: 312-318

Hibberd J M, Quick W P, Press M C, *et al.* 1996b. The influence of the parasitic angiosperm *Striga gesnerioides* on the growth and photosynthesis of its host, *Vigna unguiculata*. Journal of Experimental Botany, 47(4): 507-512

Hibberd J M, Quick W P, Press M C, *et al.* 1998. Can source-sink relations explain responses of tobacco to infection by the root holoparasitic angiosperm *Orobanche cernua*? Plant, Cell and Environment, 21(3): 333-340

Hibberd J M, Quick W P, Press M C, *et al.* 1999. Solute flux from tobacco to the parasitic angiosperm *Orobanche cernua* and the influence of infection on host carbon and nitrogen relations. Plant, Cell and Environment, 22(8): 937-947

Jeschke W D, Bäumel P, Räth N, *et al.* 1994b. Modelling of the flows and partitioning of carbon and nitrogen in the holoparasite *Cuscuta reflexa* Roxb and its host *Lupinus albus* L. 2. Flows between host and parasite and within the parasitized host. Journal of Experimental Botany, 45(6): 801-812

Jeschke W D, Bäumel P, Räth N. 1995. Partitioning of nutrients in the *Cuscuta reflexa-Lupinus albus* association. Aspects of Applied Biology, 42: 71-79

Jeschke W D, Hilpert A. 1997. Sink-stimulated photosynthesis and sink-dependent increase in nitrate uptake: nitrogen and carbon relations of the parasitic association *Cuscuta reflexa-Ricinus communis*. Plant, Cell and Environment, 20(1): 47-56

Jeschke W D, Kirkby E A, Peuke A D, *et al.* 1997. Effects of P efficiency on assimilation and transport of nitrate and phosphate in intact plants of castor bean (*Ricinus communis* L.). Journal of Experimental Botany, 48(1): 75-91

Jeschke W D, Rath N, Baumel P, *et al.* 1994a. Modelling the flow and partitioning of carbon and nitrogen in the holoparasite *Cuscuta reflexa* Roxb and its host *Lupinus albus* L. 1. Methods for estimating net flows. Journal of Experimental Botany, 45(6): 791-800

Le Q V, Tennakoon K U, Metali F, *et al.* 2015. Impact of *Cuscuta australis* infection on the photosynthesis of the invasive host, *Mikania micrantha*, under drought condition. Weed Biology and Management, 15(4): 138-146

Lim Y C, Rajabalaya R, Lee S H F, *et al.* 2016. Parasitic mistletoes of the genera *Scurrula* and *Viscum*: from bench to beside. Molecules, 21(8): 1048

Livingston W H, Brenner M L, Blanchette R A. 1984. Altered concentrations of abscisic acid, indole-3-acetic acid, and zeatin riboside associated with eastern dwarf mistletoe infections on black spruce. General technical report RM Rocky Mountain Forest and Range Experiment Station, United States, Forest Service, 111: 53-61

Marshall J D, Dawson T E, Ehleringer J R. 1994. Integrated nitrogen, carbon, and water relations of a xylem-tapping mistletoe following nitrogen fertilization of the host. Oecologia, 100(4): 430-438

Matthies D, Egli P. 1999. Response of a root hemiparasite to elevated CO_2 depends on host type and soil nutrients. Oecologia, 120(1): 156-161

Meinzer F C, Woodruff D R, Shaw D C. 2004. Integrated responses of hydraulic architecture, water and carbon relations of western hemlock to dwarf mistletoe infection. Plant, Cell and Environment, 27(7): 937-946

Mueller R C, Gehring C A. 2006. Interactions between an above-ground plant parasite and below-ground ectomycorrhizal fungal communities on pinyon pine. Journal of Ecology, 94(2): 276-284

Musselman L J. 1980. The biology of *Striga*, *Orobanche* and other root-parasitic weeds. Annual Review of Phytopathology, 18(1): 463-489

Parker C, Riches C R. 1993. Parasitic Weeds of the world: Biology and Control. Wallingford: CAB International

Parker C. 1984. The influence of *Striga* spp. on *Sorghum* under varying nitrogen. *In*: Parker C, Musselman L J, Polhill R M, *et al.* Proceedings of the Third International Symposium on Parasitic Weeds. ICARDA/Internation Parasitic Weeds Research Group, 7-8 May, 1984, Aleppo, Syria: 90-98

Press M C, Graves J D. 1995. Parasitic Plants. London: Chapman and Hall

Press M C, Phoenix G K. 2005. Impacts of parasitic plants on natural communities. New Phytologist, 166(3):

737-751

Press M C, Scholes J D, Watling J R. 1999. Parasitic plants: physiological and ecological interactions with their hosts. *In*: Press M C, Scholes J D, Barker M G. Physiological Plant Ecology. Oxford: Blackwell Scientific Ltd.: 175-197

Ransom J K, Odhiambo G D, Eplee R E, *et al.* 1996. Estimates from field studies of phytotoxic effects of *Striga* spp. on maize. *In*: Moreno M T, Cubero J I, Berner D, *et al.* Advances in Parasitic Plant Research. Cordoba: Proceedings of the 6th Parasitic Weed Symposium: 327-333

Shen H, Hong L, Ye W H, *et al.* 2007. The influence of the holoparasitic plant *Cuscuta campestris* on the growth and photosynthesis of its host *Mikania micrantha*. Journal of Experimental Botany, 58(11): 2929-2937

Shen H, Xu S J, Hong L, *et al.* 2013. Growth but not photosynthesis response of a host plant to infection by a holoparasitic plant depends on nitrogen supply. PLoS One, 8(10): e75555

Shen H, Ye W H, Hong L, *et al.* 2005. Influence of the obligate *Cuscuta campestris* on growth and biomass allocation of its host *Mikania micrantha*. Journal of Experimental Botany, 56(415): 1277-1284

Shen H, Ye W H, Hong L, *et al.* 2006. Progress in parasitic plant biology: host selection and nutrient transfer. Plant Biology, 8(2): 175-185

Stein C, Rissmann C, Hempel S, *et al.* 2009. Interactive effects of mycorrhizae and a root hemiparasite on plant community productivity and diversity. Oecologia, 159(1): 191-205

Taylor A, Martin J, Seel W E. 1996. Physiology of the parasitic association between maize and witchweed (*Striga hermonthica*): is ABA involved? Journal of Experimental Botany, 47(301): 1057-1065

Těšitel J, Tesitelova T, Fisher J P, *et al.* 2015. Integrating ecology and physiology of root-hemiparasitic interaction: interactive effects of abiotic resources shape the interplay between parasitism and autotrophy. New Phytologist, 205(1): 350-360

Watling J R, Press M C. 1997. How is the relationship between the C_4 cereal *Sorghum bicolor* and the C_3 root hemi-parasites *Striga hermonthica* and *Striga asiatica* affected by elevated CO_2? Plant, Cell and Environment, 20(10): 1292-1300

Watling J R, Press M C. 2001. Impacts of infection by parasitic angiosperms on host photosynthesis. Plant Biology, 3(3): 244-250

Watling J R, Press M C. 2010. Infection with the parasitic angiosperm *Striga hermonthica* influences the response of the C_3 cereal *Oryza sativa* to elevated CO_2. Global Change Biology, 6(8): 919-930

Wolswinkel P. 1974. Complete inhibition of setting and growth of fruits of *Vicia faba* L. resulting from the draining of the phloem system by *Cuscuta* species. Acta Botanica Neerlandica, 23(1): 48-60

第4章 寄生植物寄生对寄主植物群落的影响

寄生植物的寄主为生态系统中的生产者。寄生植物直接寄生在寄主上，可以改变寄主的行为，改变寄主与非寄主植物之间的竞争相互作用（Medel，2000），从而级联影响群落物种组成与多样性、植被循环、地带性植被的变化及群落的生产力等（Pennings and Callaway，2002；Cameron *et al.*，2010），尤其是入侵植物群落。寄生植物对寄主的影响非常大，因此，寄生植物对群落的影响非常明显，甚至当寄生植物只占生态系统的一小部分时，仍有较大的影响。例如，菟丝子属植物可以与许多寄主形成成千上万个连接，从而覆盖超过 $100m^2$，尽管它们的生物量只占所有植被的 5%，但是对植物群落会产生明显的影响，从而影响整个生态系统。

4.1 寄生植物寄生对植物群落物种组成和多样性的影响

寄生植物可以改变寄主植物与非寄主植物之间的竞争平衡，改变群落多样性，导致群落结构的改变。在天然群落中，半寄生植物存在时植物群落的多样性会比没有半寄生植物时要高（Gibson and Watkinson，1992）。例如，加拿大马先蒿的盖度与高草草原群落的物种丰富度呈正相关（Hedberg *et al.*，2005），火焰草属（*Castilleja*）植物可以增加山地草甸群落的均匀度（Reed，2012）。

4.1.1 寄生植物偏好群落优势种

如果寄生植物偏好的物种是群落优势种，那么寄生可以抑制优势种，促进非优势种的生长（Press，1998），从而增加植物群落的多样性。鼻花属植物偏好禾本科草本寄主，鼻花属植物的寄生在减少禾本科草本寄主生物量的同时，使非禾本科的草本植物生物量增加，增加草地物种的丰富度（Davies *et al.*，1997），使多样性低的草地恢复成多样性高的草地（Westbury and Dunnett，2000；Westbury，2004；Ameloot *et al.*，2005；Bardgett *et al.*，2006）。茎寄生植物盐沼菟丝子（*Cuscuta salina*）寄生可以抑制优势种，从而促进其他非优势植物的生长（Pennings and Callaway，1996；Callaway and Pennings，1998），如其偏好群落优势种弗吉尼亚盐草（*Salicornia virginica*），从而抑制弗吉尼亚盐草的生长，促进非优势种加州海薰衣草（*Limonium californicum*）和盐生瓣鳞花（*Frankenia salina*）的生长，最终增加群落多样性（Pennings and Callaway，1996；Callaway and Pennings，1998）。

4.1.2 寄生植物偏好群落非优势种

如果寄生植物偏好的物种是群落非优势种，那么寄生植物可以减少群落中非优势种的丰富度，从而减少群落多样性。Gibson 和 Watkinson（1989）发现在沙丘生态系统中，根半寄生植物小鼻花偏好群落中的非优势种，从而减少了群落多样性。

4.1.3　非偏好物种数量对偏好的影响

如果寄生植物非偏好物种的数量足够多，可以掩盖寄生植物偏好物种，那么寄生植物偏好物种的丰富度就不会减少。例如，鼻花属植物偏好豆科植物，但 Davies 等（1997）发现当群落中其他草本植物数量多于豆科植物时，可以掩盖豆科植物，使豆科植物不易被鼻花属植物寄生，鼻花属植物更多地寄生在其他草本植物根上，从而使豆科植物的丰富度不减少，反而呈增加的趋势。

4.1.4　群落关键物种对偏好的影响

Grewell（2008）研究发现，寄生植物移除两年后，64%的寄主植物的丰富度与未移除寄生植物的群落是一致的。盐沼菟丝子偏好寄生一小部分潜在的寄主植物，它在群落中的存在可能影响物种间的竞争，最终提高物种多样性。细叶水麦冬（*Triglochin concinna*）是群落中的关键物种，相对于其生物量而言，它能吸收高浓度的氮，并可能限制更健壮的多年生植物的生长。盐沼菟丝子寄生在细叶水麦冬上可以促进群落的营养循环，提高物种的丰富度。

4.1.5　寄生植物偏好多个寄主植物

Janzen（1970）预测，当群落中几个物种共存时，特定寄主物种的感染水平可能最低；当群落中只有一个物种时，寄主植物的感染水平最高。研究人员在得克萨斯州草原上的实验表明，菟丝子属植物 *Cuscuta attenuata* 的寄生效果取决于其遇到不同寄主物种的顺序（Kelly and Horning, 1999）。盐生车前（*Plantago maritima*）作为初级寄主植物，盐沼菟丝子对其生物量影响很大，这种效应的强度并不出乎意料，因为菟丝子是寄主光合产物的强大汇，有效地剥夺了寄主的氮，并阻止了资源分配到生长、胁迫耐受或防御。

4.1.6　寄生植物寄生可以促进杂草入侵

一年生寄生植物可以通过促进杂草入侵来增加植物群落的多样性。例如，当鼻花属植物 *Rhinanthus alectorolophus* 在生长季未死亡时，在群落中留下的空隙可以促进杂草的入侵，导致群落多样性升高（Joshi *et al.*, 1985）。然而在多样性高的群落中，寄生对杂草入侵的促进作用很小，存在一个负反馈机制。一旦群落到达某个多样性水平，杂草入侵将不会被促进；当群落多样性下降时，又会促进杂草入侵。

4.2　寄生植物寄生对植物群落植被循环和地带性植被变化的影响

寄生植物寄生会导致寄主的局部灭绝，但同时寄生植物也会由于寄主的死亡而发生局部灭绝；随后，最初被抑制的寄主又会重新生长，接着寄生植物也会重新生长。这种动态类似于捕食者与被捕食者之间的关系（Krebs *et al.*，1995）。因此，寄生植物寄生引起的植物群落植被动态和地带性植被的变化常常是可变的，可以随着环境条件的变化而变化，随着寄生植物自身的行为变化而变化。例如，盐沼菟丝子可以抑制优势种弗吉尼亚盐草的生长，当寄主弗吉尼亚盐草死亡后，盐沼菟丝子也随之死亡，留出来的空间促进了非优势种加州海薰衣草和盐生瓣鳞花的生长，但盐沼菟丝子死亡后，弗吉尼亚盐草又可以重新建成，从而恢复成优势种；接着弗吉尼亚盐草又会被盐沼菟丝子寄生而死亡，从而引起弗吉尼亚盐草植被的动态循环（Pennings and Callaway，1996）。在欧洲草地上，被小鼻花寄生的草地斑块丰富度很快下降，小鼻花也随之消失；而邻近的未感染的草地适合小鼻花幼苗的产生；留下的植被会很快恢复，又会被小鼻花感染；循环往复进行，导致小鼻花斑块看起来随着时间的变化而波动，随植被的移动而移动（Gibson and Watkinson，1989）。因此，短寿命的小鼻花，以"流云"的形式存在于群落中，耗尽特定区域的寄主植物，然后入侵新的领土，直到寄主群落恢复后才重新入侵以前占领的区域（Kelly，1989）。

菟丝子在植物群落中的作用可能因特定区域内有效寄主物种的特性不同而异。菟丝子更倾向于寄生在碱菊属（*Jaumea*）而不是盐角草属（*Salicornia*），这表明菟丝子可能通过优先寄生一种稀有物种而减少其多样性。研究发现小鼻花在3个地点降低了植物多样性，但在第四个地点增加了植物多样性（Gibson and Watkinson，1992），这种效应的差异显然是由每个地点可用的和首选的寄主植物的不同而导致的（Pennings and Callaway，1996）。

寄生植物与寄主之间的相互作用会受到环境因子限制，环境因子可以影响寄生植物和寄主及非寄主三者之间的竞争强度，从而调控植被的地带性变化。Callaway 和 Pennings（1998）研究发现弗吉尼亚盐草在低盐的沼泽区为优势种，而近端节藜（*Arthrocnemum subterminale*）在高盐的沼泽区占优势，两者在群落交错区有强烈的竞争；盐沼菟丝子偏好寄生于弗吉尼亚盐草，从而为近端节藜提供了竞争优势，有效地制止了弗吉尼亚盐草侵入近端节藜的群落地带。Pennings 和 Callaway（1996）研究发现潮汐的作用使得高海拔沼泽区的盐沼菟丝子生长旺盛。在高海拔沼泽区，盐沼菟丝子偏好寄生于弗吉尼亚盐草，不侵染近端节藜、盐生瓣鳞花和加州海薰衣草，促使这几个物种成为群落的优势种；而在低海拔沼泽区，虽然盐沼菟丝子偏好寄生于弗吉尼亚盐草，但由于盐沼菟丝子的生长较弱，因此盐沼菟丝子对该群落中的植物结构组成及竞争的影响并不明显。

4.3　寄生植物寄生对植物群落生产力的影响

关于寄生植物寄生对植物群落功能影响的研究较少，仅见对有关植物群落生产力的影响。寄生植物对植物群落总生物量的影响可以不显著或显著，可以是负面的或正面的（Pennings and Callaway，1996），但以负面影响居多。

4.3.1　降低植物群落生产力

寄生植物寄生可以减少寄主的生物量，增加自身的生物量；但由于寄生植物自身的生物量很低，因此寄主减少的生物量会远远大于寄生植物增加的生物量（Matthies，1995，1996，1997；Marvier，1998；Matthies and Egli，1999），从而降低植物群落的生产力（Matthies，1995，1996，1998；Pennings and Callaway，1996，2002；Marvier，1998；Matthies and Egli，1999；Demey *et al.*，2013；Hartley *et al.*，2015）。Bardgett 等（2006）发现小鼻花可以显著减少地上群落的生物量。Hartley 等（2015）发现移除小鼻花可以显著提高草地群落的地上生物量。

4.3.2　提高植物群落生产力

寄生植物也可以通过产生高营养、易分解的凋落物以及提高凋落物的降解率（Quested *et al.*，2003a，2003b，2005）促进非寄生植物对营养的吸收，增加非寄生植物的生物量，从而提高植物群落的生产力（Quested *et al.*，2002；March and Watson，2007）。例如，在澳大利亚森林群落中，半寄生植物高山比斯托草（*Bartsia alpina*）即可通过此途径增加群落的总生物量（March and Watson，2007）。Ameloot 等（2008）也发现根半寄生植物鼻花属植物 *Rhinathus angustitolius* 和小鼻花可以产生高营养的凋落物从而增加地上植被的生物量，增加物种多样性，促进群落恢复。研究还发现刺柏槲寄生（*Phoradendron juniperinum*）的寄生可以吸引食果鸟类的采食，从而保护寄主单子圆柏（*Juniperus monosperma*）的种子，使其果实产量增加 10～15 倍，而群落中的幼苗数量增加 2 倍（Van Ommernen and Whitham，2002）。

对于半寄生植物来说，如果寄生植物的生物量可以补偿或超出寄主植物减少的生物量，则最终会提高植物群落的生产力（Marvier，1996；Joshi *et al.*，2000）。

4.3.3　群落自身特征对群落生产力的影响

寄生植物寄生对植物群落生物量的影响受到群落自身特征的影响。Matthies 和 Egli（1999）研究发现在低营养条件下，当寄生植物与寄主所需要的资源有限时，寄生植物寄生将最大程度地减少寄主植物的生物量。Joshi 等（1985）研究发现在功能多样性高的草地群落中，鼻花属植物欧洲猪鼻花引起群落生物量减少的幅度要小一些。Joshi 等（2000）研究发现随着植物群落物种多样性的增加，寄生植物对群落的负面效应被显著削弱。

此外，Matthies 和 Egli（1999）研究发现在养分匮乏的环境中，寄生植物对群落的有害效应显著增大，但 Mudrák 和 Lepš（2010）的研究并未发现施肥和寄生植物对植物群落地上生长量存在交互作用。

4.4　寄生植物寄生对入侵植物群落的影响

与正常植物群落一样，寄生植物寄生可以改变入侵植物的行为，改变入侵植物与群落中非入侵植物之间的竞争相互作用，从而影响群落物种组成与多样性，恢复本地植物群落，从而达到生物防控的作用。原野菟丝子的寄生可以显著减少入侵植物微甘菊的盖度和群落多样性（Parker，1972；昝启杰等，2003）。昝启杰等（2003）发现原野菟丝子寄生于微甘菊后，群落中微甘菊的盖度由75%～95%降低到18%～25%，群落的物种多样性明显增加。Lian等（2006）发现原野菟丝子寄生在入侵植物微甘菊群落后，植物群落中的物种数量从7种增加至19种，物种多样性指数从1.8增加至5.6。原野菟丝子对微甘菊的寄生可以减弱微甘菊与本地物种之间的竞争能力，从而为本地物种提供了允足的光资源与土壤营养（昝启杰等，2003），有利于本地群落的恢复。外来入侵植物通常是最具有竞争力的入侵群落的优势种。研究发现，寄生植物南方菟丝子的偏好受光照诱导要比受水分、碳、氮和磷含量的诱导大，只有当外来植物形成群落中的单培养物或者优势种时，本地寄生植物才能用于控制入侵植物（Wu et al.，2019）。

4.5 寄生植物寄生改变群落结构与功能的机制

4.5.1 物种间竞争关系的改变

寄主植物比其他植物更易受寄生植物偏好的影响（Gibson and Watkinson，1989，1991；Matthies，1996；Press et al.，1999）。寄生植物寄生于寄主植物后，寄主与群落中其他物种之间的竞争关系可能会因寄主植物受到寄生植物的偏好而改变（Gibson and Watkinson，1991；Musselman and Press，1995；Matthies，1996；Press et al.，1999；Cameron，2004）。例如，小鼻花可以减少禾本科和豆科植物的生物量，有利于草原上非豆科植物的生长（Ameloot et al.，2005）。群落中的优势种由于根密度高，即使不存在强烈的选择偏好，与寄生植物相遇的机会也更大（Davies et al.，1997），这有利于非优势种和新入侵物种的建立，可能会改变群落组成并增加物种多样性（Gibson and Watkinson，1991；Davies et al.，1997；Ameloot et al.，2005），但也有可能会减少物种多样性（Gibson and Watkinson，1992）。另外，寄生植物完成生长期后死亡造成的植被的"空隙"，也会促进新物种的建立（Joshi et al.，2000；Pywell et al.，2004），随后增加群落的物种多样性。

4.5.2 凋落物的改变

半寄生植物可以通过它们的凋落物输入来影响植被结构和多样性，这是一条较为间接的途径。半寄生植物由于具有较高的蒸腾速率（Ehleringer and Marshall，1995），常作为库来贮存来自寄主植物的水和其他溶质，与其他物种相比，其叶片营养浓度更高（Seel and Press，1993；Pate，1995；Quested et al.，2002）。许多半寄生植物在较早季节就会落叶或死亡，嫩枝寿命短，产生高质量的凋落物（如低碳氮比、钙含量高），矿化速度比共生物种快，因此增加了对土壤的养分输入（Quested et al.，2002，2003a）。Quested等（2003a）发现，亚北极半寄生植物高山比斯托草在其茎部5cm范围内输入土壤中的氮增加了42%。Ameloot等（2008）发现，添加 ^{15}N 标记的 NH_4NO_3 后，寄生地土壤中 ^{15}N 的稀释度高于未寄生地，表明鼻花属植物存在时土壤氮库更大。半寄生植物产生的营养丰富、分解快的凋落物增加了植物有效养分的含量，促使寄主植物和非寄主植物的初级生产力增加（Demey et al.，2013）。

寄生植物产生的凋落物的影响在很大程度上取决于这种营养资源对与寄生植物共生的植物或功能群的平等性。如果一个群落的所有组成部分都平等地受益于半寄生植物的凋落物，则除了净生产力的增加外，群落组成可能没有变化。然而，这是不太可能的，因为养分供应和植物表现之间的关系在所有物种中很少是平等的。因此，一些物种很可能从凋落物的养分中获得更大的收益，这些群体的突出地位可能会以牺牲其他群体为代价而提高。Fisher 等（2013）发现小鼻花通过富营养凋落物输入的机制，改变了共生植物的生物量和营养状况，并对不同功能群产生了不同的影响。这表明寄生植物产生的凋落物对植物群落结构的间接影响与寄生植物产生的直接影响同等重要。

4.5.3　其他

有研究认为寄生植物寄生导致的群落结构的改变至少部分取决于寄主植物的物种特性、寄主植物的耐受性或抵抗感染的能力（Gibson and Watkinson，1991；Cameron et al.，2006；Rowntree et al.，2011）。也有研究认为，寄生植物之间的直接相互作用可能会导致寄生植物与寄主植物之间更强的相互作用，这种强烈的相互作用可能会增强植物群落对资源波动的偏好（Mccann et al.，1998）。

主要参考文献

昝启杰，王伯荪，王勇军，等. 2003. 薇甘菊的危害与田野菟丝子的防除作用. 植物生态学报, 27(6): 822-828

Ameloot E, Verheyen K, Hermy M. 2005. Meta-analysis of standing crop reduction by *Rhinanthus* spp. and its effect on vegetation structure. Folia Geobotanica, 40(2-3): 289-310

Ameloot E, Verlinden G, Boeckx P, et al. 2008. Impact of hemiparasitic *Rhinanthus angustifolius* and *R. minor* on nitrogen availability in grasslands. Plant and Soil, 311(1-2): 255-268

Bardgett R D, Smith R S, Shiel R S, et al. 2006. Parasitic plants indirectly regulate below-ground properties in grassland ecosystems. Nature, 439(7079): 969-972

Callaway R M, Pennings S C. 1998. Impact of a parasitic plant on the zonation of two salt marsh perennials. Oecologia, 114(1): 100-105

Cameron D D, Coats A M, Seel W E. 2006. Differential resistance among host and non-host species underlies the variable success of the hemi-parasitic plant *Rhinanthus minor*. Annals of Botany, 98(6): 1289-1299

Cameron D D, White A, Antonovics J. 2010. Parasite-grass-forb interactions and rock-paper-scissor dynamics: predicting the effects of the parasitic plant *Rhinanthus minor* on host plant communities. Journal of Ecology, 97(6): 1311-1319

Cameron D D. 2004. A role for differential host resistance to the hemiparasitic angiosperm, *Rhinanthus minor* L. in determining the structure of host plant communities? PhD thesis, University of Aberdeen, Aberdeen

Davies D M, Graves J D, Elias C O, et al. 1997. The impact of *Rhinanthus* spp. on sward productivity and composition: implications for the restoration of species-rich grasslands. Biological Conservation, 82(1): 93-98

Demey A, Ameloot E, Staelens J, et al. 2013. Effects of two contrasting hemiparasitic plant species on biomass production and nitrogen availability. Oecologia, 173(1): 293-303

Ehleringer J R, Marshall J D. 1995. Water relations. *In*: Press M C, Graves J D. Parasitic Plants. London: Chapman and Hall: 125-140

Fisher J P, Phoenix G K, Childs D Z, et al. 2013. Parasitic plant litter input: a novel indirect mechanism influencing plant community structure. New Phytologist, 198(1): 222-231

Gibson C C, Watkinson A R. 1989. The host range and selectivity of a parasitic plant: *Rhinanthus minor* L.

Oecologia, 78(3): 401 106

Gibson C C, Watkinson A R. 1991. Host selectivity and the mediation of competition by the root hemiparasite *Rhinanthus minor*. Oecologia, 86(1): 81-87

Gibson C C, Watkinson A R. 1992. The role of the hemiparasitic annual *Rhinanthus minor* in determining grassland community structure. Oecologia, 89(1): 62-68

Grewell B J. 2008. Parasite facilitates plant species coexistence in a coastal wetland. Ecology, 89(6): 1481-1488

Hartley S E, Green J P, Massey F P, *et al*. 2015. Hemiparasitic plant impacts animal and plant communities across four trophic levels. Ecology, 96(9): 2408-2416

Hedberg A, Borowicz V, Armstrong J. 2005. Interactions between a hemiparasitic plant, *Pedicularis canadensis* L. (Orobanchaceae), and members of a tallgrass prairie community. Journal of the Torrey Botanical Society, 132(3): 401-410

Janzen D H. 1970. Herbivores and the number of tree species in tropical forests. American Naturalist, 104(940): 501-528

Joshi G C, Pande C P, Kothyari B P. 1985. New host of *Dendrophthoe falcata* (Linn. F.) Ettings[1985]. Indian Journal of Foresty, 8(3): 235.

Joshi J, Matthies D, Schimid B. 2000. Root hemiparasites and plant diversity in experimental grassland communities. Journal of Ecology, 88(4): 634-644

Kelly C K, Horning K, Venable D L, *et al*. 1988. Host specialization in *Cuscuta costaricensis*: an assessment of host use relative to host availability. Oikos, 53: 315-320

Kelly C K, Horning K. 1999. Acquisition order and resource value in *Cuscuta attenuata*. Proceedings of the National Academy of Sciences of the United States of America, 96(23): 13219-13222

Kelly D. 1989. Demography of short-lived plants in chalk grassland. 3. Population stability. Journal of Ecology, 77(3): 785-798

Krebs C J, Boutin S, Boonstra R, *et al*. 1995. Impact of food and predation on the snowshoe hare cycle. Science, 269(5227): 1112-1115

Lian J Y, Ye W H, Cao H L, *et al*. 2006. Influence of obligate parasite *Cuscuta campestris* on the community of its host *Mikania micrantha*. Weed Research, 46(46): 441-443

March W A, Watson D M. 2007. Parasites boost productivity: effects of mistletoe on litterfall dynamics in a temperate Australian forest. Oecologia, 154(2): 339-347

Marvier M A. 1996. Parasitic plant-host interactions: plant performance and indirect effects on parasite-feeding herbivores. Ecology, 77(5): 1398-1409

Marvier M A. 1998. A mixed diet improves performance and herbivore resistance of a parasitic plant. Ecology, 79(4): 1272-1280

Matthies D, Egli P. 1999. Response of a root hemiparasite to elevate CO_2 depends on host type and soil nutrients. Oecologia, 120(1): 156-161

Matthies D. 1995. Parasitic and competitive interactions between the hemiparasites *Rhinanthus serotinus* and *Odontites rubra* and their host *Medicago sativa*. Journal of Ecology, 83(2): 245-251

Matthies D. 1996. Interactions between the root hemiparasite *Melampyrum arvense* and mixtures of host plants: heterotrophic benefit and parasite-mediated competition. Oikos, 75: 118-124

Matthies D. 1997. Parasite-host interaction in *Castilleja* and *Orthocarpus*. Canadian Journal of Botany, 75: 1252-1260

Matthies D. 1998. Influence of the host on growth and biomass allocation in the two facultative root hemiparasites *Odontites vulgaris* and *Euphrasia minima*. Flora, 193(2): 187-193

Mccann K, Hastings A, Huxel G R. 1998. Weak trophic interactions and the balance of nature. Nature, 395(6704): 794-798

Medel R. 2000. Assessment of parasite mediated selection in a host-parasite system in plants. Ecology, 81(6): 1554-1564

Mudrák O, Lepš J. 2010. Interactions of the hemiparasitic species *Rhinanthus minor* with its host plant community at two nutrient levels. Folia Geobotanica, 45(4): 407-424

Musselman L J, Press M C. 1995. Introduction to parasitic plants. *In*: Press M C, Graves J D. Parasitic Plants.

London: Chapman and Hall: 1-13

Parker C. 1972. The Mikania problem. Pest Articles and New Summaries, 118: 312-315

Pate J S. 1995. Mineral relationships of parasites and their hosts. *In*: Press M C, Graves J D. Parasitic Plants. London: Chapman and Hall: 80-102

Pennings S C, Callaway R M. 1996. Impact of a parasitic plant on the structure and dynamics of salt marsh vegetation. Ecology, 77(5): 1410-1419

Pennings S C, Callaway R M. 2002. Parasitic plants: parallels and contrasts with herbivores. Oecologia, 131(4): 479-489

Press M C, Scholes J D, Keay R W J. 1999. Physiological plant ecology. *In*: Press M C, Scholes J D, Barker M G. Physiological Plant Ecology. Oxford: Blackwell: 175-197

Press M C. 1998. Dracula or Robin Hood? A functional role for root hemiparasites in nutrient poor ecosystems. Oikos, 82(3): 609-611

Pywell R F, Bullock J M, Walker K J, *et al*. 2004. Facilitating grassland diversification using the hemiparasitic plant *Rhinanthus minor*. Journal of Applied Ecology, 41(5): 880-887

Quested H M, Callaghan T V, Cornelissen J H C, *et al*. 2005. The impact of hemiparasitic plant litter on decomposition: direct, seasonal and litter mixing effects. Journal of Ecology, 93(1): 87-98

Quested H M, Cornelissen J H C, Press M C, *et al*. 2003a. Decomposition of sub-arctic plants with differing nitrogen economies: a functional role for hemiparasites. Ecology, 84(12): 3209-3221

Quested H M, Press M C, Callaghan T V, *et al*. 2002. The hemiparasitic angiosperm *Bartsia alpina* has the potential to accelerate decomposition in sub-arctic communities. Oecologia, 130(1): 88-95

Quested H M, Press M C, Callaghan T V. 2003b. Litter of the hemiparasite *Bartsia alpina* enhances plant growth: evidence for a functional role in nutrient cycling. Oecologia, 135(4): 606-614

Reed J. 2012. The effects of hemiparasitism by *Castilleja* species on community structure in alpine ecosystems. Pursuit—The Journal of Undergraduate Research at the University of Tennessee, 3(2): 8

Rowntree J K, Cameron D D, Preziosi R F. 2011. Genetic variation changes the interactions between the parasitic plant-ecosystem engineer *Rhinanthus* and its hosts. Philosophical Transactions of the Royal Society of London. Series B: Biological Sciences, 366(1569): 1380-1388

Seel W E, Press M C. 1993. Influence of the host on three sub-arctic annual facultative root hemiparasites. 1. Growth, mineral accumulation and aboveground dry-matter partitioning. New Phytologist, 125(1): 131-138

Van Ommernen R J, Whitham T G. 2002. Changes in the interactions between juniper and mistletoe mediated by shared avian frugivores: parasitism to potential mutualism. Oecologia, 130(2): 281-288

Westbury D B, Dunnett N P. 2000. The effect of the presence of *Rhinanthus minor* on the composition and productivity of created swards on ex-arable land. Aspects of Applied Biology, 58: 271-278

Westbury D. 2004. *Rhinanthus minor* L. Journal of Ecology, 92(5): 906-927

Wu A P, Zhong W, Yuan J R, *et al*. 2019. The factors affecting a native obligate parasite, *Cuscuta australis*, in selecting an exotic weed, *Humulus scandens*, as its host. Scientific Reports, 9(1): 511

第5章　寄生植物对其他营养级的影响

食物链中高营养级的物种可以影响低营养级的物种，产生自上而下的级联效应（Wardle *et al.*，2005）。例如，地上的消费者（动物）可以影响地下的分解者（如土壤微生物）（Bardgett and Wardle，2003；Barto and Rillig，2010；Bezemer *et al.*，2013）。寄生植物与初级消费者相似，完全或部分依赖于寄主植物，获得光合作用产物、水分和矿物质。生态系统中的消费者可以寄生植物或寄主植物为食，同时寄生植物可以影响寄主植物的生物量并介导寄主植物与其他物种之间的相互作用，因此，寄生植物也可以通过食物链直接或间接地影响生态系统其他营养级的生物，如鸟类、食草昆虫、其他寄生植物和病原真菌（Press and Phoenix，2005）。

5.1　寄生植物寄生对食草动物取食的影响

寄生植物从寄主中摄取营养物质，而食草动物可以消耗寄主植物抗性，寄生植物与食草动物竞争寄主的营养，寄生植物与食草动物之间为竞争关系，因此，寄生植物可以间接地影响取食寄主植物的食草动物的生物量及多样性（Ewald *et al.*，2011）。

5.1.1　寄生植物寄生增强食草动物对寄主植物的取食

寄生植物从寄主植物中摄取营养物质，从而减弱寄主植物抗性，导致其很容易被食草动物采食（Press and Phoenix，2005）。在油杉寄生属（*Arceuthobium*）寄生植物寄生后，寄主植物的蒸腾作用加强，导致水分胁迫加剧，从而增加了寄主植物对食草动物的易感性（Fisher，1983）。寄生植物寄生导致的寄主树脂渗出减少可能也是寄主植物易感性增加的机制之一（Parker and Riches，1993；Aukema，2003）。

5.1.2　寄生植物寄生减少食草动物对寄主植物的取食

因为食草动物与寄生植物争夺寄主植物的资源，因此，寄生植物寄生可以减少食草动物对寄主植物的取食。Puustinen 和 Mutikainen（2001）发现寄生植物 *Rhinanthus angustitolius* 的寄生减少了陆生蜗牛 *Arianta arbustorm* 对白三叶草的取食。

当寄生植物和食草动物争夺同一寄主资源时，如果寄主被食草动物大量取食，则寄生植物的繁殖性能可能会降低。Salonen 和 Puustinen（1996）发现寄主植物细弱剪股颖（*Agrostis capillaris*）的部分落叶可以减少寄生植物 *Rhinanthus serotinus* 的开花。

5.2　寄生植物寄生对食草动物的直接影响

食草动物也可大量采集寄生植物，如食果鸟类可以大量消耗槲寄生属植物的浆果（Watson，2001）。据统计，槲寄生属植物的果实、花和叶片可供给 66 科的鸟类、30 科的哺乳动物、部分鱼类及更多的未知食草昆虫食用（Watson，2001）。因此，寄生植物可以对食草动物产生直接影响，但这种效应受到寄主植物营养状态、种类、次生代谢产物、遗传因素等的影响。

5.2.1　寄主植物营养状态的影响

食草动物对寄生植物的采食受到寄主植物营养状态的影响。如果寄主植物具有较丰富的营养，则可以吸引更多的食草动物的采集，使食草动物种群增大。例如，以根半寄生植物怀特火焰草（*Castilleja wightii*）为食的蚜虫 *Nearctaphis kachena* 与寄主的氮浓度存在显著的正相关（Marvier，1996），导致富氮寄主植物上的蚜虫长得较大；而在富氮寄主上寄生的根半寄生植物怀特火焰草由于要与长得较大的蚜虫争取资源，因此表现较差。

5.2.2　寄主植物种类的影响

Seel 和 Press（1993）发现半寄生植物的生物量与营养质量取决于其寄生的寄主植物的种类，寄主植物的种类也决定了以寄生植物为食的食草动物的生长（Adler，2002）。Rowntree 等（2014）发现寄生在多种寄主植物上的寄生植物有利于蚜虫的生长，特别是在食草动物存在的情况下，在多种寄主上的寄生植物可以从每种寄主中获得不同的营养成分（Govier *et al.*，1967），也可以受到每种寄主植物响应食草动物产生的应激反应物质的保护（Pate *et al.*，1990；Marvier，1998）。Marvier（1998）研究发现与两种豆科植物所组成的寄主植物相比，豆科和非豆科的两种混合寄主植物可以促进得克萨斯火焰草（*Castilleja individisa*）的生长，导致其上的蚜虫生长缓慢。

5.2.3　寄主植物次生代谢产物的影响

寄生植物可以从寄主植物中吸收次生代谢产物来增加其对食草动物的抵抗力（Adler，2000）。

5.2.3.1　直接作用

寄主植物可以将抗食草昆虫的化合物转移至寄生植物上，从而使其具有抗食草昆虫的能力（Marvier，1996；Adler and Wink，2001）。寄生植物从寄主体内获得对食草动物具有毒性的生物碱，可以减弱食草动物的取食（Marko and Stermitz，1997；Adler，2003）。Loveys 等（2001）观察到根半寄生植物檀香桃（*Santalum acuminatum*）的果实中含有一种从寄生植物楝（*Melia azedarach*）中获得的天然杀虫剂，这种化合物对苹浅褐卷蛾（*Epiphyas postvittana*）具有显著的毒害作用。Smith 等（2016）发现与产硫苷的拟南芥

（*Arabidopsis thaliana*）相比，寄生于无硫苷拟南芥上的沼地菟丝子（*Cuscuta gronovii*）的生长明显增强，而硫代葡萄糖苷可能影响沼地菟丝子上的食草动物，寄生在产硫苷拟南芥上的沼地菟丝子会显著降低豌豆蚜虫（*Acyrthosiphon pisum*）在沼地菟丝子茎上的定居率和存活率。

5.2.3.2　间接作用

寄生植物还可以从次生代谢产物的摄取中间接获得好处。Adler（2000）观察到这种根半寄生植物得克萨斯火焰草从生物碱含量高的白羽扇豆（*Lupinus albus*）寄主中获得生物碱时，不仅减少了昆虫幼虫的取食，而且减少了食草昆虫对花的取食，增加了蜂鸟传粉者的访问。同时，这种效应也会受到寄主植物营养状态的影响（Adler，2002）。

5.2.4　寄主植物遗传多样性的影响

寄主植物上蚜虫的分布受到小鼻花的影响，并且受到小鼻花遗传多样性的影响（Zytynska *et al.*，2014）。小鼻花的种群可以影响蚜虫基因型在寄主植物上的分布，而蚜虫的基因型和寄主植物的遗传多样性也可以影响小鼻花的存活。

5.3　寄生植物寄生对食草动物的间接影响

5.3.1　寄生植物可作为食草动物的栖息地

槲寄生从常被广泛用作鸟类的筑巢或栖息场所，既可以作为巢穴的结构支撑，也可以帮助其隐蔽，还可以为松鼠、豪猪等哺乳动物提供冬眠场所或炎热天气下的庇护所（Watson，2001）。此外，槲寄生叶具有抗菌特性，并且可能刺激雏鸟的免疫功能，因此可以作为鸟巢的内衬（Watson，2001）。Bennetts 等（1996）于 1989～1990 年在美国科罗拉多州美国黄松林的研究中发现，矮槲寄生虽然可以抑制美国黄松林的生长、繁殖，最终减少树木产量，却可以增加群落中鸟类的数量与多样性，且鸟类数量和多样性与矮槲寄生的侵染水平呈正相关，这与矮槲寄生有利于鸟类筑巢有关。

5.3.2　寄生植物可吸引传粉者和种子传播者

有些寄生植物自身可作为传粉者起到传粉的作用，如槲寄生和大花草科植物。如果受影响的食草动物是寄主或寄生植物的传粉媒介（Patiño *et al.*，2002）或种子扩散媒介（Aukema and Del Rio，2002），那么寄生植物就可以吸引足够数量的食草动物以改变整体的营养输入，改变相邻植物的生长与竞争动力学，改变植物群落的组分与结构，增加物种丰富度。

5.3.2.1　大花草科植物

大花草科，尤其是大花草属（*Rafflesia*）和藤寄生属（*Rhizanthes*）植物，由吸热花组成，没有茎和叶。高呼吸率和吸热相结合，使花周围环境空气温度比其他花高，并具有相当高的局部二氧化碳浓度。这些因素，再加上挥发物的释放，使花朵散发出粪便或腐肉的气味，吸引了铜绿蝇（*Lucilia cuprina*）来为其传粉（Patiño *et al.*，2000，2002）。吸热和高呼吸率在代谢上代价高昂，但这些代价最终会转嫁到为呼吸提供底物的寄主植物上（Patiño *et al.*，2002）。在藤寄生属中，寄生植物有效模拟了粪便和腐肉的气味，刺激铜绿蝇产卵，从而增加了铜绿蝇在花内寻找栖身之地的时间，进一步增强了铜绿蝇的传粉能力。

5.3.2.2　槲寄生

槲寄生与传粉者具有密切相互作用。许多槲寄生依赖鸟类来充当传粉者，因此花通常大而无味、颜色鲜艳、有强健的花冠和深红色的丛生花序，以达到吸引这些传粉者的目的（Watson，2001）。槲寄生也经常提供丰富的花粉，富含葡萄糖、蔗糖及果糖等（Stiles and Freeman，1993；Baker *et al.*，1998）。

槲寄生与种子传播者具有密切相互作用。许多鸟类特别喜欢食用槲寄生的浆果（Restrepo *et al.*，2002），并在随后的种子运输中发挥作用（Watson，2001）。槲寄生的浆果通常很大，颜色鲜艳，可溶性碳水化合物、矿物质、脂类和脂肪含量高，并且含有丰富的氨基酸，比较适合鸟类传播（Godschalk，1983；Lamont，1983）。为了帮助种子散播，槲寄生种子上覆盖着一层黏性高的蛋白，使其在通过鸟类排便或反刍后黏附在寄主的树枝上（Reid *et al.*，1995；Aukema，2003），由于排便或反流的种子可能黏附在鸟类的喙或腹部，鸟类会进行喙或腹部擦拭以除去种子，并且由于这种行为通常发生在寄主植物树枝上，因此鸟类会有效地将种子黏附在寄主植物上，改变种子散布者的行为，促进种子成功散布。Mellado 和 Zamora（2016）研究发现食果鸟类优先访问长有槲寄生的树木而不是未寄生的树木，在树枝上积累槲寄生种子，同时在寄主植物树冠下散布共有物种的种子。

5.3.2.3　影响因素

1. 营养物质

从寄主植物中吸收的营养物质可以影响对传粉者的吸引力。氮可能使半寄生植物更容易被食草动物接受（Kyto *et al.*，1996），增加氮也可以增加对传粉者的吸引力（Gardener and Gillman，2001）。

2. 次生代谢产物

寄生植物通常从寄主中获得次生代谢产物（Adler and Wink，2001），次生代谢产物的吸收可以通过减少食草动物来增加对传粉者的吸引力（Adler *et al.*，2001）。Adler 和 Wink（2001）发现次生代谢产物可以增加对食草昆虫的抗性从而有利于半寄生植物的生长，使植物更易于吸引传粉者。Adler 等（2001）发现对于寄生在生物碱含量低的蓖麻上的羽扇豆，食草动物的减少可以减少花被取食，可以使其传粉者访问量增加 2 倍。Adler（2000）发现一年生半寄生植物得克萨斯火焰草对白羽扇豆的生物碱的吸收导致食草动物的减少，传粉者的访问量增加，种子产量增加。

3. 寄主植物种类

寄主植物物种会间接影响半寄生植物的表现。Adler（2003）发现寄生在得克萨斯羽扇豆（*Lupinus texensis*）上的半寄生植物得克萨斯火焰草产生的种子是寄生在草本植物 *Andropogon gerardii* 上的半寄生植物的 3 倍以上，并且吸引了更多的传粉者。

4. 食果动物

当食果动物可以同时扩散寄生植物与寄主植物的种子时，则存在三方共生的关系。Van Ommeren 和 Whitham（2002）发现坦氏孤鸫（*Myadestes townsendi*）取食槲寄生属寄生植物 *Phoradendron juniperinum* 和寄主植物单子圆柏的种子，槲寄生提供了稳定和持久的果实资源，而单子圆柏的果实供应则更加多变：槲寄生属植物浆果的产生对食果鸟类的丰度有着最强烈的调节作用，而且被感染了槲寄生的单子圆柏所吸引的鸟类数量远远多于未感染槲寄生的单子圆柏所吸引的鸟类数量。单子圆柏最终受益，因为槲寄生吸引了更多的单子圆柏/槲寄生属植物共享种子分散媒介，最终结果是受槲寄生属植物感染的单子圆柏林分具有更高的幼苗密度。然而，在槲寄生属植物密度非常高的情况下，槲寄生属植物对单子圆柏寄主的负面生理影响将超过坦氏孤鸫的任何积极影响，而且在如此高的密度下，坦氏孤鸫将会促进槲寄生植物的种群发展，从而对单子圆柏寄主不利。

5.4 寄生植物对寄主其他寄生物的影响

当两种寄生物共同竞争寄主植物时，会产生两种情况：①其中一种寄生物的寄生可以减弱寄主植物，从而有利于另一种寄生物的生长；②两种寄生物共同竞争寄主植物的资源（Press and Phoenix，2005）。有关这方面的研究较少。Puustinen 等（2001）发现三叶草胞囊线虫（*Heterodera trifolii*）寄生于红车轴草（*Trifolium pratense*）后，可以减弱根半寄生植物 *Rhinanthus serotinus* 的产量，但反过来根半寄生植物的寄生对三叶草胞囊线虫的种群大小及数量并没有显著性影响，这可能与两者的竞争能力强弱有关。

5.5 寄生植物对分解者的影响

有关全寄生植物与寄主的相互作用对地下分解者的影响的相关研究很少。虽然寄生植物通过根系对土壤系统的影响可能很小或不存在，但可以影响土壤分解者群落，如真菌、细菌、节肢动物等（Watson，2009）。其中寄生植物对土壤细菌、真菌等微生物的影响见第 6 章。

主要参考文献

Adler L S, Karban R, Strauss S Y. 2001. Direct and indirect effects of alkaloids on plant fitness via herbivory and pollination. Ecology, 82(7): 2032-2044

Adler L S, Wink M. 2001. Transfer of alkaloids from hosts to hemiparasites in two *Castilleja-Lupinus* associations: analysis of floral and vegetative tissues. Biochemical Systematics and Ecology, 29(6): 551-561

Adler L S. 2000. Alkaloid uptake increases fitness in a hemiparasitic plant via reduced herbivory and increased pollination. American Naturalist, 156(1): 92-99

Adler L S. 2002. Host effects on herbivory and pollination in a hemiparasitic plant. Ecology, 83(10): 2700-2710

Adler L S. 2003. Host species affects herbivory, pollination, and reproduction in experiments with parasitic *Castilleja*. Ecology, 84(8): 2083-2091

Aukema J E, Del Rio C M. 2002. Variation in mistletoe seed deposition: effects of intra- and interspecific host characteristics. Ecography, 25(2): 139-144

Aukema J E. 2003. Vectors, viscin, and Viscaceae: mistletoes as parasites, mutualists, and resources. Frontiers in Ecology and Environment, 1(4): 212-219

Awmack C S, Leather S R. 2002. Host plant quality and fecundity in herbivorous insects. Annual Review of Entomology, 47(1): 817-844

Baker H G, Baker I, Hodges S A. 1998. Sugar composition of nectar and fruits consumed by birds and bats in the tropics and subtropics. Biotropica, 30(4): 559-586

Bardgett R D, Wardle D. 2003. Herbivore-mediated linkages between aboveground and belowground communities. Ecology, 84(9): 2258-2268

Barto E K, Rillig M C. 2010. Does herbivory really suppress mycorrhiza? A meta-analysis. Journal of Ecology, 98(4): 745-753

Bennetts R E, White G C, Hawksworth F G, et al. 1996. The influence of dwarf mistletoe on bird communities in *Colorado ponderosa* pine forests. Ecological Applications, 6(3): 899-909

Bezemer T M, Van Der Putten W H, Martens H, et al. 2013. Above- and below-ground herbivory effects on below-ground plant-fungus interactions and plant-soil feedback responses. Journal of Ecology, 101(2): 325-333

Bull E L, Heater T W, Youngblood A. 2004. Arboreal squirrel response to silvicultural treatments for dwarf mistletoe control in northeastern Oregon. Western Journal of Applied Forestry, 19(2): 133-141

Ewald N C, John E A, Hartley S E. 2011. Responses of insect herbivores to sharing a host plant with a hemiparasite: impacts on preference and performance differ with feeding guild. Ecological Entomology, 36(5): 596-604

Fisher J T. 1983. Water relations of mistletoes and their hosts. In: Calder M, Bernhardt P. The Biology of Mistletoes. Sydney: Academic Press: 161-184

Gardener M C, Gillman M P. 2001. The effects of soil fertilizer on amino acids in the floral nectar of corncockle, *Agrostemma githago* L. (Caryophyllaceae). Oikos, 92(1): 101-106

Godschalk S K B. 1983. A biochemical analysis of the fruit of *Tapinanthus leendertziae*. South African Journal of Botany, 2(1): 28-31

Govier R N, Nelson M D, Pate J S. 1967. Hemiparasitic nutrition in Angiosperms. I. Transfer of organic compounds from host to *Odontites verna* (Bell) Dum (Scrophulariaceae). New Phytologist, 66(2): 285-297

Hartley S E, Bass K A, Johnson S N. 2007. Going with the Flow: Plant Vascular Systems Mediate Indirect Interactions Between Plants, Insect Herbivores, and Hemiparasitic Plants. Cambridge: Cambridge University Press

Kyto M, Niemela P, Larsson S. 1996. Insects on trees: population and individual response to fertilization. Oikos, 75(2): 148-159

Lamont B. 1983. Mineral nutrition of mistletoes. In: Calder M, Bernhardt P. The Biology of Mistletoes. New York: Academic Press: 185-204

Lázaro-González A, Hódar J A, Zamora R. 2017. Do the arthropod communities on a parasitic plant and its hosts differ? European Journal of Entomology, 114(1): 215-221

Loveys B R, Tyerman S D, Loveys B R. 2001. Transfer of photosynthate and naturally occurring insecticidal compounds from host plants to the root hemiparasite *Santalum acuminatum* (Santalaceae). Australian Journal of Botany, 49: 9-16

Marko M D, Stermitz F R. 1997. Transfer of alkaloids from *Delphinium* to *Castilleja* via root parasitism. Norditerpenoid alkaloid analysis by electrospray mass spectrometry. Biochemical Systematics and Ecology, 25(4): 279-285

Marvier M A. 1996. Parasitic plant-host interactions: plant performance and indirect effects on parasite-feeding herbivores. Ecology, 77(5): 1398-1409

Marvier M A. 1998. A mixed diet improves performance and herbivore resistance of a parasitic plant. Ecology, 79(4): 1272-1280

Mellado A, Zamora R. 2016. Spatial heterogeneity of a parasitic plant drives the seed-dispersal pattern of a zoochorous plant community in a generalist dispersal system. Functional Ecology, 30(3): 459-467

Parker C, Riches C R. 1993. Parasitic Weeds of the World: Biology and Control. Wallingford: CAB International

Pate J, Davidson N, Kuo J, et al. 1990. Water relations of the root hemiparasite *Olax phyllanthi* (Labill) R. Br. (Olacaceae) and its multiple hosts. Oecologia, 84(2): 186-193

Patiño S, Aalto T, Edwards A A, et al. 2002. Is *Rafflesia* an endothermic flower? New Phytologist, 154(2): 429-437

Patiño S, Grace J, Banziger H. 2000. Endothermy by flowers of *Rhizanthes lowii* (Rafflesiaceae). Oecologia, 124(2): 149-155

Press M C, Phoenix G K. 2005. Impacts of parasitic plants on natural communities. New Phytologist, 166(3): 737-751

Puustinen S, Jarvinen O, Tiilikkala K. 2001. Asymmetric competition between a hemiparasitic plant and a cyst nematode on a shared host plant. Ecoscience, 8(1): 51-57

Puustinen S, Mutikainen P. 2001. Host-parasite-herbivore interactions: implications of host cyanogenesis. Ecology, 82(7): 2059-2071

Reid N, Smith N M, Yan Z. 1995. Ecology and population biology of mistletoes. *In*: Lowman M D, Nadkarni N M. Forest Canopies. San Diego: Academic Press: 285-310

Restrepo C, Sargent S, Levey D J, et al. 2002. The role of vertebrates in the diversification of New World mistletoes. *In*: Levey D J, Silva W R, Galetti M. Seed Dispersal and Frugivory: Ecology, Evolution and Conservation. Oxford: CAB International: 83-98

Rowntree J K, Barham D F, Stewart A J A, et al. 2014. The effect of multiple host species on a keystone parasitic plant and its aphid herbivores. Functional Ecology, 28(4): 829-836

Salonen V, Puustinen S. 1996. Success of a root hemiparasitic plant is influenced by soil quality and by defoliation of its host. Ecology, 77(4): 1290-1293

Seel W E, Press M C. 1993. Influence of the host on three sub-arctic annual facultative root hemiparasites. I. Growth, mineral accumulation and aboveground dry-matter partitioning. New Phytologist, 125(1): 131-138

Smith J D, Woldemariam M G, Mescher M C, et al. 2016. Glucosinolates from host plants influence growth of the parasitic plant *Cuscuta gronovii* and its susceptibility to aphid feeding. Plant Physiology, 172(1): 181-197

Stiles F G, Freeman C E. 1993. Patterns in floral nectar characteristics of some bird-visited plant species from Costa Rica. Biotropica, 25(2): 191-205

Van Ommeren R J, Whitham T G. 2002. Changes in the interactions between juniper and mistletoe mediated by shared avian frugivores: parasitism to potential mutualism. Oecologia, 130(2): 281-288

Villalba J J, Provenza F D, Bryant J P. 2002. Consequences of the interaction between nutrients and plant secondary metabolites on herbivore selectivity: benefits or detriments for plants? Oikos, 97(2): 282-292

Wardle D A, Williamson W M, Yeates G W, et al. 2005. Trickle-down effects of aboveground trophic cascades on the soil food web. Oikos, 111(2): 348-358

Watson D M. 2001. Mistletoe: a keystone resource in forests and woodlands worldwide. Annual Review of Ecology and Systematics, 32(1): 219-249

Watson D M. 2009. Parasitic plants as facilitators: more Dryad than Dracula? Journal of Ecology, 97(6): 1151-1159

Zytynska S E, Frantz L, Hurst B, et al. 2014. Host-plant genotypic diversity and community genetic interactions mediate aphid spatial distribution. Ecology and Evolution, 4(2): 121-131

第6章　寄生植物寄生对土壤特性及土壤微生物的影响

土壤是各种生物如植物、微生物、土壤动物等生存的载体，是物质流动和能量流动的重要场所，对维护自然界生态系统平衡、保持生物多样性具有重要意义。越来越多的研究表明植物与地上-地下子系统是紧密相连的（Wardle，2002）。寄生植物不仅可以影响寄主植物的生长，改变植物的群落结构，还可以通过各种直接或间接的途径对地下部分土壤特性及土壤微生物产生影响（Bardgett *et al.*，2006；Quested，2008；Fisher *et al.*，2013），使土壤环境产生异质性。

6.1　寄生植物寄生对土壤特性的影响

6.1.1　寄生植物寄生对土壤湿度的影响

土壤水分是土壤特性的一个重要组成部分。土壤水分可以直接被植物根系吸收。土壤水分的改变可以引起一系列与土壤水分有关的生态过程的变化，如土壤水分的适量增加，有利于各种营养物质的溶解、移动及有效程度的提高，并且具有调节土壤温度的作用。虽然目前还没有直接的证据证明寄生植物可以使土壤湿度发生变化，但是，Ndagurwa 等（2014）研究发现，津巴布韦半干旱草原生态系统中的寄主植物——卡路金合欢（*Acacia karroo*）被3 种寄生植物[桑寄生（*Erianthemum ngamicum*）、长花蔓茎寄生（*Plicosepalus kalachariensis*）和槲寄生]寄生后，其根际土壤湿度比无寄生植物寄生的卡路金合欢的根际土壤湿度低36%。这种土壤水分的变化，可能与寄生植物引起的寄主植物水分利用量的增加有关。

Sala 等（2001）发现花旗松（*Pseudotsuga menziesii*）和西部落叶松（*Larix occidentalis*）被桑寄生植物寄生之后，其水分利用量显著增加。此外，研究人员通过对樟子松（*Pinus sylvestris* var. *mongolica*）树干液流的连续测量，发现被槲寄生植物寄生的寄主树木通过气孔调节降低寄主蒸腾速率来补偿额外的水分损失（Zweifel *et al.*，2012）。寄生植物引起的寄主蒸腾速率的变化可能会超过土壤蒸发速率的变化，两者变化之间的差距会随着透光率的增加而增大，或者随着槲寄生凋落物的积累而减少（Griebel *et al.*，2017）。此外，Facelli 和 Pickett（1991）发现寄生植物的凋落物覆盖在土壤表面，可以作为一层保护层，降低土壤水分的蒸发。因此寄生植物对土壤湿度的影响可能并不是单一因素在起作用，而是多种因素叠加共同作用下产生的结果。

6.1.2　寄生植物寄生对土壤酸碱度的影响

土壤酸碱度是土壤化学性质，特别是盐基状况的综合反映，对土壤的肥力性质、微生物活动、有机质的分解和合成、营养元素的转化与释放等都有很大影响。土壤酸碱度会影响矿质盐分溶解度和微生物活动，进而影响土壤养分有效性，如酸性土不利于植物有益菌的生长，如根瘤菌、固氮菌等（常杰和葛滢，2008）。土壤酸碱度受到寄生植物寄生的影响。Muvengwi 等（2015）发现津巴布韦东南部被槲寄生寄生的 4 种寄主植物象李（*Sclerocarya birrea*）、西非乌木（*Diospyros mespiliformis*）、非洲桑叶榕（*Ficus sycomorus*）、非洲马钱（*Strychnos spinosa*）下的土壤 pH 要显著高于无寄生树木下的土壤。例如，被槲寄生寄生的非洲桑叶榕的土壤 pH 为 6.78，而未被寄生的非洲桑叶榕的土壤 pH 为 5.28。土壤 pH 随寄生状况及其与物种的相互作用不同而显著变化，寄主树下的土壤比非寄主树下的土壤 pH 略高，这可能是由于寄主树下富集了高浓度碱（K、Ca 和 Mg 的化合物）。寄生植物对土壤酸碱度的影响可能是通过影响寄主植物根系分泌物或者根际土壤微生物分解活动，也可能是由寄生植物凋落物在土壤中的分解活动引起的。关于寄生植物对土壤酸碱度的调节机制还需要进一步的探索。

6.1.3 寄生植物寄生对土壤矿质元素的影响

生态系统中的矿质元素在生物体和无机环境中不断循环，不同的环境中矿质元素循环的速率不一样（周转率）。例如，热带雨林中的物质主要贮存在生物体中，土壤贫瘠到几乎没有营养，系统中总物质量的周转慢；而温带森林中有很厚的腐殖质层，大部分物质贮存在土壤中或死亡的有机质中，土壤肥沃、周转快。寄主植物从土壤中获取矿质元素，寄生植物从寄主植物中获取矿质元素，寄主植物和寄生植物中的矿质元素又会以凋落物等形式返回到土壤中。因此，寄生植物的寄生必然会影响土壤的矿质元素含量及周转率。

寄生植物，尤其是根半寄生植物，可以显著地促进土壤营养循环（尤其是氮和磷）。Bardgett 等（2006）发现在寄生植物小鼻花存在时，土壤溶液中的氮源增加，土壤氮矿化率增加了 174%，可利用氮、可解离的有机氮均增加两倍左右，有利于草地植物的生长。March 和 Watson（2010）比较了不同季节寄主植物桉树和寄生植物 *Amyema miquelii* 叶片凋落物的营养元素含量（P、Ca、K、Mg、Na、S、Al、B、Cu、Fe、Zn），发现其中 8 种元素在寄生植物凋落物中的含量显著高于桉树叶片凋落物中的含量，分别为 K、Mg、P、Na、Zn、S、B、Cu，如 K 增加了 8.5 倍，P 增加了 3 倍。如果将寄生植物叶片凋落物和繁殖器官凋落物合在一起计算，那么这些元素的量将再平均增加 15%，如 P 可增加 32%。Muvengwi 等（2015）的研究结果表明，槲寄生能显著提高半干旱稀树草原寄主树下的土壤养分含量，寄主树下的土壤养分含量（N、P、K、Ca、Mg）显著高于非寄主树下。Ndagurwa 等（2016）通过比较被寄生植物长花蔓茎寄生寄生和未寄生的卡路金合欢根际土壤矿质元素浓度，发现被寄生的寄主植物根际土壤中 N、P、K、Mg 浓度显著高于未被植物寄生的土壤。

寄生植物从寄主中吸收大量的养分并积累，具有比寄主更高的营养浓度（Lamont，1983；Pate，1995）。研究发现根半寄生植物中的 N 和 P 浓度可达到寄主的 2~4 倍（Quested *et al.*，2003a）；槲寄生的 K 浓度可比其寄主高 20 倍（Ashton，1975）。寄生植物死亡后可产生高质量的易分解的凋落物，这些凋落物比其他共存物种的凋落物降解更快，并且释放营养更快（Quested *et al.*，2003b，2005；March and Watson，2007），使得原本残留在寄主体内的营养物质被大量释放，显著提高了土壤养分含量。高山比斯托草凋落物中的氮浓度是其他凋落物中的两倍，可以使其茎周围 5cm 半径内土壤氮含量增加 42%（Quested *et al.*，2002，2003a）。

然而某些研究也发现，寄主植物会因为寄生导致生物量下降，而寄生植物的生物量又不能弥补寄主植物生物量的减少，因此有寄生植物存在的生态系统中最终返回到土壤中的矿质元素量可能比无寄生的系统低。

6.1.4　寄生植物寄生对土壤有机养分的影响

植物的生长和发育需要根系从土壤中不断吸收养分。土壤有机质对植物生长十分重要，植物吸收的矿质元素来源于矿物质和有机物质的矿化。在自然界中，土壤有机质包含腐殖质和非腐殖质。非腐殖质来源于动植物的死亡组织和部分分解组织；腐殖质是土壤微生物分解有机质时重新合成的具有相对稳定性的多聚体化合物。寄生植物一方面通过凋落物返回到土壤，影响土壤有机质的输入；另一方面通过影响土壤微生物活动，改变有机质分解过程，影响土壤有机质的输出。寄生植物已经成为影响土壤有机养分的重要因子。

寄生植物从寄主植物中吸收营养物质，能够形成强烈的汇，因此寄生植物中营养物质的浓度往往高于寄主植物，研究发现寄生植物中叶片养分浓度是寄主植物叶片养分浓度的 1.4～20.6 倍（Pate，1995），这些富含养分的寄生植物衰老之后往往以凋落物的形式在土壤中进行分解，直接影响土壤养分的有效性。在津巴布韦西南部的半干旱草原，Ndagurwa 等（2015）发现富含槲寄生的凋落物比固氮植物金合欢的凋落物腐烂得更快。此外，营养丰富的槲寄生凋落物可能会刺激共生物种凋落物的分解（Quested *et al.*，2002）。因此，可以认为寄主树下凋落物的分解速率和养分释放速率可能高于非寄主树下的凋落物，从而影响土壤养分浓度。此外，槲寄生还为昆虫、鸟类和哺乳动物提供了寄主树木中的额外资源，如花蜜、水果、树叶和花朵（Watson，2001，2009），它们还可以通过尿液和粪便沉积物将营养物质集中在树冠下。March 和 Watson（2007）证明寄生植物 *Amyema miquelii* 的叶片周转率显著高于寄主植物，虽然寄主植物因被寄生导致凋落物量降低，但是寄生植物凋落物的增加量可以弥补寄主植物返回到土壤中的凋落物的减少量。寄生植物可以驱动寄主植物根的生长和周转、影响根系化合物的分泌，改变输入到土壤中的碳，影响养分的矿化速率，显著促进土壤养分的循环（尤其是氮和磷）等，但具体的机制仍有待进一步研究。

6.2　寄生植物寄生对土壤微生物的影响

土壤微生物作为土壤生态系统的重要组成成分之一，在陆地生态系统中起到非常重要的作用（Eisenhauer *et al.*，2011）。寄生植物作为生态系统活动的重要参与者，其生长和发育过程必然也会对土壤微生物活性或结构造成影响。

土壤微生物群落可以调节植物群落的组成（Prober *et al.*，2015），调控植物生产力（Bauer *et al.*，2017），调控碳的降解（Wang *et al.*，2019），在凋落物分解、土壤营养元素循环等过程中起着重要的作用，对维持生态系统的稳定也发挥着重要的作用。土壤微生物多样性是指土壤生态系统中所有微生物种类，它们拥有的基因以及这些微生物与环境之间相互作用的多样化程度（李凤霞，2015）。土壤微生物群落多样性和活性受许多环境因子的影响，如土壤类型、碳源状况、pH 以及水分等。虽然寄生植物通过根系对土壤系统的影响可能很小或不存在，但是它们可以间接地影响土壤微生物的数量及活性，尤其是土壤真菌。2006 年，Bardgett 等在《自然》（Nature）杂志发表论文指出，半寄生植物——小鼻花可以间接地影响草地生态系统的土壤化学性质及微生物特性（Bardgett *et al.*，2006）。

6.2.1　寄生植物寄生改变土壤细菌与真菌的比例

Ndagurwa 等（2015）比较了津巴布韦半干旱草原生态系统中的寄主植物——卡路金合欢分别被 3 种寄生植物（桑寄生、长花蔓茎寄生、*Viscum verrucosum*）寄生前后的土壤细菌和真菌的量，研究发现当被桑寄生寄生时，细菌生物量在一年中的大部分时间比其他两种寄生植物寄生时都要高；未寄生情况下土壤中的真菌生物量在雨季后期以及旱季时比其他几种寄生处理要高。

6.2.2　寄生植物寄生对丛枝菌根真菌的影响

土壤中的丛枝菌根真菌与寄主植物存在共生关系，依赖于寄主植物获取碳，因此寄生植物和丛枝菌根真菌可以通过寄主植物彼此产生影响。Gehring 和 Whitham（1992）发现丛枝菌根真菌在单子圆柏根中的定植与槲寄生属植物 *Phoradendron junipernum* 的密度呈负相关。小鼻花的寄生可以减少寄主黑麦草（*Lolium perenne*）根部大约 30%菌根真菌的定植（Davies *et al.*，1997），这主要是由于寄生植物可以与寄主及丛枝菌根真菌竞争碳源。如果丛枝菌根真菌对寄主碳的竞争能力比半寄生植物弱，那么菌根真菌的定植会减少。Gehring 和 Whitham（1992）发现雌性寄主植物可以将更多的光合产物投资到繁殖器官上，从而引起槲寄生与丛枝菌根真菌竞争光合产物，导致丛枝菌根真菌的定植率下降。

6.2.3　寄生植物寄生对根瘤菌的影响

寄生植物偏好豆科植物，寄生植物的寄生有时能显著抑制根瘤菌的生长，抑制其固氮作用（Lu *et al.*，2014；Cirocco *et al.*，2017）。

6.3　寄生植物寄生影响土壤特性及土壤微生物的机制

寄生植物对土壤特性的改变有两种机制：一是直接作用机制，如通过自身生长以及凋落物返回到土壤，直接改变土壤特性；二是间接作用机制，即通过影响寄主植物和周围植物群落的生长，间接影响土壤特性，或者通过自身生长和凋落物返回土壤，改变土壤微生物结构和功能，然后间接影响土壤特性。

6.3.1　直接作用机制

6.3.1.1　通过寄生植物的蒸腾作用

寄生植物由于具有高的蒸腾速率，会给土壤水势带来一定的影响。Marvier（1998）发现当根半寄生植物 *Triphysaria pussiblus* 寄生在偏好的草地寄主时，具有高的蒸腾速率，引起寄主水势的减少，从而导致土壤水势的减少，这种变化使寄主周边的土壤环境不利于其他非优势植物的生长。

6.3.1.2　通过寄生植物的凋落物

寄生植物还可以通过向土壤中输入凋落物来影响土壤特性和土壤微生物。

1）增加土壤中凋落物的数量

总体来说，寄生植物会增加土壤中凋落物的数量（Mellado *et al.*，2016）。植物不同组织类型（即叶、花、树干、果实和种子）形成的凋落物具有不同的化学成分，富含营养，分解率很高，可以加强土壤养分循环（March and Watson，2010；Ndagurwa *et al.*，2014，2015；Muvengwi*et al.*，2015）。Mellado 等（2016）通过研究槲寄生发现，被寄生的树木，无论是活的还是死的，都比未被寄生的树木获得有机物输入的来源更多。被寄生树木在其冠层下积累的凋落物生物量是未被寄生树木的 1.16 倍，是死树的 5～8 倍。

2）增加凋落物养分含量

一些半寄生植物如高山比斯托草和 *Amyema miquelii* 的叶片中会富集营养，从而产生高质量的易降解的凋落物（Quested *et al.*，2005），与寄主植物的凋落物相比，寄生植物的凋落物含 N 量约为寄主的 2 倍，含 P 量约为寄主的 4 倍，含 K 量约为寄主的 5.8 倍，这些养分特别集中在叶片，以及茎、花和果实中。此外，寄生植物的凋落物含有较低的 C/N 值，表明其分解率和养分释放速度高于寄主植物（Quested *et al.*，2002，2005；Ndagurwa *et al.*，2015）。寄生植物高山比斯托草的凋落物每单位质量可以释放更多的氮，Quested 等（2003a）基于每平方米 43 株植物的平均立地密度，研究发现高山比斯托草叶片凋落物的氮输入量大约增加了 53%，高山比斯托草凋落物的分解速率比寄主物种凋落物快。

由此可见，槲寄生通过增加有机质输入的数量、质量和多样性，向土壤中返回了更为异质的资源混合物，从而增强了碳的积累，增加了生物群可利用的土壤资源的多样性，在被寄生的树木下产生了当地的"施肥岛"。这些土壤富含 K^+、PO_4^{3-}-P，反映了寄生植物凋落物提供的主要元素。然而在其他有关槲寄生的研究中，寄生植物并没有显著增加土壤 N 含量（Muvengwi *et al.*，2015）。这可能是由于槲寄生降低了土壤 C/N 值，使得土壤中有机氮的矿化和硝化作用增强。凋落物的质量也可以影响真菌群落组成及土壤细菌和真菌组分的平衡，营养丰富的凋落物可以支持更多、更有活性的微生物（Pennings and Callaway，2002）。

一个值得注意的结果是，尽管有机质输入在后期减少，寄主植物-寄生植物系统中在寄生植物死亡后仍保持寄生植物对土壤特性的影响。

6.3.2 间接作用机制

6.3.2.1 通过改变寄主植物的根际分泌物

根际分泌物的变化会影响地下土壤特性改变。Jeschke 等（1997）发现大花菟丝子寄生后的蓖麻根际一些氨基酸的浓度下降。另外，根际底物供给的增加可以增强土壤微生物活性。Bardgett 等（2006）发现促进寄主根的生长和增加根的分泌物量是混合草地群落中小鼻花增强地下分解者活性的根本原因。

6.3.2.2 通过改变寄主植物凋落物的特性及分解速率

寄生植物可以抑制寄主的生长，从而减少寄主输入到土壤中的生物量。Mellado 等（2016）发现槲寄生寄生后，到达土壤的寄主凋落物数量是原来的 43%，且随着时间的推移，重度寄生可能最终导致寄主死亡（Dobbertin and Rigling，2006）。当寄主死亡后，寄主和寄主的凋落物都在不断分解，寄主植物-寄生植物系统可能会通过沉积有机物来扩大其对土壤的影响（Facelli and Facelli，1993）：继续维持对营养循环的影响（Maron and Jefferies，1999）或与新利用它们的动物建立新的联系，如作为鸟类栖息的场所（McClanahan and Wolfe，1993）。

由于寄生植物和寄主植物中的矿质元素浓度存在差异，因此两者的矿质元素在自然界中的流通速率存在差异，流通速率和很多因素有关，如土壤微生物群落结构、植物凋落物的分解速率等。其中分解速率能够影响矿质元素的循环。有研究发现寄生植物凋落物的分解速率比其寄主植物凋落物的分解速率快，凋落物的快速分解能够很快提高土壤养分的有效性。

Ndagurwa 等（2015）通过比较津巴布韦半干旱草原生态系统中 3 种寄生植物（桑寄生、长花蔓茎寄生和 *Viscum verrucosum*）的凋落物和寄主植物卡路金合欢凋落物的分解速率，发现寄主植物凋落物的分解速率显著小于其他 3 种寄生植物凋落物的分解速率，经过 1 年的分解，寄主植物凋落物分解后的剩余质量显著高于其他 3 种寄生植物凋落物分解后的剩余质量。

营养获取使槲寄生积累的叶面营养浓度比其寄主高。在衰老过程中，由于槲寄生中的养分被再次利用的效率较低，因此凋落物中富集了丰富的养分（March and Watson，2010；Ndagurwa *et al.*，2014）。这类凋落物的分解和释放养分的速度比难降解的凋落物更快（Ndagurwa *et al.*，2015），还可能刺激共生物种凋落物的分解（Quested *et al.*，2002，2005）。

6.3.2.3 通过改变其他营养级物种的行为

植物寄生会提高动物访客的频率，如食果鸟类，其访问数量的增加可以提供大量的营养来源，这些鸟类将粪便、羽毛、翅膀、毛发或食物残渣等留在寄主下面（Van Der Wal *et al.*，2004；Watson，2009）。食果鸟类数量的增加使外来有机化合物（粪便和动植物种子）在土壤中的输入量相对于未被寄生的树木增加了约 15 倍。食果鸟类利用死的直立结构栖息，排放粪便，从而使土壤变得肥沃。Mellado 等（2016）研究表明，这些效果即使在寄生植物死亡后很长时间内仍可以通过输入额外的有机物来维持，类似于过去农业用地的影响（Dupouey *et al.*，2002；Mattingly and Orrock，2013）或大草原上死树冠的影响，可能在土壤中持续多年。

6.3.2.4　寄生植物凋落物可以加快寄主植物凋落物的分解

凋落物的分解和很多因素有关，如有机质含量、土壤微生物活性等。寄生植物凋落物的快速分解可能是其对分解环境进行了改善，创造了一种能够使其快速分解的环境，如改善和分解相关的微生物群落结构。这种分解环境的变化有可能不仅加快了寄生植物凋落物的分解速率，对寄主植物凋落物的分解也会有影响。

Quested 等（2002）在瑞典北部近北极处的荒原收集了一种半寄生植物高山比斯托草以及 4 种低矮灌木[红豆越橘（*Vaccinium vitis-idaea*）、笃斯越橘（*Vaccinium uliginosum*）、岩高兰（*Empetrum nigrum* subsp. *hermaphroditum*）、沼桦（*Betula nana*）]的凋落物，发现半寄生植物高山比斯托草凋落物的降解速率显著高于其他 4 种低矮灌木凋落物的降解速率，并且在 240 天的降解时间内，高山比斯托草凋落物氮的损失量是其他 4 种低矮灌木凋落物氮损失量的 5.4～10.8 倍。当低矮灌木的凋落物与半寄生植物高山比斯托草混合在一起时，其降解速率也显著加快，分析原因有可能是高山比斯托草改变了周围参与有机物降解的微生物群落结构，进而加快了周围低矮灌木凋落物的分解速率。Watson（2009）以质量损失和 CO_2 外流衡量，添加高山比斯托草凋落物加快了总分解速率。

Mellado 等（2016）发现槲寄生常将从寄主中获得的营养聚集在其叶片中。富含养分的槲寄生凋落物沉积量的增加可以通过提供高质量的基质来提高分解率，从而增加微生物活性和微生物群落规模，对土壤产生施肥效应（March and Watson，2007；Mellado *et al.*，2016）。槲寄生感染可能通过增加光穿透或微生物活性来提高微生物的碳利用效率并使土壤呼吸速率增加（Griebel *et al.*，2017）。

虽然目前有关寄生植物对寄主植物影响的研究逐渐增多，但是关于寄生植物如何驱动生态系统特性的改变，尤其是土壤微生物特性及多样性的变化仍然知之甚少（Bardgett *et al.*，2006）。

迄今为止，寄生植物对地下土壤微生物影响的级联效应仍是未知的。凋落物、根脱落物、根分泌物都是土壤有机质的主要来源和土壤微生物的主要碳源（Dennis *et al.*，2010）。在天然生态系统中，半寄生植物如高山比斯托草和 *Amyema miquelii* 的叶片中会富集营养，从而产生高质量的易降解的凋落物，对土壤营养循环产生正效应。不过相关机制还有待进一步研究。

主要参考文献

常杰, 葛滢. 2008. 生态学. 杭州: 浙江大学出版社
李凤霞. 2015. 盐碱地土壤微生物多样性特征研究. 宁夏: 阳光出版社: 288
Ashton D H. 1975. Studies of litter in *Eucalyptus regnans* forest. Australian Journal of Botany, 23(3): 413-433
Bardgett R D, Smith R S, Shiel R S, *et al.* 2006. Parasitic plants indirectly regulate below-ground properties in grassland ecosystems. Nature, 439(7079): 969-972

Bauer J T, Blumenthal N, Miller A J, et al. 2017. Effects of between-site variation in soil microbial communities and plant-soil feedbacks on the productivity and composition of plant communities. Journal of Applied Ecology, 54(4): 1028-1039

Cirocco R M, Facelli J M, Watling J R. 2017. Does nitrogen affect the interaction between a native hemiparasite and its native or introduced leguminous hosts? New Phytologist, 213(2): 812-821

Davies D M, Graves J D, Elias C O, et al. 1997. The impact of Rhinanthus spp. on sward productivity and composition: implications for the restoration of species-rich grasslands. Biological Conservation, 82(1): 87-93

Dennis P G, Miller A J, Hirsch P R. 2010. Are root exudates more important sources of rhizodeposits in structuring rhizosphere bacterial communities? FEMS Microbiology Ecology, 72(3): 313-327

Dobbertin M, Rigling A . 2006. Pine mistletoe (Viscum album ssp. austriacum) contributes to Scots pine (Pinus sylvestris) mortality in the Rhone valley of Switzerland. Forest Pathology, 36(5): 309-322

Dupouey J L, Dambrine E, Lafite J D, et al. 2002. Irreversible impact of past land use on forest soils and biodiversity. Ecology, 83(11): 2978-2984

Eisenhauer N, Milcu A, Sabais A C W, et al. 2011. Plant diversity surpasses plant functional groups and plant productivity as driver of soil biota in the long term. PLoS One, 6(1): 15-18

Facelli J M, Facelli E. 1993. Interactions after death: plant litter controls priority effects in a successional plant community. Oecologia, 95(2): 277-282

Facelli J M, Pickett S T A. 1991. Plant litter: its dynamics and effects on plant community structure. Botanical Review, 57(1): 1-32

Fisher J P, Phoenix G K, Childs D Z, et al. 2013. Parasitic plant litter input: a novel indirect mechanism influencing plant community structure. New Phytologist, 198(1): 222-231

Gehring C A, Whitham T G. 1992. Reduced mycorrhizae on Juniperus monosperma with mistletoe: the influence of environmental-stress and tree gender on a plant-fungal mutualism. Oecologia, 89(2): 298-303

Griebel A, Watson D, Pendall E. 2017. Mistletoe, friend and foe: synthesizing ecosystem implications of mistletoe infection. Environmental Research Letters, 12(11): 115012

Jeschke W D, Baig A, Hilpert A. 1997. Sink-stimulated photosynthesis, increased transpiration and increased demand-dependent stimulation of nitrate uptake: nitrogen and carbon relations in the parasitic association Cuscuta reflexa-Coleus blumei. Journal of Experimental Botany, 48(309): 915-925

Lamont B B. 1983. Mineral nutrition of mistletoes. In: Calder M, Bernhardt P. The Biology of Mistletoes. New York: Academic Press: 185-204

Lu J K, Xu D P, Kang L H, et al. 2014. Host-species-dependent physiological characteristics of hemiparasite Santalum album in association with N_2-fixing and non-N_2-fixing hosts native to Southern China. Tree Physiology, 34(9): 1006-1017

March W A, Watson D M. 2007. Parasites boost productivity: effects of mistletoe on litterfall dynamics in a temperate Australian forest. Oecologia, 154(2): 339-347

March W A, Watson D M. 2010. The contribution of mistletoes to nutrient returns: evidence for a critical role in nutrient cycling. Austral Ecology, 35(7): 713-721

Maron J L, Jefferies R L. 1999. Bush lupine mortality, altered resource availability, and alternative vegetation states. Ecology, 80(2): 443-454

Marvier M A. 1998. Parasite impacts on host communities: plant parasitism in a California coastal prairie. Ecology, 79(8): 2616-2623

Mattingly W B, Orrock J L. 2013. Historic land use influences contemporary establishment of invasive plant species. Oecologia, 172(4): 1147-1157

McClanahan T T, Wolfe R W. 1993. Accelerating forest succession in a fragmented landscape: the role of birds and perches. Conservation Biology, 7(2): 279-288

Mellado A, Morillas L, Gallardo A, et al. 2016. Temporal dynamic of parasite-mediated linkages between the forest canoy and soil processes and the microbial community. New Phytologist, 211(4): 1382-1392

Muvengwi J, Ndagurwa H G, Nyenda T. 2015. Enhanced soil nutrient concentrations beneath-canopy of savanna trees infected by mistletoes in a southern African savanna. Journal of Arid Environments, 116:

25-28

Ndagurwa H G T, Dube J S, Mlambo D. 2014. The influence of mistletoes on nutrient cycling in a semi-arid savannah, southwest Zimbabwe. Plant Ecology, 215(1): 15-26

Ndagurwa H G T, Dube J S, Mlambo D. 2015. Decomposition and nutrient release patterns of mistletoe litters in a semi-arid savanna, southwest Zimbabwe. Austral Ecology, 40(2): 178-185

Ndagurwa H G T, Ndarevani P, Muvengwi J, et al. 2016. Mistletoes via input of nutrient-rich litter increases nutrient supply and enhance plant species composition and growth in a semi-arid savanna, southwest Zimbabwe. Plant Ecology, 217(9): 1095-1104

Pate J S. 1995. Mineral relationship of parasite and their hosts. In: Press M C. Graves J D. Parasitic Plant. London: Chapman and Hall: 80-102

Pennings S C, Callaway R M. 2002. Parasitic plants: parallels and contrasts with herbivores. Oecologia, 131(4): 479-489

Prober S M, Leff J W, Bates S T, et al. 2015. Plant diversity predicts beta but not alpha diversity of soil microbes across grasslands worldwide. Ecological Letters, 18(1): 85-95

Quested H M, Callaghan T V, Cornelissen J, et al. 2005. The impact of hemiparasitic plant litter on decomposition: direct, seasonal and litter mixing effects. Journal of Ecology, 93(1): 87-98

Quested H M, Cornelissen J H C, Press M C, et al. 2003a. Decomposition of sub-arctic plants with differing nitrogen economies: a functional role for hemiparasites. Ecology, 84(12): 3209-3221

Quested H M, Press M C, Callaghan T V, et al. 2002. The hemiparasitic angiosperm Bartsia alpina has the potential to accelerate decomposition in sub-arctic communities. Oecologia, 130(1): 88-95

Quested H M, Press M C, Callaghan T V. 2003b. Litter of the hemiparasite Bartsia alpina enhances plant growth: evidence for a functional role in nutrient cycling. Oecologia, 135(4): 606-614

Quested H M. 2008. Parasitic plants: impacts on nutrient cycling. Plant and Soil, 311(1-2): 269-272

Sala A, Carey E V, Callaway R M. 2001. Dwarf mistletoe affects whole-tree water relations of Douglas fir and western larch primarily through changes in leaf to sapwood ratios. Oecologja, 126(1): 42-52

Salonen A, Nikkilä J, Jalanka-Tuovinen J, et al. 2010. Comparative analysis of fecal DNA extraction methods with phylogenetic microarray: effective recovery of bacterial and archaeal DNA using mechanical cell lysis. Journal of Microbiological Methods, 81(2): 127-134

Van Der Wal R, Bardgett R D, Harrison K A, et al. 2004. Vertebrate herbivores and ecosystem control: cascading effects of faces on tundra ecosystems. Ecography, 27(2): 242-252

Wang G S, Huang W J, Mayes M A, et al. 2019. Soil moisture drives microbial controls on carbon decomposition in two subtropical forests. Soil Biology and Biochemistry, 130: 185-194

Wardle D A. 2002. Communities and Ecosystems: Linking the Aboveground and Belowground Components. Princeton: Princeton University Press

Watson D M. 2001. Mistletoe: a keystone resource in forests and woodlands worldwide. Annual Review of Ecology, Evolution and Systematics, 32(1): 219-249

Watson D M. 2009. Parasitic plants as facilitators: more Dryad than Dracula? Journal of Ecology, 97(6): 1151-1159

Zweifel R, Bangerter S, Rigling A, et al. 2012. Pine and mistletoes: how to live with a leak in the water flow and storage system? Journal of Experimental Botany, 63(7): 2565-2578

第7章 寄主植物及环境和生物因子
对寄生植物的影响

7.1 寄主植物对寄生植物的抗性

寄主植物对寄生植物的抵抗主要是破坏寄生植物生命周期中的关键环节,这种破坏是多方面的,既有一般的防御机制,也有特殊的防御机制。在给定寄生植物的寄主种类范围内,个别寄主基因型也可能表现出对寄生植物攻击的不同程度的抗性或易感性,并且寄主对企图寄生的抗性机制可能不同(Hearne,2009;Scholes and Press,2008)。寄主植物的抗性可以出现在寄生植物发育的不同阶段,并且其抗性可以是多种机制的组合。

7.1.1 抗性机制

寄主植物抵抗寄生植物的抗性机制大致分为附着前抗性和附着后抗性(Cameron *et al.*,2006)。

7.1.1.1 附着前抗性

附着前抗性包括允许潜在寄主避免或防止寄生植物附着的所有机制,包括抑制或减少发芽刺激物的产生、发芽抑制、吸器形成的抑制或减少、吸器发育的部分抑制,寄主根细胞壁增厚形成机械屏障。Su 等(2020)首次证明寄生植物岩桐花独脚金(*Striga gesnerioides*)(SG4z 种)在吸器中有效地产生抗寄主植物 SHR4z(一种能修饰寄主免疫的分泌型效应子蛋白)的蛋白效应抑制子,一旦转移到寄主,就会干扰通常在抗性相互作用期间触发的信号通路。实际上,寄生植物的 SHR4z 与来自寄主的 SERK 家族蛋白受体有相似之处,后者是导致超敏反应(hypersensitive response,HR)的植物免疫应答的一个已知组成部分。在寄主植物驱动的选择压力下,SG4z 种快速出现在寄生植物中,表明寄生植物是与其他病原菌一样不断进化的生物体。

7.1.1.2 附着后抗性

一旦吸器已经形成,寄生植物会试图穿透寄主的根组织并连接到维管系统。在吸器的发育阶段中,可以激活不同的组成型或诱导型的不相容性/寄主抗性机制:①在受感染的寄主根细胞内以酚酸或植保素的形式合成或释放细胞毒性化合物;②形成物理屏障(如木质化的细胞壁等),防止可能的病原体进入和生长;③在寄生植物附着点以超敏反应的形式出现程序性细胞死亡,从而限制其发育和阻止渗透;④寄生植物未能与寄主建立连续的维管系统(即基本的木质部到木质部或韧皮部到韧皮部的连接,或者两者兼有)。

7.1.2　寄生植物从寄主植物中吸取防御物质

寄生植物也从寄主植物中吸取防御物质来保护植物的防御系统（Atsatt，1977；Stermitz，1998；Smith *et al.*，2013），包括具有防御食草动物的化合物（Stermitz，1998），如生物碱（Cabezas *et al.*，2009）、强心苷、酚类和环烯醚萜苷（Rothe *et al.*，1999）。一些次生代谢产物可以改变寄主植物的发育（Smith *et al.*，2013），另外一些次生代谢产物可以增加寄生植物对食草动物的防御。当寄生植物寄生在不同寄主上时，以寄生植物为食的食草动物会发生变化，这种变化与氮含量、挥发性成分、寄生植物的内源性防御、寄生植物的生物量积累等都有关。

一种寄主植物对食草动物取食的响应可以通过南方菟丝子形成的"桥"转移到第二种寄主植物上（Hettenhausen *et al.*，2017），意味着取食信号从第一种寄主植物转移到寄生植物上，然后再从寄生植物转移到第二种寄主植物上。桃蚜（*Myzus persicae*）的取食可以诱导南方菟丝子发生局部的响应，然后这个信号会转移到大豆寄主上，诱导食草动物的响应（Zhuang *et al.*，2018）。这些结果表明，菟丝子可以传输和接收响应食草动物的系统信号（Shimizu and Aoki，2019）。

7.2　寄主植物特性对寄生植物种群的影响

当寄生植物偏好寄生营养丰富的寄主植物时，有利于寄生植物的生长和繁殖。例如，因为具有丰富的根系（即易于定位）和易于穿透的细根，草本植物是根半寄生植物的偏好寄主植物，因此草地系统中半寄生植物非常常见。类似地，菟丝子在偏好的/良好寄主斑块内表现出更大的生物量和繁殖能力（Kelly *et al.*，1988；Kelly，1990）。同时，寄主植物的多种特性，如寄主年龄、寄主之间的竞争、寄主植物群落生产力和多样性等均可以影响寄生植物的生长。

7.2.1　寄主植物的年龄对寄生植物种群的影响

寄主的年龄会影响寄生植物的种群动力学。Seel 和 Press（1996）观察到当小鼻花寄生在 6 个月龄的高山早熟禾（*Poa alpina*）时比寄生在成熟植株的生物量要小。当小鼻花寄生在以前已寄生过的寄主高山早熟禾时，其生物量会比寄生在未被寄生过的寄主高山早熟禾上的小鼻花的生物量大，这可能是因为寄生会减少寄主植物开花，导致资源的丢失。有研究发现菟丝子的生长速度和营养需求在很大程度上取决于寄主的活力（Koch *et al.*，2004）。

7.2.2　寄主植物之间的竞争对寄生植物种群的影响

由于寄生植物可以与寄主竞争资源，因此寄主之间的竞争也可以影响寄生植物种群。对于一些半寄生植物来说，在低生产力的生境中，它们与寄主竞争光照，可能会限制其生长（Matthies，1995）。在高生产力的环境中，增加部分自养植物的遮阴可以减少寄主植物与寄生植物之间的竞争力。Matthies（1995）发现寄主植物进行遮阴处理会减少根半寄生植物 *Rhinanthus seratonis* 和 *Odonites rubra* 30%的生物量。Joshi 等（2000）发现寄主与群落生物量的减少对半寄生植物是有好处的，因为这样可减少对光照的竞争。

7.2.3　寄主植物群落的生产力对寄生植物种群的影响

Smith（2000）发现寄生植物随着寄主植物生产力的提高而变得更加丰富。在资源限制总生物量的假设下，生产力与总资源量成正比，寄生植物生物量在总生物量中所占的比例增加，直至完全占优势。在资源饱和有利于寄生植物的假设下，寄生植物的生物量比例随着生产力的提高而增加，但最终可能会逐渐减少（Smith，2000）。

7.2.4　寄主植物群落的多样性对寄生植物种群的影响

寄生植物的行为依赖于寄主群落的多样性。Joshi 等（2000）发现当在功能多样性高的植物群落中时，寄生植物 *Rhinanthus alectorolophus* 的生长与繁殖均处于最好的状态，可能的原因是：①功能多样性高的寄主植物提供了混合的营养来源，对寄生植物有利；②功能多样性高的寄主植物有利于寄生植物找到适合的寄主；③功能多样性高的寄主植物可以产生高的群落生产力，有利于寄生植物的生长。

7.3　环境及生物因子对寄生植物种群的影响

7.3.1　资源限制对寄生植物种群的影响

当资源限制开始导致寄生植物死亡时，寄主对有限资源的获取可以完全控制寄生植物的分布。澳大利亚西南部干旱限制寄生植物 *Olax phyllanthi* 只在能获取水分的深根系的植物上形成斑块（Pate *et al.*，1990）。当环境条件可变时，寄生植物喜欢受到较少环境压力的寄主植物。Miller 等（2003）的研究显示在南澳大利亚一个半干旱的冲积平原上，在多水和多盐的压力下，二色桉（*Eucalyptus largiflorens*）对于槲寄生植物 *Amyema miquelii* 来说不是一个适合的寄主。

在一个资源梯度上，限制种群数量和寄主群落组成的因素可能会发生变化。寄生在资源有限的地方对寄生植物有利，因此在资源稀缺时寄生植物应该是最丰富的（Smith，2000）。植物寄生为寄生植物克服其争夺土壤资源能力的缺陷提供了一种机制。寄生植物与寄主植物的相互作用是从竞争者到剥削者或受害者的变化，相互作用的产生和强度取决于寄生的收益与竞争的成本之间的关系。Smith（2000）认为随着系统生产力的提高，寄生植物应该变得更加丰富，在不同的寄主群落中，寄生植物对寄主植物的影响和寄生植物寄生不同寄主植物所获得的好处的差异可能导致不同寄主之间的竞争。

7.3.2　食草动物对寄生植物种群的影响

当寄主被食草动物严重捕食后，寄生植物的寄生也会减弱。Salonen 和 Puustinen

（1996）观察到寄主细弱剪股颖的部分落叶可以减少寄生植物 *Rhinanthus serotinus* 的开花。然而食草动物不愿采食被寄生植物寄生的寄主植物。

7.3.3 微生物对寄生植物种群的影响

微生物，如病原菌、共生菌等对寄生植物种群具有一定的影响，尤其是可用于防治寄生植物（陈杰等，2018）。

7.3.3.1 细菌对寄生植物的影响

1）病原菌对寄生植物的影响

Zermane 等（2007）从发病列当地下部分离到的荧光假单胞菌（*Pseudomonas fluorescens*）菌株 Bf7-9 在盆栽试验中可使锯齿列当的出苗率减少 64%。此外，*Ulocladium botrytis*（Müller-Stöver and Kroschel，2005）和洋葱曲霉（Aybeke *et al.*，2014）也具有类似防除列当的功能。Gonsior 等（2004）研究表明土壤根际细菌假单胞菌能够减少分枝列当对大麻（*Cannabis sativa*）和烟草（*Nicotiana tabacum*）的寄生。Zermane 等（2007）报道接种分离自蚕豆根际土壤中的荧光假单胞菌菌株 Bf7-9 使锯齿列当和 *Orobanche foetida* 的出土率分别降低了 64% 和 76%。此外，萎缩芽孢杆菌（*Bacillus atrophaeus*）菌株 QUBC16 对瓜列当和弯管列当芽管的生长也具有显著的抑制作用（Barghouthi and Salman，2010）。

2）根瘤菌对寄生植物的影响

Mabrouk 等（2007）试验发现接种根瘤菌可以显著降低豌豆（*Pisum sativum*）根部锯齿列当的萌发率，增加附着于豌豆根部锯齿列当块茎的坏死率，从而降低锯齿列当的出苗率。Bouraoui 等（2016）研究发现接种根瘤菌 Mat 可以显著减轻胜蚓列当对蚕豆造成的产量损失。巴西固氮螺菌（*Azospirillum brasilense*）也能够抑制瓜列当种子的萌发（Dadon *et al.*，2004）。

7.3.3.2 真菌对寄生植物的影响

1）根内生真菌促进寄生植物生长

冷季型禾草作为根寄生植物最重要的寄生对象，常与香柱菌属（*Epichloë*）内生真菌建立互利共生关系。香柱菌属内生真菌是一类侵染禾草茎叶而不表现外部病症的共生微生物，禾草为内生真菌提供生存场所和生长所需营养物质，同时禾本科植物的种子也是内生真菌实现垂直传播的主要媒介（Saikkonen *et al.*，2004）；作为回报，内生真菌不仅提高禾草对食草动物、病原菌和土壤线虫的防御能力（Saikkonen *et al.*，1998），而且增强禾草对干旱、冷冻、水涝、盐碱化和重金属污染土壤等非生物逆境的耐受能力（Cheplick *et al.*，2000；Saikkonen *et al.*，2015）。鲍根生（2020）发现寄生感染内生真菌的紫花针茅和麦宾草后，甘肃马先蒿净光合速率、蒸腾速率、气孔导度和水分利用率高于寄生不带菌植株的甘肃马先蒿，且这些指标随着寄生时间增长而不断降低，说明内生真菌侵染禾草能刺激根寄生植物的光合作用，这与内生真菌消耗禾草体内部分碳水化合物有关，而禾草为维持与内生真菌的共生关系可能分配部分碳水化合物至内生真菌，进而导致根寄生植物通过地上光合作用来弥补这部分损耗（Lehtonen *et al.*，2005）。感染内生真菌的种类存在差异导致禾草内生真菌共生体功能亦表现出差异（Song *et al.*，2016）。

2）丛枝菌根真菌抑制寄生植物种子萌发

Fernández-Aparicio 等（2010）试验表明接种丛枝菌根真菌摩西球囊霉（*Glomus mosseae*）和根内球囊霉（*G. intraradices*）后，显著降低了豌豆根系浸提液诱导的锯齿列当、胜蚓列当、分枝列当和小列当种子的萌发率。Louarn 等（2012）也报道丛枝菌根真菌中的根内根生囊霉（*Rhizophagus irregularis*）和玫瑰红巨孢囊霉（*Gigaspora rosea*）的孢子浸提液均能够降低向日葵列当种子的萌发率。

3）丛枝菌根真菌促进寄生植物生长

虽然丛枝菌根真菌和寄生植物竞争碳源，但是丛枝菌根真菌的拓殖可以促进寄主的生长及繁殖，增加寄主的营养，从而有利于寄生植物的生长。Salonen 等（2000）观察到当寄主欧洲赤松（*Pinus sylvestris*）被内生真菌定植时，半寄生植物 *Melampyrum pratense* 的生长、繁殖得到增强。

7.3.3.3 豆科植物共生体对寄生植物的影响

豆科植物接种丛枝菌根真菌和根瘤菌后形成的共生体能显著降低甘肃马先蒿吸器的数量（Sui *et al.*，2019）。Lu 等（2013）发现寄主植物降香（*Dalbergia odorifera*）接种根瘤菌后可以促进半寄生植物檀香（*Santalum album*）的生长。Jiang 等（2008）发现根瘤菌接种减弱了蚕豆寄主上小鼻花的生长。Mabrouk 等（2007）针对几种根瘤菌菌株对根全寄生植物锯齿列当和豌豆之间相互作用的影响进行对比研究发现，豆科根瘤菌降低了寄主的寄生性。上述研究表明，固氮根瘤菌的作用因菌株不同而异，根瘤菌对不同寄生植物的影响不同，这可能取决于它们与豆科寄主的相容性。

主要参考文献

鲍根生. 2020. 禾草内生真菌共生体对根寄生植物光合特性影响的研究. 青海畜牧兽医杂志, 50(3): 1-6

陈杰, 马永清, 薛泉宏. 2018. 利用微生物防除根寄生杂草列当. 中国生态农业学报, 26(1): 49-56

Atsatt P R. 1977. The insect herbivore as a predictive model in parasitic seed plant biology. American Naturalist, 111(979): 579-586

Aybeke M, Şen B, Ökten S. 2014. *Aspergillus alliaceus*, a new potential biological control of the root parasitic weed *Orobanche*. Journal of Basic Microbiology, 54(S1): S93-S101

Barghouthi S, Salman M. 2010. Bacterial inhibition of *Orobanche aegyptiaca* and *Orobanche cernua* radical elongation. Biocontrol Science and Technology, 20(4): 423-435

Bouraoui M, Abbes Z, Rouissi M, *et al.* 2016. Effect of rhizobia inoculation, N and P supply on *Orobanche foetida* parasitising faba bean (*Vicia faba* var. *minor*) under field conditions. Biocontrol Science and Technology, 26(6): 776-791

Cabezas N J, Urzua A M, Niemeyer H M. 2009. Translocation of isoquinoline alkaloids to the hemiparasite, *Tristerix verticillatus* from its host, *Berberis montana*. Biochemical Systematics and Ecology, 37(3): 225-227

Cameron D D, Coats A M, Seel W E. 2006. Differential resistance among host and non-host species underlies the variable success of the hemi-parasitic plant *Rhinanthus minor*. Annuals of Botany, 98(3): 1289-1299

Cheplick G, Perera A, Koulouris K. 2000. Effect of drought on the growth of *Lolium perenne* genotypes with and without fungal endophytes. Functional Ecology, 14(6): 657-667

Dadon T, Nun N B, Mayer A M. 2004. A factor from *Azospirillum brasilense* inhibits germination and radicle growth of *Orobanche aegyptiaca*. Israel Journal of Plant Sciences, 52(2): 83-86

Fernández-Aparicio M, García-Garrido J M, Ocampo J A, et al. 2010. Colonisation of field pea roots by arbuscular mycorrhizal fungi reduces *Orobanche* and *Phelipanche* species seed germination. Weed Research, 50(3): 262-268

Gonsior G, Buschmann H, Szinicz G, et al. 2004. Induced resistance: an innovative approach to manage branched broomrape (*Orobanche ramose*) in hemp and tobacoo. Weed Science, 52(6): 1050-1053

Hearne S J. 2009. Control: The *Striga conundrum*. Pest Management Science, 65(5): 603-614

Hettenhausen C, Li J, Zhuang H, et al. 2017. Stem parasitic plant *Cuscuta australis* (dodder) transfers herbivory-induced signals among plants. Proceedings of the National Academy of Sciences of the United States of America, 114(32): E6703-E6709

Jiang F, Jeschke W, Hartung W, et al. 2008. Does legume nitrogen fixation underpin host quality for the hemiparasitic plant *Rhinanthus minor*? Journal of Experimental Botany, 59(4): 917-925

Joshi J, Matthies D, Schimid B. 2000. Root hemiparasites and plant diversity in experimental grassland communities. Journal of Ecology, 88(4): 634-644

Kelly C K, Horning K, Venable D L, et al. 1988. Host specialization in *Cuscuta costaricensis*: an assessment of host use relative to host availability. Oikos, 53(3): 315-320

Kelly C K. 1990. Plant foraging: a marginal value model and coiling response in *Cuscuta subinclusa*. Ecology, 71(5): 1916-1925

Koch A M, Binder C, Sanders I R. 2004. Does the generalist parasitic plant *Cuscuta campestris* selectively forage in heterogeneous plant communities? New Phytologist, 162(1): 147-155

Lehtonen P, Helander M, Wink M, et al. 2005. Transfer of endophyte: origin defensive alkaloids from a grass to a hemiparasitic plant. Ecology Letters, 8(12): 1256-1263

Louarn J, Carbonne F, Delavault P, et al. 2012. Reduced germination of *Orobanche cumana* seeds in the presence of arbuscular mycorrhizal fungi or their exudates. PLoS One, 7(11): e49273

Lu J K, Kang L H, Sprent J I, et al. 2013. Two-way transfer of nitrogen between *Dalbergia odorifera* and its hemiparasite *Santalum album* is enhanced when the host is effectively nodulated and fixing nitrogen. Tree Physiology, 33(5): 464-474

Mabrouk Y, Zourgui L, Sifi B, et al. 2007. Some compatible *Rhizobium eguminosarum* strains in peas decrease infections when parasitised by *Orobanche crenata*. Weed Research, 47(1): 44-53

Matthies D. 1995. Parasitic and competitive interactions between the hemiparasites *Rhinanthus serotinus* and *Odontites rubra* and their host *Medicago sativa*. Journal of Ecology, 83(2): 245-251

Miller A C, Watling J R, Overton I C, et al. 2003. Does water status of *Eucalyptus largiflorens* (Myrtaceae) affect infection by the mistletoe *Amyema miquelii* (Loranthaceae)? Functional Plant Biology, 30(12): 1239-1247

Müller-Stöver D, Kroschel J. 2005. The potential of *Ulocladium botrytis* for biological control of *Orobanche* spp. Biological Control, 33(3): 301-306

Pate J S, Davidson N J, Kuo J, et al. 1990. Water relations of the root hemiparasite *Olax phyllanthi* (Labill) R. Br. (Olacaceae) and its multiple hosts. Oecologia, 84(2): 186-193

Press M C, Phoenix G K. 2005. Impacts of parasitic plants on natural communities. New Phytologist, 166(3): 737-751

Puustinen S, Mutikainen P. 2001. Host parasite herbivore interactions: implications of host cyanogenesis. Ecology, 82(7): 2059-2071

Rothe K, Diettrich B, Rahfeld B, et al. 1999. Uptake of phloem-specific cardenolides by *Cuscuta* sp. growing on *Digitalis lanata* and *Digitalis purpurea*. Phytochemistry, 51(3): 357-361

Saikkonen K, Faeth S H, Helander M, et al. 1998. Fungal endophytes: a continuum of interactions with host plants. Annual review of Ecology Systematics, 29(1): 319-343

Saikkonen K, Mikola J, Helander M. 2015. Endophytic phyllosphere fungi and nutrient cycling in terrestrial ecosystems. Current Science, 109(1): 121-126

Saikkonen K, Wäli P, Helander M, et al. 2004. Evolution of endophyte-plant symbioses. Trends in Plant Science, 9(6): 275-280

Salonen V, Puustinen S. 1996. Success of a root hemiparasitic plant is influenced by soil quality and by defoliation of its host. Ecology, 77(4): 1290-1293

Salonen V, Setala H, Puustinen S. 2000. The interplay between *Pinus sylvestris*, its root hemiparasite, *Melampyrum pratense*, and ectomycorrhizal fungi: influences on plant growth and reproduction. Ecoscience, 7(2): 195-200

Scholes J D, Press M C. 2008. *Striga* infestation of cereal crops: an unsolved problem in resource limited agriculture. Current Opinion in Plant Biology, 11(2): 180-186

Seel W E, Press M C. 1993. Influence of the host on three sub-arctic annual facultative root hemiparasites. 1. Growth, mineral accumulation and aboveground dry-matter partitioning. New Phytologist, 125(1): 131-138

Seel W E, Press M C. 1996. Effects of repeated parasitism by *Rhinanthus minor* on the growth and photosynthesis of a perennial grass, *Poa alpina*. New Phytologist, 134(3): 495-502

Shimizu K, Aoki K. 2019. Development of parasitic organs of a stem holoparasitic plant in genus *Cuscuta*. Frontiers in Plant Science, 10: 1435

Smith D. 2000. The population dynamics and community ecology of root hemiparasitic plants. American Naturalist, 155(1): 13-23

Smith J D, Mescher M C, De Moraes C M. 2013. Implications of bioactive solute transfer from hosts to parasitic plants. Current Opinion in Plant Biology, 16(4): 464-472

Song H, Nan Z B, Song Q Y, et al. 2016. Advances in research on *Epichloë* endophytes in Chinese native grasses. Frontiers in Microbiology, 7: 399

Stermitz F R. 1998. Plant parasites. *In*: Stermitz F R. Alkaloids: Biochemistry, Ecology, and Medicinal Applications. New York: Plenum Press: 327-336

Su C, Liu H, Wafula E K, et al. 2020. SHR4z, a novel decoy effector from the haustorium of the parasitic weed *Striga gesnerioides*, suppresses host plant immunity. New Phytologist, 226(3): 891-908

Sui X L, Zhang T, Tian Y Q, et al. 2019. A neglected alliance in battles against parasitic plants: arbuscular mycorrhizal and rhizobial symbioses alleviate damage to a legume host by root hemiparasitic *Pedicularis* species. New Phytologist, 221(1): 470-481

Zermane N, Souissi T, Kroschel J, et al. 2007. Biocontrol of broomrape (*Orobanche crenata* Forsk. and *Orobanche foetida* Poir.) by *Pseudomonas fluorescens* isolate Bf7-9 from the faba bean rhizosphere. Biocontrol Science and Technology, 17(5): 483-497

Zhuang H F, Li J, Song J, et al. 2018. Aphid (*Myzus persicae*) feeding on the parasitic dodder (*Cuscuta australis*) activates defense responses in both the parasite and soybean host. New Phytologist, 218(4): 1586-1596

下 篇
实 例 篇

第8章 菟丝子属植物寄生
对入侵植物生长的影响

生物入侵对群落生物多样性和生态系统的功能造成巨大威胁，并导致严重的环境和经济损失（Alpert et al.，2000）。入侵植物生长迅速、繁殖能力强，具有比本地种更强的养分竞争能力和更高的资源利用效率（Messing and Wright，2006）。旺盛的生命力以及强大的入侵特性使得入侵生物的治理面临巨大挑战。

目前，人们已经采用很多管理措施以抵御外来种的入侵，如人工防除、机械治理、化学防治。然而，由于高昂的费用、巨大的开支与能源损耗，以及药物残留，甚至产生抗药性等问题，这些防治措施对于生态脆弱和经济价值不高的生境不够实用（Culliney，2005）。生物防治是利用生态系统中各种生物之间相互依存、相互制约的生态学原理和某些生物学特性，利用一种或一类生物来抑制或消灭另一种或另一类有害生物的方法，它的优点是不污染环境，不影响人类健康，具有农药等非生物防治方法所不具备的优点（Callaway et al.，1999；Keane and Crawley，2002；Vilá and Weiner，2004）。生物防治被认为是适合在野外生境抵御生物入侵的有效防治措施（Pearson and Callaway，2003；Messing and Wright，2006）。

传统的生物防治是引进有害生物原产地的天敌（DeBach，1974），而引进天敌的措施在野外大规模使用前需要经过检疫和安全性评估测试，这不仅费用高、周期长，并且天敌在引入新的生境之后，不仅会作用于外来种，同时，也会对本地物种造成严重威胁（Simberloff and Stiling，1996），导致与本地种竞争，替代本地种的生态位，以及其他潜在的负面影响（Messing and Wright，2006）。因此，传统的生物防治措施受到越来越多的质疑（Thomas and Reid，2007）。而环境友好的可持续发展的防治措施受到越来越多的关注（Sheley and Krueger-Mangold，2003；Richardson et al.，2007）。

很多研究表明，被入侵地区的本地生物能防治入侵生物（Torchin and Mitchell，2004）。这些本地生物不仅适应当地的气候，而且与当地的生物协同进化、和谐共处，对本地生态环境的危害小（Simmons，2005）。因此，使用被入侵地区的本地生物作为天敌的防治措施受到日益增多的关注（Parker et al.，2006），并被认为是有潜力成为抵制外来入侵种的环境友好且可持续发展的措施（Mack et al.，2000；Corbin and D'Antonio，2004）。

寄生植物是被子植物中的常见类群（Marvier and Smith，1997），在中国分布范围广泛，但不同寄生植物的分布具有一定的地域性。早在1972年，帕克（Parker）就发现原野菟丝子可以抑制入侵植物微甘菊的生长。随后，有较多的研究发现菟丝子属全寄生植物可以抑制入侵植物的生长，从而可以作为生物防治剂进行开发。例如，原野菟丝子寄生可以抑制微甘菊的生长和繁殖（昝启杰等，2003；邓雄等，2003），甚至可以引起微甘菊藤茎的死亡（廖飞勇和何平，2002；昝启杰等，2003；Zhang et al.，2004）；

金灯藤（日本菟丝子）寄生可以抑制入侵植物加拿大一枝黄花的生长与繁殖（蒋华伟等，2008）。因此，菟丝子属植物，尤其是我国华南地区广泛分布的菟丝子属植物南方菟丝子，被认为是有效治理微甘菊的潜在的植物类群（王伯荪等，2004；Shen *et al.*，2005）。

8.1 几种入侵植物及同属本地植物的研究现状

8.1.1 入侵植物加拿大一枝黄花与同属本地植物一枝黄花

加拿大一枝黄花（*Solidago canadensis*）为菊科一枝黄花属多年生植物，原产于北美，现已成功入侵欧洲中西部、亚洲大部分地区以及澳大利亚和新西兰等地，成为一种世界性的入侵杂草（董梅等，2006；陆建忠等，2007）。加拿大一枝黄花茎直立，高达 2.5m；叶披针形或线状披针形，长 5～12cm（中国植物志编辑委员会，1985）。加拿大一枝黄花于 1935 年作为庭院花卉引入我国南京和上海等地（董梅等，2006）。20 世纪 80 年代，在我国长江三角洲地区快速繁殖，成为河滩、路边、房前屋后、弃荒地、绿地等的恶性杂草，堪称"生态杀手"，已被列入中国重要外来有害植物名录（李振宇和解焱，2002）。作为浙江省常见的入侵植物，野外发现南方菟丝子可天然寄生于加拿大一枝黄花，但目前，有关全寄生植物对加拿大一枝黄花抑制作用的研究不多（蒋华伟，2008；蒋华伟等，2008；汪学敏等，2011；金子明等，2013）。

一枝黄花（*S. decurrens*）为菊科一枝黄花属多年生植物。茎直立，通常细弱，单生或少数簇生，不分枝或中部以上有分枝。原产于我国东部、中南及西南等地，在江苏、浙江、安徽、江西、四川、贵州、湖南、湖北、广东、广西、云南及陕西南部、台湾等地广泛分布。生于海拔 565～2850m 的山坡、阔叶林缘、林下、路旁及草丛中。

8.1.2 入侵植物鬼针草与同属本地植物婆婆针

鬼针草（*Bidens pilosa*）为菊科鬼针草属一年生草本，原产于热带美洲，1987 年首次报道，为我国常见杂草，广泛分布于我国华东、华中、华南、中南、西南地区（郝建华等，2009），已被列入《中国外来入侵物种名单》（第三批）。鬼针草的入侵性和环境适应力强，其成体植株对光、温度、氮素有较强的表型可塑性，且产种迅速，结实量大，种子萌发率高，这些特性使得鬼针草扩散到一个新生境后，在一到两代内就能产生一个大的种群，从而快速完成定植和入侵（尚春琼和朱珣之，2019）。鬼针草入侵当地生态系统后，其强烈的入侵性除了因其适应性、繁殖能力极强而表现出争夺本地物种光照、水分、营养外，还常以化感作用直接或间接地危害其他物种（王岸英和张玉茹，2002）。

婆婆针（*B. bipinnata*）为菊科鬼针草属一年生草本。婆婆针茎直立，高 30～100cm，钝四棱形，无毛或上部被极稀疏的柔毛，基部直径可达 6mm（中国植物志编辑委员会，1979）。婆婆针主要分布在我国东北、华北、华中、华东、华南、西南及陕西、甘肃等地。生于路边荒地、山坡及田间。广布于美洲、亚洲、欧洲及非洲东部。

8.1.3　入侵植物五爪金龙与同属本地植物番薯

五爪金龙（*Ipomoea cairica*）为旋花科番薯属多年生缠绕草本植物。全体无毛，老时根上具块根；茎细长，有细棱，有时有小疣状突起；叶掌状 5 深裂或全裂（中国植物志编辑委员会，1979）。五爪金龙原产于非洲东部，现广泛入侵中国南部省份（Li *et al.*，2012），广泛分布于福建、广东、广西、云南等地。生于海拔 90～610m 的平地或山地路边灌丛，生长于向阳处。

番薯（*I. batatas*）为旋花科番薯属一年生草本植物。地下部分具有圆形、椭圆形或纺锤形的块根；茎平卧或上升，偶有缠绕，多分枝；叶片形状、颜色常因品种不同而异，通常为宽卵形，叶柄长短不一；聚伞花序腋生；蒴果卵形或扁圆形，种子 1～4 粒，通常 2 粒，无毛。番薯是世界重要作物，在中国广泛栽培（Li *et al.*，2012）。

8.1.4　入侵植物南美蟛蜞菊及同属本地植物蟛蜞菊

南美蟛蜞菊（*Wedelia trilobata*）为菊科蟛蜞菊属多年生草本植物。茎横卧地面，长可达 2m 以上；叶对生，椭圆形，叶上有 3 裂。南美蟛蜞菊原产于美洲热带地区，在欧亚大陆的热带和亚热带地区，包括中国的东南部均有引种栽培，一般生长于低海拔地区，通常沿着道路扩散（Weber *et al.*，2008）。南美蟛蜞菊作为园艺植物被引入，逃逸后在野外形成单优种群，严重降低了引入地的生物多样性（Luque *et al.*，2014）。

蟛蜞菊（*W. chinensis*）为菊科蟛蜞菊属多年生草本。茎匍匐，上部近直立，基部各节生出不定根，长 15～50cm，基部径约 2mm，分枝（中国植物志编辑委员会，1979）。蟛蜞菊广布于我国东北部（辽宁）、东部和南部各省区及其沿海岛屿，也分布于印度、中南半岛、印度尼西亚、菲律宾至日本。生于路旁、田边、沟边或湿润草地上。

8.1.5　入侵植物微甘菊

微甘菊（*Mikania micrantha*）为菊科假泽兰属多年生草质藤本，具有攀缘的特性。茎细长，匍匐或攀缘，多分枝，被短柔毛或近无毛，幼时绿色，近圆柱形，老茎淡褐色，具有多条肋纹。微甘菊原产于中南美洲，是世界上危害性最大的 100 种外来入侵杂草之一（Lowe *et al.*，2001）。现广泛分布于印度、孟加拉国、斯里兰卡、泰国、菲律宾、马来西亚、印度尼西亚、巴布亚新几内亚和太平洋诸岛屿、毛里求斯、澳大利亚、中南美洲各国、美国南部；中国广东、香港、澳门和广西。

微甘菊在中国的传播始于 19 世纪末，由原产地引种栽培于香港动植物公园逸生而致（王伯荪等，2004）。20 世纪五六十年代，微甘菊在香港地区扩散开来，自八九十年代从香港蔓延到整个珠江三角洲地区后，继续扩散到广东省的 35 个县市，其中以深圳、东莞危害最为严重（李鸣光等，2000）。目前，微甘菊已经广泛分布于我国海南、广东南部沿海低山地区、沿海岛屿、香港地区等，造成严重的农林经济损失（王伯荪等，2004）。

微甘菊造成的危害是多方面的，能从种群、群落和生态系统各个层次上导致生态系统结构和功能的改变、生物多样性的丧失，不利于本地生态系统的稳定和平衡，主要表现如下。①抢夺资源，占据生态位：微甘菊是一种具有极强繁殖和缠绕能力的藤本植物，通过缠绕小乔木和灌木，迅速在群落冠层扩展，从而竞争和占据生态位（黄忠良等，2000；王伯荪等，2004）。②发挥化感作用，抑制本地种的生长：微甘菊产生的化感物质抑制作物或自然植被的生长，实现快速扩展、蔓延和入侵（邵华等，2003；昝启杰等，2003；王伯荪等，2004）。③形成单优群落，降低本地种的生物多样性：通过形成大面积单优群落，破坏本地生态系统的平衡，导致自然植物群落的退行性演替，由乔木林逆行向着灌木丛、灌草丛演替，最终导致微甘菊和禾草类群落成为单优群落（昝启杰等，2000；王伯荪等，2004）。

8.1.6 入侵植物喜旱莲子草

喜旱莲子草（*Alternanthera philoxeroides*）为苋科莲子草属多年生草本植物。茎基部匍匐，上部向上伸长，管状，具不明显4棱，长55～120cm，具分枝。喜旱莲子草原产于南美洲，于20世纪30年代初传入中国，目前已经广泛分布于我国长江中下游及华南等地区（Julien *et al.*，1995）。喜旱莲子草主要入侵农田（包括水田和旱田）、空地、鱼塘、河道、湿地等生境。喜旱莲子草入侵后往往通过克隆繁殖和克隆生长形成单优群落，显著抑制本地物种的生长，使群落中本地物种的数量显著下降，使群落物种单一化，降低生物多样性（徐汝梅和叶万辉，2003）。郭连金等（2009）研究表明，由于喜旱莲子草的介入，乡土植物群落中44.9%的物种已经消失，乡土植物群落结构越来越简单，物种多样性下降。

8.1.7 入侵植物一年蓬

一年蓬（*Erigeron annuus*）为菊科飞蓬属一年生或二年生草本。一年蓬茎粗壮，高30～100cm，基部径6mm，直立，上部有分枝，绿色，下部被开展的长硬毛，上部被较密的上弯的短硬毛（中国植物志编辑委员会，1985）。一年蓬原产于北美洲，现广泛分布于中国温带和亚热带地区，是我国分布最广的入侵物种之一（金攀等，2011），已被列入《中国外来入侵物种名单》（第三批）。一年蓬入侵果园，对果园的土壤结构和肥力影响很大，使果树大幅减产甚至使整个果园荒废，是东南沿海地区危害较为严重的杂草（郭水良和李扬汉，1995；方芳等，2005；芦站根等，2007）。

8.1.8 入侵植物土荆芥

土荆芥（*Chenopodium ambrosioides*）为藜科藜属一年生或多年生草本。土荆芥高50～80cm，有强烈香味。茎直立，多分枝，有棱；枝通常细瘦，有短柔毛并兼有具节的长柔毛，有时近于无毛（中国植物志编辑委员会，1979）。土荆芥化感作用强、生态适应性广，常形成单优群落，抑制其他植物的生长（周健等，2016）。土荆芥在我国南方发生量大、危害重，属于区域性恶性杂草，已被列入《中国外来入侵物种名单》（第二批）（丁莹等，2017）。野外发现南方菟丝子可以寄生于土荆芥。

8.2　南方菟丝子寄生对加拿大一枝黄花生长的影响

加拿大一枝黄花繁殖能力极强，根状茎和种子均可以进行繁殖，生长期长，目前采用的化学防除或机械清除等方法不仅费时费力，且难以彻底清除（吴海荣和强胜，2005；马丽云等，2007）。因此，至今仍没有理想的手段来防治加拿大一枝黄花。

蒋华伟等利用金灯藤（日本菟丝子）寄生于加拿大一枝黄花展开研究，发现金灯藤不仅影响加拿大一枝黄花的形态特征和功能，而且有效延迟加拿大一枝黄花的正常花期，使其有性繁殖能力减弱（蒋华伟，2008；蒋华伟等，2008）。汪学敏等（2011）发现，南方菟丝子可以有效寄生于株高<1.2m 的加拿大一枝黄花，使其无法正常开花结果。本节系统地分析南方菟丝子寄生对加拿大一枝黄花生长的影响。

8.2.1　南方菟丝子寄生对加拿大一枝黄花形态的影响

2013 年 5 月，对浙江省临海市三江国家城市湿地公园样地中加拿大一枝黄花（植株高度约 30cm）长势相对一致的植株进行标记。每个样地标记 50 株植株，共 3 个样地。待样地中南方菟丝子自然生长，将原先标记的加拿大一枝黄花植株根据南方菟丝子寄生与否分为有寄生和无寄生的植株，每隔 5 天对样地调查一次，防止无寄生植株与有寄生植株之间的相互寄生（杨蓓芬等，2015）。

南方菟丝子寄生显著影响加拿大一枝黄花植株的形态特征（图 8-1）。南方菟丝子寄生的加拿大一枝黄花植株的株高、基径、根长、根直径显著低于无寄生植株，其中对株高的影响最显著，有寄生植株株高不到无寄生植株的 1/2，且高强度寄生组植株的基径和根直径显著小于低强度寄生组植株。南方菟丝子寄生的加拿大一枝黄花植株的花序数、花序主轴长、花序分枝数均显著小于无寄生植株，其中对花序数的影响最明显，有寄生植株的花序数不到无寄生植株的 1/5，且高强度寄生组植株花序主轴长、花序分枝数和花序数均显著小于低强度寄生组植株。这些结果表明南方菟丝子寄生可以显著抑制加拿大一枝黄花的繁殖。南方菟丝子寄生对加拿大一枝黄花繁殖的抑制可以有效减少后者通过远距离传播的扩散途径，对于防控加拿大一枝黄花的扩散与入侵具有潜在价值（黄华和郭水良，2005；金子明等，2013）。

8.2.2　南方菟丝子寄生对加拿大一枝黄花生物量的影响

南方菟丝子寄生显著降低加拿大一枝黄花的生物量（图 8-2）。南方菟丝子寄生的加拿大一枝黄花植株的根、茎、叶和总生物量均显著低于无寄生植株，尤其是茎生物量，仅为对照的 1/8。高强度寄生组南方菟丝子生物量为（3.92±2.11）g，显著高于低强度寄生组 [（0.265±0.153）g]，而高强度寄生组加拿大一枝黄花的根生物量与叶生物量显著低于低强度寄生组。这些结果与菟丝子属其他全寄生植物寄生入侵植物的研究结果相似（Yu et al.，2008，2011）。例如，原野菟丝子可以显著抑制微甘菊的光合作用、生长与繁殖，促进本地群落的恢复（Yu et al.，2008）；南方菟丝子可以显著抑制喜旱莲子草的生长，增加群落物种多样性（王如魁等，2012）；金灯藤（日本菟丝子）可以显著抑制加拿大一枝黄花的生长和繁殖（蒋华伟，2008；蒋华伟等，2008）。

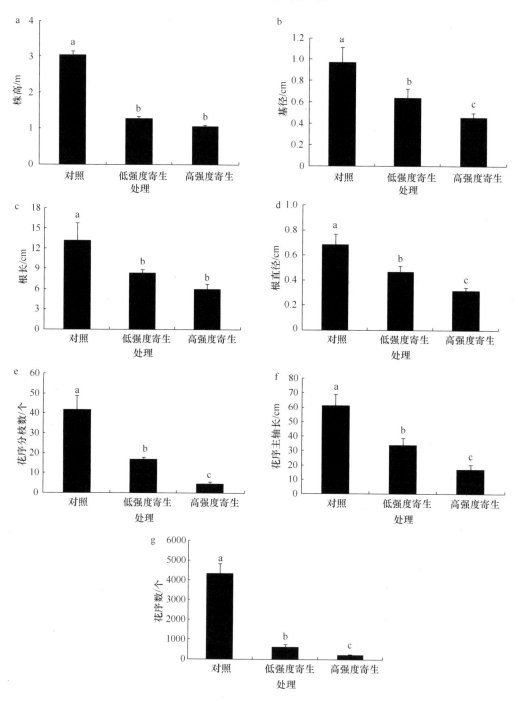

图 8-1　南方菟丝子寄生对加拿大一枝黄花植株形态的影响

a. 株高；b. 基径；c. 根长；d. 根直径；e. 花序分枝数；f. 花序主轴长；g. 花序数。

不同小写字母表示差异显著（$P<0.05$），对照指无寄生植株

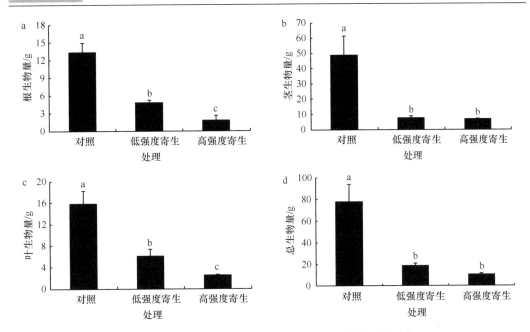

图 8-2　南方菟丝子寄生对加拿大一枝黄花生物量的影响

a. 根生物量；b. 茎生物量；c. 叶生物量；d. 总生物量。不同小写字母表示差异显著（$P<0.05$）

8.3　南方菟丝子寄生对入侵植物一年蓬、土荆芥、鬼针草生长的影响

有关南方菟丝子寄生入侵植物的研究不多。Yu 等（2009）发现南方菟丝子偏好寄生在微甘菊与南美蟛蜞菊上，可以显著减少入侵植物的生物量与养分，使群落中本地植物的数量及种类增加，达到生态恢复的目的。本节分析南方菟丝子寄生对入侵植物一年蓬、土荆芥、鬼针草形态和生物量及生物量分配格局的影响，判断南方菟丝子是否可作为 3 种入侵植物的生物控制剂（杨蓓芬和李钧敏，2012）。

8.3.1　南方菟丝子寄生对入侵植物生长的影响

南方菟丝子寄生对 3 种入侵植物形态的影响见图 8-3。由图 8-3 可知，南方菟丝子寄生极显著降低一年蓬的根长，降低程度为 16.7%，而对土荆芥与鬼针草的根长没有显著影响；南方菟丝子寄生显著或极显著降低 3 种入侵植物的茎长与总长，尤其对一年蓬的降低程度最大，分别达 67.4% 和 63.4%。

南方菟丝子寄生对 3 种入侵植物生物量的影响见图 8-4。从图 8-4 可知，南方菟丝子寄生极显著降低了一年蓬的根、茎、叶和总生物量；极显著降低了土荆芥的茎生物量和总生物量，显著降低了其叶生物量，但对其根生物量没有显著影响；极显著降低了鬼针草的茎、叶和总生物量，但对其根生物量没有显著影响。以上研究表明南方菟丝子对 3 种入侵植物具有一定的防治效果。

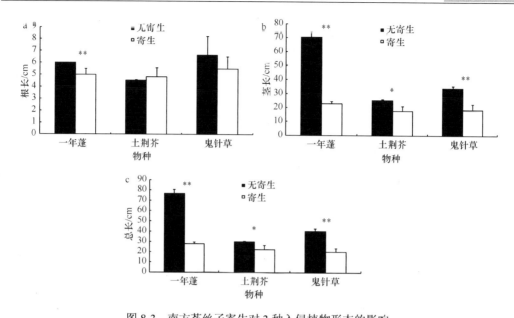

图 8-3　南方菟丝子寄生对 3 种入侵植物形态的影响

a. 根长；b. 茎长；c. 总长。*表示同一物种不同处理间差异显著（$P<0.05$），**表示同一物种不同处理间差异极显著（$P<0.01$）

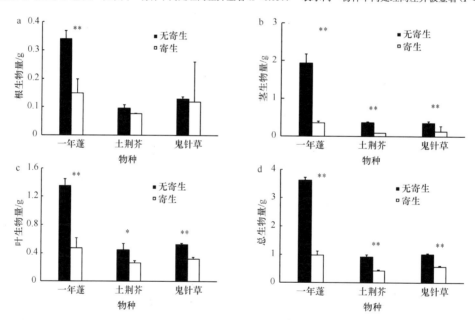

图 8-4　南方菟丝子寄生对 3 种入侵植物生物量的影响

a. 根生物量；b. 茎生物量；c. 叶生物量；d. 总生物量。*表示同一物种不同处理间差异显著（$P<0.05$），**表示同一物种不同处理间差异极显著（$P<0.01$）

8.3.2　南方菟丝子寄生对入侵植物生物量分配格局的影响

较多的研究集中于寄生植物对入侵植物光合特性的影响（Shen *et al.*，2007；蒋华伟等，2008），而对寄主生物量分配格局的研究较少。本研究发现南方菟丝子寄生可以显著影响 3 种入侵植物生物量的分配格局。南方菟丝子寄生可以使 3 种入侵植物的茎生物量比极显著下降，根生物量比极显著增高；一年蓬和土荆芥的叶生物量比极显著升高，但对鬼针草的叶生物量比没有显著影响；南方菟丝子寄生极显著提高了 3 种入侵植物的根冠比（图 8-5）。这些结果表明当寄生植物从入侵植物中吸收大量的养分与水分时，入侵植物会改变生物量的分配格局，将更多的生物量分配到营养吸收器官和碳同化器官，即根与叶中，减少对支撑组织的生物量分配（如茎），从而在有限的资源条件下增加养分吸收与光合同化能力，提高植株的生存能力。入侵植物常具有较强的表型可塑性，从而对入侵生境具有强的适应能力，这是其成功入侵的主要机制之一。当入侵植物碰到寄生植物时，其强大的表型可塑性也是其改变生物量分配格局、增强抵抗或耐受能力的主要机制。

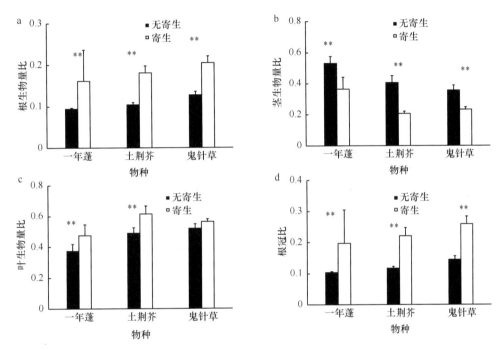

图 8-5　南方菟丝子寄生对 3 种入侵植物生物量比和根冠比的影响

a. 根生物量比；b. 茎生物量比；c. 叶生物量比；d. 根冠比。**表示同一物种不同处理间差异极显著（$P<0.01$）

8.4　南方菟丝子不同寄生强度对入侵植物鬼针草生长的影响

菟丝子属植物寄生入侵植物后可以显著地影响入侵植物的生长、繁殖、生物量分配格局，最终导致入侵植物群落结构发生变化，达到生物防治的目的（李钧敏和董鸣，2011）。然而当植物受到损伤时，植物并不是消极承受，而是在长期的进化过程中形成了一定的适应机制。例如，食草动物取食损伤会刺激植物通过补偿生长（compensatory growth）提高繁殖或再生能力，弥补所受到的损失（李宽意等，2008；席博等，2010）。寄生植物从寄主中吸取大量的养分与水分供给自身存活，给寄主带来一定的损伤。Pennings 和 Callaway（2002）指出寄生植物与寄主的相互作用和食草动物与植物之间的相互作用在多方面存在相似性。因此，我们推测寄生植物寄生对寄主植物的影响可能与食草动物取食类似，也能诱发植物的补偿生长，弥补植物寄生所引起的养分与水分丢失。目前尚无直接的证据证明寄生植物寄生会引起入侵寄主的补偿生长。

本研究以南方菟丝子和鬼针草为研究对象，分析不同程度的寄生对寄主鬼针草补偿生长的影响，探讨寄生植物是否会引起寄主的补偿生长，以期为寄生植物防治鬼针草提供一定的理论依据（张静等，2012）。

8.4.1 不同寄生强度对鬼针草形态及生物量的影响

南方菟丝子寄生 34 天之后，3 种程度的寄生都可以显著影响三叶鬼针草的形态及生物量（图 8-6）。除了重度寄生后鬼针草的根体积、轻度寄生后鬼针草的叶生物量和根长与对照没有显著差异外，寄生后鬼针草的形态指标（株高、冠幅、总叶面积、根长、根体积）和生物量（地下生物量、茎生物量、叶生物量、地上生物量和总生物量）都显著低于对照组（df=23，$P<0.05$）。

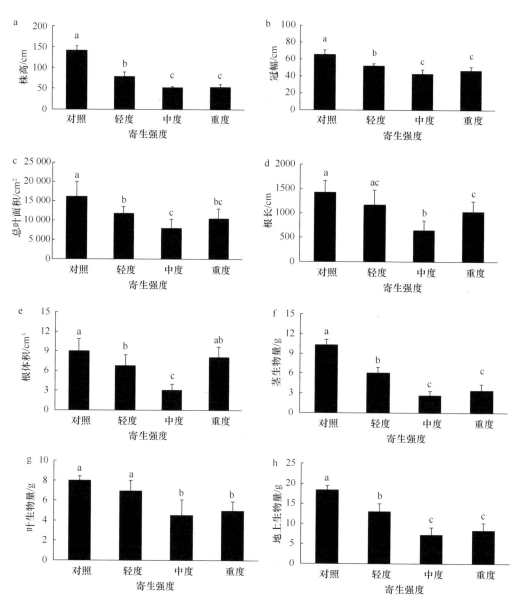

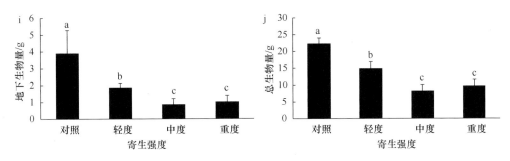

图 8-6　不同寄生强度下鬼针草的形态及生物量

a. 株高；b. 冠幅；c. 总叶面积；d. 根长；e. 根体积；f. 茎生物量；g. 叶生物量；h. 地上生物量；i. 地下生物量；j. 总生物量。不同小写字母表示不同处理之间具有显著性差异（P<0.05）

不同寄生强度对鬼针草生长的影响具有一定的差异。寄生Ⅱ（中度寄生）和寄生Ⅲ（重度寄生）处理组的鬼针草株高与冠幅显著低于寄生Ⅰ（轻度寄生）处理组，但相互之间不存在显著性差异；寄生Ⅱ处理组的鬼针草总叶面积、根长和根体积均显著低于寄生Ⅰ处理组，寄生Ⅲ处理组的总叶面积高于寄生Ⅱ处理组，但与寄生Ⅰ及寄生Ⅱ处理组之间不存在显著性差异；寄生Ⅲ处理组的根体积和根长显著高于寄生Ⅱ处理组，但与寄生Ⅰ处理组之间不存在显著性差异；寄生Ⅱ和寄生Ⅲ处理组的鬼针草叶生物量、茎生物量、地上生物量、地下生物量和总生物量均显著低于寄生Ⅰ处理组，但相互之间不存在显著性差异。其中，寄生Ⅱ处理组对鬼针草的抑制效果最大，其地下生物量、地上生物量以及总生物量分别只有对照组的 21.9%、39.5%、36.4%。

8.4.2　不同寄生强度对鬼针草生长速率的影响

南方菟丝子不同寄生强度对鬼针草净同化速率（NAR）和相对生长速率（RGR）的影响见表 8-1。与对照相比，不同寄生程度下鬼针草的 NAR 显著降低（df=23，P<0.05），RGR 极显著降低（df=23，P<0.01）。寄生Ⅱ处理组的鬼针草 RGR 极显著低于寄生Ⅰ处理组，寄生Ⅲ处理组的鬼针草 RGR 高于寄生Ⅱ处理组，但寄生Ⅲ及寄生Ⅱ处理组之间不存在显著性差异。寄生Ⅱ与寄生Ⅲ处理组的鬼针草 NAR 显著低于寄生Ⅰ处理组，但相互之间也不存在显著性差异。

表 8-1　不同寄生强度下鬼针草的净同化速率和相对寄生处理组生长速率

生长与同化速率	对照	寄生处理组		
		寄生Ⅰ	寄生Ⅱ	寄生Ⅲ
相对生长速率/（mg/d）	82.95±2.62A	69.13±4.8B	48.08±8.66C	53.21±6.82C
净同化速率/（g/m²）	0.10±0.032a	0.093±0.0098b	0.066±0.010c	0.064±0.0098c

注：不同大写字母表示具有极显著性差异（P<0.01）；不同小写字母表示具有显著性差异（P<0.05）

8.4.3　不同寄生强度对鬼针草累积生物量的影响

寄生Ⅲ组的南方菟丝子生物量要显著高于寄生Ⅰ处理组和寄生Ⅱ处理组（表 8-2）。寄生Ⅰ处理组的鬼针草最终生物量要显著低于对照组，寄生Ⅱ处理组与寄生Ⅲ处理组的鬼针草最终生物量要显著低于寄生Ⅰ处理组（表 8-2）。寄生Ⅱ处理组的累积生物量要极显著低于对照组和寄生Ⅰ处理组，仅为对照组的 53.96%，寄生Ⅲ处理组的累积生物量要极显著高于寄生Ⅱ处理组，但极显著低于对照组。

表8-2　不同寄生强度下南方菟丝子与鬼针草的累积生物量　　（单位：g）

生物量	对照	寄生Ⅰ	寄生Ⅱ	寄生Ⅲ
鬼针草初始生物量	2.01±0.54	2.01±0.54	2.01±0.54	2.01±0.54
南方菟丝子生物量	0	5.01±0.99A	4.85±1.37A	8.61±1.25B
鬼针草最终生物量	22.32±1.70A	14.95±2.07B	8.12±1.94C	9.67±1.84C
累积生物量	20.31±1.70A	17.94±1.82AC	10.96±2.76B	16.28±2.82C

注：不同大写字母表示具有极显著性差异（$P<0.01$）

　　本研究发现不同寄生强度的南方菟丝子会产生不同的累积生物量，随着寄生强度的增加，寄生Ⅲ处理组的累积生物量要极显著高于寄生Ⅱ处理组，接近寄生Ⅰ处理组，表明寄生Ⅲ处理组引起寄主显著的补偿生长（李宽意等，2008）。植物寄生对寄主植物造成的后果与食草动物取食类似，可以诱导寄主产生一定的补偿生长（马红彬和余治家，2006；谭德远等，2004），以弥补植物寄生所引起的养分与水分的丢失，使自身生长情况有所好转，从而更耐受寄生植物。研究发现由于寄生植物的生物量总是很低，因此植物寄生总是会引起寄主生物量的下降（雷抒情等，2005；Matthies，1995），这可能与寄生植物生物量远远低于寄主丢失生物量有关。植物寄生引起的寄生植物与寄主植物的总生物量减少可能与多种因素有关，如寄生植物从寄主中获得的资源不能被有效地同化，或者在吸器中发生了溶液的"泄漏"等（Matthies，1997）。

　　寄生植物引起的寄主的补偿生长可能是植物响应寄生的一种耐受机制。植物的补偿效应与耐受性是紧密相关的，如张谧等（2010）发现轻度和中度的放牧都有利于珍珠猪毛菜（*Salsola passerina*）的生长，其中中度放牧最有利于珍珠猪毛菜的生长；而重度干扰下珍珠猪毛菜的耐受性达到了极限，超出了耐受的阈值，生物量下降，生长受到了影响。从本研究来看，植物寄生引起寄主的补偿生长存在阈值，在未到达这个阈值时，并不会引起寄主的补偿生长，随着寄生强度的增大（如寄生Ⅱ处理组时），寄主与寄生植物的生长状况均越来越差；但当寄生强度增加到一定程度（如寄生Ⅲ处理组）时，寄主就会进行补偿生长，寄主与寄生植物的生长状况均明显好转。植物的补偿效应受到物种与环境的影响（Cameron *et al.*，2008）。这种情况与食草动物引起的补偿效应的阈值有些不同，是否与物种及环境有关仍需进一步研究。

8.5　寄生植物对入侵植物的损害及机制

　　近年来，研究发现寄生植物对入侵植物有特别的偏好。例如，胡飞等（2005）发现金灯藤（日本菟丝子）对入侵植物南美蟛蜞菊的偏好高于五爪金龙和马缨丹（*Lantana camara*）。昝启杰等（2003）发现原野菟丝子对入侵植物微甘菊的偏好远远大于其他物种，如藿香蓟（*Ageratum conyzoides*）、南美蟛蜞菊、一年蓬等。Prider等（2009）通过野外调查发现寄生植物短毛无根藤（*Cassytha pubescens*）在入侵植物金雀儿（*Cytisus scoparius*）上的生长比本地植物 *Leptospermum myrsinoides* 的生长要旺盛。Yu等（2011）发现入侵植物微甘菊与南美蟛蜞菊上生长的南方菟丝子要比本地植物上生长的南方菟丝子旺盛，且具有较大的繁殖投入，但关于这种偏好的主要机制仍是不清楚的。

本研究采用盆栽试验分析了全寄生植物菟丝子对 3 种入侵植物（加拿大一枝黄花、鬼针草、五爪金龙）及对应的同属本地植物（一枝黄花、婆婆针、番薯）造成的损害大小，并分析了这种有害效应与植物生长速率及资源捕获能力的关系（Li *et al.*，2012）。

8.5.1　菟丝子对入侵植物与本地植物造成的损害

在入侵植物上生长的菟丝子比在本地植物上生长的菟丝子具有更大的生物量（图 8-7），菟丝子对入侵植物造成的损害比对本地植物造成的损害要大（图 8-8）。物种类别对寄生植物的生物量（$F_{4,30}$=471.427，P<0.001）及寄主造成的有害效应（$F_{4,30}$=9.134，P<0.001）具有极显著影响。菟丝子对入侵植物造成的有害效应与寄生植物生物量成反比，且具有显著性意义（r=−0.739，P<0.001），表明寄生植物生长旺盛会给入侵寄主植物带来更大的损害。本研究结果与最初的假设是一致的，证明了寄生植物菟丝子对外来入侵植物造成的有害效应要显著高于同属的本地非入侵植物。这些结论也与野外的调查数据相吻合。

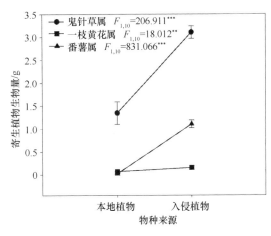

图 8-7　不同寄主植物上的寄生植物生物量

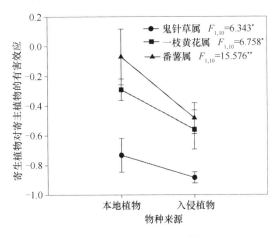

图 8-8　寄生植物对不同寄主植物的有害效应

Pennings 和 Callaway（2002）比较了寄生植物-寄主植物的相互作用与食草动物-植

物的相互作用，认为寄生植物与食草动物均减少寄主的生物量，改变寄主的生物量分配格局，修饰群落结构与动力学，两者之间具有相似性。大量数据研究表明相对于本地植物，广食性的食草动物对入侵植物更加偏好（Parker and Gilbert，2007；Jogesh *et al.*，2008；Cogni，2010）。本研究通过盆栽试验验证了野外的观察结果：作为一种与食草动物相似的行为，寄生植物对入侵植物的有害效应要显著高于同属的本地植物（Prider *et al.*，2009；Yu *et al.*，2011）。寄生植物对寄主的有害效应与寄生植物的生物量显著相关，表明入侵植物更容易被寄生，更容易受到损害。

如果本地天敌给外来入侵植物带来的损害要远大于本地非入侵植物，则这种策略将具有更大的优势。不过，目前还没有实验证实寄生植物对入侵植物造成的损害大于对本地植物造成的损害，研究人员也不了解入侵植物比本地植物更易被寄生植物寄生的可能机制。

8.5.2 寄生植物对寄主的有害效应与寄主相对生长速率的相关性

菟丝子寄生可以显著降低寄主的相对生长速率（表 8-3），特别是入侵植物鬼针草（$F_{1,10}$=72.324，$P<0.001$）、本地植物婆婆针（$F_{1,10}$=56.543，$P<0.001$）及入侵植物加拿大一枝黄花（$F_{1,10}$=11.928，$P<0.001$）（图 8-9）。物种对（嵌套于物种来源）对寄主相对生长速率（表 8-3）及相对生长速率的响应值有显著性的影响（$F_{4,30}$=15.825，$P<0.001$，图 8-9），但物种来源对相对生长速率的响应值没有显著性影响。

表 8-3 三因素巢式方差分析结果

因子	自由度	相对生长速率	比叶面积	比细根长（SFNL）	比细根表面积（SFNSA）
寄生（P）	1, 64	72.301[***]	45.739[***]	22.095[***]	19.898[***]
物种来源（O）	1, 4	1.673	2.070	0.383	0.351
寄生×物种来源（P×O）	1, 64	0.108	5.316[*]	0.765	3.245[*]
物种对（嵌套于物种来源）	4, 64	21.298[***]	24.585[***]	31.977[***]	13.777[***]

注：* $P<0.05$，表示不同处理之间具有显著性差异；*** $P<0.001$，表示不同处理之间具有极显著性差异

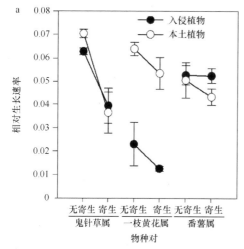
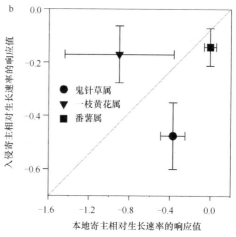

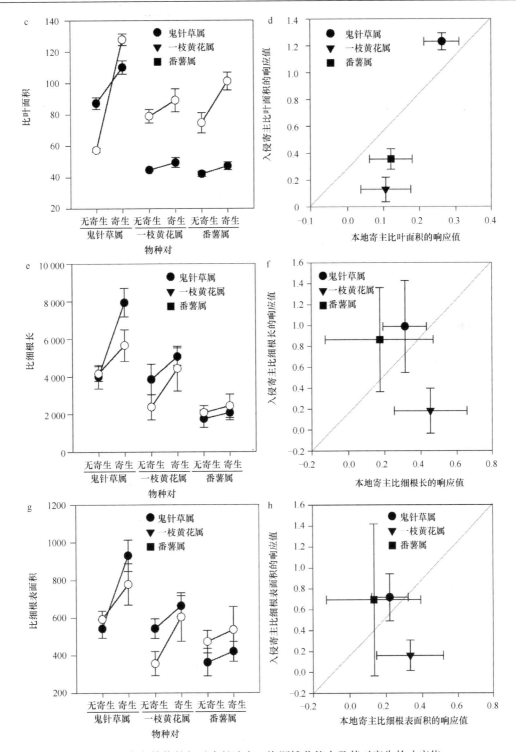

图 8-9　寄主植物的相对生长速率、资源捕获能力及其对寄生的响应值

a. 相对生长速率；b. 相对生长速率的响应值；c. 比叶面积；d. 比叶面积的响应值；e. 比细根长；f. 比细根长的响应值；
g. 比细根表面积；h. 比细根表面积的响应值；直线表示对寄生的响应值在本地植物与入侵植物之间没有差异；线上的点
表示入侵植物对寄生的响应值要高于本地植物对寄生的响应值；线下的点表示入侵植物对寄生的响应值要低于本地植物对
寄生的响应值

寄生植物对寄主的有害效应与寄主未受到寄生植物感染前的平均相对生长速率呈显著负相关,与寄主相对生长速率的响应值呈显著正相关;不过,寄生植物对寄主的有害效应与寄主受到寄生植物感染后的相对生长速率没有明显的相关性(图 8-10),表明当寄主植物在感染前具有较高的相对生长速率及更大的相对生长速率的响应值时,寄生植物对寄主的有害效应就会更大。

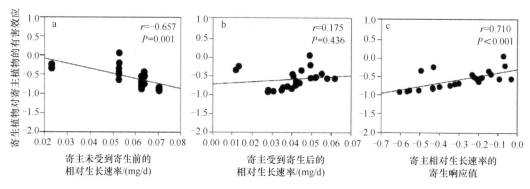

图 8-10 寄生植物对寄主的有害效应与寄主相关指标的相关性
a. 寄生前的相对生长速率;b. 寄生后的相对生长速率;c. 寄生响应值

本研究结果直接证明了寄生植物菟丝子对寄主造成的有害效应与寄主的相对生长速率与资源利用率密切相关,表明寄生植物可以给具有更高的相对生长速率与资源利用率的寄主带来更大的损害。已有研究发现外来入侵植物的快速生长、高繁殖率、高资源捕获能力、高营养循环能力与其入侵性密切相关(Callaway and Maron,2006)。Van Kleunen 等(2010)经过荟萃分析发现入侵物种具有高的叶面积分配和高的生长速率。在野外调查中,Yu 等(2011)发现外来入侵植物的快速生长及高营养含量会增强南方菟丝子的寄生效应。入侵植物的快速生长及高营养含量也可能是导致寄生植物在入侵植物上的生长比本地植物上更为旺盛,且给入侵植物带来更大损害的主要原因。

8.5.3 寄生植物对寄主的有害效应与寄主资源捕获能力的相关性

寄生植物偏好的寄主植物常具有高资源利用效率和高营养含量。例如,豆科植物具有高营养含量,是寄生植物偏好的寄主(Pennings and Callaway,2002;Suetsugu et al.,2008),并且寄生植物对其影响也更大(Jeschke et al.,1994)。

寄生植物可以显著增加寄主的比叶面积、比细根长和比细根表面积(图 8-9,表 8-3)。物种对(嵌套于物种来源)对寄主的比叶面积、比细根长、比细根表面积有极显著的影响,而寄生对寄主的比叶面积、比细根长和比细根表面积也有极显著的影响(表 8-3)。物种对(嵌套于物种来源)对寄主的比叶面积、比细根长、比细根表面积的响应值具有极显著性的影响(图 8-9,$F_{4,30}$=152.275、11.708 和 13.820,$P<0.001$)。

寄生植物对寄主的有害效应与寄主在受到或未受到寄生植物感染时的比叶面积、比细根长、比细根表面积均呈显著或极显著负相关。另外,寄生植物对寄主的有害效应与寄主的比叶面积、比细根长、比细根表面积的响应值呈显著或极显著负相关(图 8-11),表明当寄主具有更大的资源捕获能力、更大的对寄生植物资源捕获能力的响应值时,寄生植物会给寄主带来更大的损害。

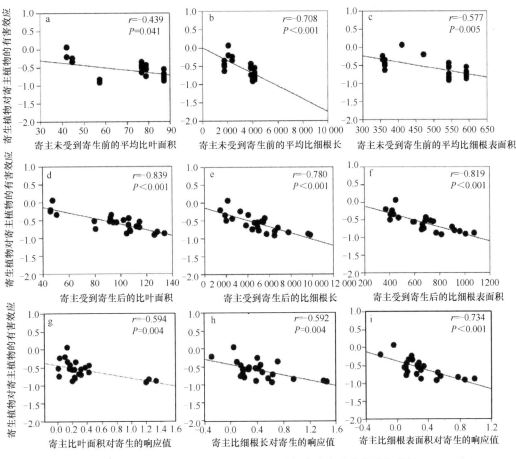

图 8-11　寄生植物对寄主的有害效应与寄主相关指标的相关性

　　研究也发现寄生植物给寄主带来的有害效应值与寄主的比叶面积、比细根长和比细根表面积的寄生响应显著负相关，与寄生后寄主的相对生长速率的寄生响应显著正相关。本研究发现寄生可以显著增加寄主的比叶面积、比细根长和比细根表面积，这些响应可以帮助寄主获得更多的资源以补偿寄主受到寄生植物损害后生物量的丢失，但寄主的相对生长速率还是受到寄生植物的显著抑制。由寄生所诱导的寄主的资源利用率越大，寄生对寄主的生长抑制越大，则寄生植物对寄主植物造成的损害越大。植物具有高的可塑性，物种个体大小、生长速率、不同器官的生物量分配、繁殖、化学组成等均有较大的变异（Van Kleunen et al.，2010）。植物在响应生物与非生物环境，如干扰、食草动物、共生等时具有形态与生理的表型可塑性（Callaway et al.，2003）。以往的研究表明快速生长的物种比慢速生长的物种具有更强的形态可塑性（Grime et al.，1991）。因此，寄生植物对寄主植物的抑制将是一种恶性循环：当寄生植物从寄主中吸收更多的资源时，寄主植物可能会分配更多的生物量到叶片与根部以吸收更多的资源，这种再分配可以为寄生植物提供更多的资源，使其对寄主植物的破坏更为严重。Press 和 Phoenix（2005）研究认为一个高丰富度的寄主植物，如果能促进寄生植物的生长与发育，则可被寄生植物所偏好。这可能解释了为何寄生植物对寄主植物的有害效应值与寄主受到寄生后的比叶面积、比细根长、比细根表面积具有显著的负相关。如果寄生后的寄主可以提供更多的资源给寄生植物，则寄生植物可以偏好这类寄主，从而给这类寄主带来更大的损害。

8.6　南方菟丝子寄生对入侵植物与本地植物克隆整合的影响

植物克隆生长最独特的特征是相连的克隆分株之间可能存在生理整合作用（De Kroon and Van Groenendael，1997）。克隆植物生长过程中产生的无性分株之间彼此保持着连接，直至分株个体可以独立存活。克隆分株之间的连接通常可以维持数月甚至数年（Klimešová and De Bello，2009），由此形成了两个或数百个生理上独立而物理上相连的分株系统。在这样的分株系统中至少有部分分株间存在生理整合，即分株之间存在资源或信号传输现象（Alpert and Mooney，1986；Gruntman and Novoplansky，2004；Roiloa et al.，2007）。大量来自不同克隆植物的生理整合实验表明，相连分株之间的资源传输可以促进分株的生长，进而提高克隆植物的适合度（Evans，1991；Song et al.，2013；Dong et al.，2015；Wang et al.，2017a，2017b）。

克隆植物种间或种内的生理整合能力存在很大差异（De Kroon and Van Groenendael，1997；Alpert，1999；Klimešová and De Bello，2009；Wang et al.，2017a）。由此提出了假设：在某些情况下，克隆植物的生理整合可能对相连分株的生长产生负面影响，从而可能会降低克隆植物的适合度。理论上，在资源对比度高的异质性生境中，克隆植物的生理整合可以降低克隆植物的适合度，但这种情况在自然界很难发生（Alpert，1999）。有研究表明，分株之间的连接会抑制新生分株的形成（Wang et al.，2014，2016），通过切断分株间连接可以阻止生理整合作用，进而增加新生分株的数量，但不会影响克隆植物的生物量（Dong et al.，2012）。理论模型预测，长期的克隆整合会降低克隆植物的适合度（Oborny et al.，2000）。一些研究表明，克隆植物可能具有减少向长期生长在不利生境中的分株输出资源的现象，这可能是为了应对长期持续资源共享对克隆适合度的负面影响而做出的选择（Ong and Marshall，1979；Jónsdóttir and Callaghan，1989）。另外，克隆整合可以引起病原微生物在分株间的传播，同样可能会降低克隆植物的适合度（Van Molken et al.，2011）。还有研究表明，当克隆植物处于模拟全球变暖的生境下，切断分株之间的连接增加了整个克隆的生物量（Li et al.，2012）。然而，目前还没有直接的实验证据表明，克隆植物的生理整合会降低克隆植物的适合度。

Demey 等（2015）研究表明，移除两个草地植物群落中的半寄生植物，增加了植物群落中克隆植物（分株之间相连至少两年且以 1cm/a 的速度扩展）的多度。基于这个结果，他们提出克隆植物特别容易受到寄生的影响，因为寄生植物不仅可以直接从被寄生分株上获取资源，而且可以从相连的未被寄生的分株上获取资源。Lepš 和 Těšitel（2015）进一步指出，资源由克隆植物向寄生植物的传输与克隆分株之间的传输会不断增加，这是因为随着寄生植物的生长，寄生植物对资源的需求也会逐渐增加。因此，生理整合可能会因为寄生植物的寄生作用而对克隆植物的适合度产生负面影响。

本研究种植 2 种同属克隆植物（本地植物蟛蜞菊和入侵植物南美蟛蜞菊）相连分株对，对其中一个分株进行南方菟丝子寄生或无寄生处理，并对相连分株做切断或保持连接（阻止或允许克隆整合）处理（图 8-12），以此来验证"寄生作用会引起生理整合对克隆植物适合度产生负面效应"这一假说（Gao et al.，2021）。

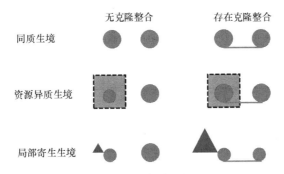

图 8-12　实验设计

当克隆植物的不同分株（圆圈）彼此相连时（横线）表示生理整合作用可能存在。同质生境中，生理整合不会影响整个克隆（由大小相似分株构成）的生长。资源异质生境中，生长于高资源斑块中的克隆分株会向生长于低资源斑块分株传输资源，促进后者生长，而不影响自身生长，进而提高了整个克隆（两个分株）的生长。局部寄生生境中，当寄生植物（三角形）只寄生于整个克隆中的一个分株时，相连未被寄生分株向寄生分株持续输出资源，促进了寄生植物的生长，抑制了未被寄生分株自身的生长，最终抑制了整个克隆的生长

8.6.1　南方菟丝子寄生对克隆植物生物量的影响

克隆植物寄生和克隆整合切断对整个克隆生物量积累的三因素交互作用显著（表8-4），表现为：在切断寄生分株和相连非寄生分株之间连接（生理整合不存在）的情况下，蟛蜞菊整个克隆的生物量积累提高 40%，但南美蟛蜞菊整个克隆的生物量积累无显著变化（图 8-13c，表 8-4）。当寄生不存在时，切断分株间的连接对南美蟛蜞菊整个克隆的生物量积累无显著影响，却显著降低了蟛蜞菊整个克隆生物量的积累（图 8-13c，表 8-4）。

表 8-4　寄主类型（蟛蜞菊或南美蟛蜞菊）、克隆整合和南方菟丝子寄生处理对子株、母株和克隆分株对生物量影响的协方差分析结果

效应	子株		母株		克隆分株对	
	$F_{1,37}$	P	$F_{1,37}$	P	$F_{1,37}$	P
初始鲜重	1.6	0.211	0.4	0.511	< 0.1	0.891
寄主类型（H）	1.4	0.252	**29.7**	**<0.001**	**32.5**	**<0.001**
克隆整合（S）	0.6	0.430	0.1	0.824	0.1	0.794
寄生（P）	**389.3**	**<0.001**	0.4	0.512	**149.2**	**<0.001**
H×S	*5.2*	*0.028*	**13.1**	**0.001**	4.0	0.054
H×P	0.2	0.686	1.7	0.201	0.9	0.345
S×P	0.2	0.668	*6.5*	*0.015*	*6.8*	*0.013*
H×S×P	0.3	0.599	**14.0**	**0.001**	**9.8**	**0.003**

注：克隆分株对的初始生物量作为协变量。当 $P<0.01$ 时，数值加粗；当 $0.01<P<0.05$ 时，数值为斜体

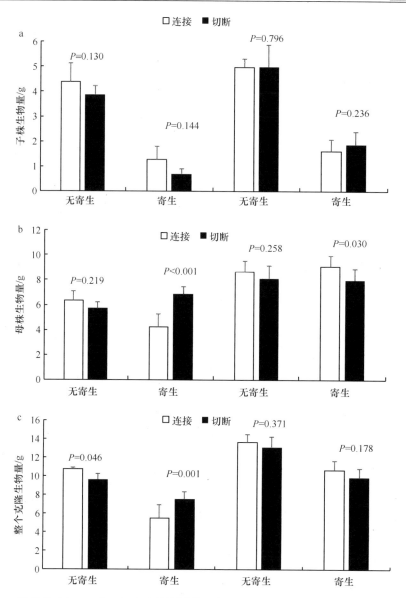

图 8-13　蟛蜞菊（左一、左二）和南美蟛蜞菊（右一、右二）在切断与寄生处理中的生物量

a. 子株；b. 母株；c. 整个克隆。柱状图上方给出的 P 值表示三因素方差分析交互作用显著后的比较结果，$P<0.05$ 表示差异显著

　　寄主类型、寄生和克隆整合对母株生物量存在显著的三因素交互作用（表 8-4），表现为：当寄生存在时，切断处理虽然对蟛蜞菊子株的生物量无影响，但母株生物量显著增加了约 60%；当寄生不存在时，切断处理对蟛蜞菊母株生长无显著影响（图 8-13b，表 8-4）。无论寄生存在与否，切断处理对子株生物量均无显著影响（图 8-13a，表 8-4）。南方菟丝子寄生的蟛蜞菊整个克隆生物量是未寄生的蟛蜞菊整个克隆生物量的 40%（图 8-13c，表 8-4）。

　　寄主植物蟛蜞菊的所有实验结果均符合局部寄生和克隆整合相互作用概念模型的预测。切断寄生分株和相连未被寄生分株之间的连接，没有影响寄生分株的最终生物量，但相连未被寄生分株的生物量增加，整个克隆（两个分株）生物量也增加，但南方菟丝子生物量降低。^{15}N 同位素标记显示，南方菟丝子寄生引起氮素从相连未被寄生分株向相连寄生分株和寄生植物传输。当寄生植物不存在时，切断处理对寄主植物生物量并没有正面效应。这说明寄生能引起资源从相连未寄生分株经寄生分株向寄生植物传输。这些结果支持了局部寄生能引起克隆整合对克隆植物适合度产生负面效应的假说。尽管理论模型预测克隆植物克隆整合允许致病菌（寄生性细菌、真菌、病毒和病原线虫）在相连的克隆分株之间传播，进而导致克隆植物适合度的降低（Pitelka and Ashmun，1985；Marshall，1990；De Kroon and Van Groenendael，1997），但仍缺乏实验证据。本研究首次直接证实了寄生可以引起克隆植物克隆整合对克隆植物适合度产生负面效应。

南方菟丝子寄生诱导的克隆整合负效应在蟛蜞菊和南美蟛蜞菊之间不同。这种不同的潜在原因如下：寄主植物对寄生植物的抵抗能力不同（Cameron *et al.*，2006；Jiang *et al.*，2010）。这种抗性体现在寄主植物生物量的减少和寄生植物生物量增加存在正相关关系（Cirocco *et al.*，2016，2017；Sui *et al.*，2019）。本研究结果显示，虽然生长在南美蟛蜞菊切断分株上的南方菟丝子比生长在蟛蜞菊切断分株上的南方菟丝子生物量高 75%，但是南方菟丝子的寄生对蟛蜞菊和南美蟛蜞切断分株的抑制作用相同，均降低了两种寄主植物 3.1g 的生物量。因此，蟛蜞菊和南美蟛蜞菊对南方菟丝子的抗性差异似乎不能解释克隆整合在两种寄主植物上的不同。

另一种潜在解释为：南美蟛蜞菊的克隆整合作用可能弱于蟛蜞菊且生理整合和寄生植物寄生之间相互独立。然而，前人研究表明克隆植物的克隆整合作用在不同物种间存在很大差异（De Kroon and Van Groenendael，1997），这种差异会影响克隆整合、寄生和寄主物种之间的交互作用。然而，Wang 等（2017a）重新分析克隆整合对于蟛蜞菊和南美蟛蜞菊在低养分、低光照和低水分生境中分株生长的影响后显示，南美蟛蜞菊的克隆整合作用并不弱于蟛蜞菊的克隆整合作用。因此，克隆整合差异以及克隆整合和寄生植物寄生无交互作用的假设不能解释蟛蜞菊和南美蟛蜞菊克隆整合对寄生响应的差异。

8.6.2　南方菟丝子寄生对克隆植物生长的抑制作用

当寄主植物为蟛蜞菊时，切断处理显著降低了南方菟丝子的生物量，然而，当寄主植物为南美蟛蜞菊时，切断处理并没有显著影响南方菟丝子的生物量（图 8-14）。南方菟丝子的生物量约等于其寄生分株生物量（图 8-13a）。

对于南美蟛蜞菊的实验结果仅支持切断处理不会影响寄生分株最终生物量的预测。与模型预测（图 8-12）相反，切断处理对相连未被寄生分株、整个克隆（两个分株）和南方菟丝子的生物量没有显著影响。在没有克隆整合的情况下，南方菟丝子寄生对蟛蜞菊和南美蟛蜞菊生长的抑制作用相似。当克隆整合存在时，南方菟丝子对蟛蜞菊生长的抑制比南美蟛蜞菊大 50%。

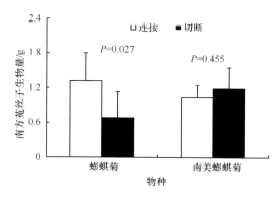

图 8-14 生长在蟛蜞菊和南美蟛蜞菊切断或连接子株上的南方菟丝子的生物量

双因素协方差分析结果如下。协变量（分株对初始生物量）：$F_{1,17}=0.24$，$P=0.630$；寄主植物种类：$F_{1,17}<0.01$，$P=0.942$；切断：$F_{1,17}=1.43$，$P=0.247$；寄主植物种类和切断的交互作用：$F_{1,17}=5.43$，$P=0.032$。柱状图上方给出的 P 值表示双因素方差分析交互作用显著后的比较结果，$P<0.05$ 表示差异显著

8.6.3 植物寄生对 ^{15}N 传输的影响

当南方菟丝子寄生于蟛蜞菊子株时，增加了 ^{15}N 从母株向相连寄生子株的传输（图 8-15）。这为相连分株间的克隆整合提供了直接的证据。然而，寄生并没有影响南美蟛蜞菊相连分株间的资源传输（图 8-15）。这揭示了南方菟丝子寄生引起相连未被寄生蟛蜞菊母株生物量降低，而对南美蟛蜞菊未被寄生生物量无显著影响的生理学机制。

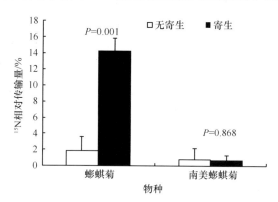

图 8-15 蟛蜞菊或南美蟛蜞菊母株向寄生处理子株 N^{15} 的相对传输量

双因素协方差分析结果如下。协变量（分株对初始生物量）：$F_{1,18}=0.41$，$P=0.530$；寄主植物种类：$F_{1,18}=4.63$，$P=0.045$；寄生：$F_{1,18}=7.79$，$P=0.012$；寄主植物种类和寄生的交互作用：$F_{1,18}=7.04$，$P=0.016$。柱状图上方给出的 P 值表示双因素方差分析交互作用显著后的比较结果，$P<0.05$ 表示差异显著

^{15}N 标记结果表明，南方菟丝子寄生显著提高了蟛蜞菊相连未被寄生分株氮素的输出，但对南美蟛蜞菊相连未被寄生分枝的氮素输出无显著影响。这说明植物寄生诱导的克隆整合在不同克隆植物中存在差异。这种差异似乎不可能仅由资源传输的"源-汇"关系控制，因为南方菟丝子对子株生长的影响在蟛蜞菊和南美蟛蜞菊之间不存在显著差异，可能是由于寄生植物传递到寄主的信号诱导了资源转移，这种信号对蟛蜞菊有效，但对南美蟛蜞菊无效。

当前存在相应的实验证据支持上述解释。有一些证据表明，吲哚乙酸（IAA）等植

物激素会诱导克隆植物之间的资源共享传输（Alpert *et al.*，2002）。资源传输的方向与信号传输方向一致。例如，增加母株端氮素水平能抑制母株生长即促进子株生长，这并不像源-汇关系预测的那样，同等程度地促进克隆母株和子株的生长（Alpert，1996）。另外，有大量实验证据表明，菟丝子属寄生植物能与寄主植物韧皮部和木质部相融合（Koch *et al.*，2004；Birschwilks *et al.*，2006），并向寄主植物传递信使 RNA（mRNA）（Kim *et al.*，2014）、昆虫采食防御信号（Hettenhausen *et al.*，2017；Zhuang *et al.*，2018）和抗盐胁迫信号（Li *et al.*，2020）。此外，寄生植物在不同寄主植物之间的信号传递可能存在差异。例如，Kim 等（2014）报道了五角菟丝子向拟南芥和番茄传递 mRNA 的速率存在显著差异。Taylor 等（1996）发现半寄生植物独脚金寄生引起的寄主植物叶片 ABA 水平增加的程度在不同玉米品种之间存在差异。因此，我们提出了一个新的假设：寄生植物引起的资源输出信号在不同克隆植物之间存在差异，这种差异可能是克隆整合对克隆植物适合度产生不同负面影响的原因。

寄生诱导的克隆整合对克隆植物适合度的负效应在植物群落生物多样性维持中可能发挥重要作用。前人仅关注寄生植物和克隆整合在植物群落多样性维持中的独立效应。寄生植物能改变寄主植物和邻里非寄主植物之间的竞争平衡，往往偏好寄生群落中的优势种，降低优势物种在植物群落中的多度，从而改变群落的结构（Press and Phoenix，2005），削弱竞争优势种对竞争劣势种的竞争排除作用，进而维持植物群落生物多样性（Grewell，2008；Heer *et al.*，2018）。当寄生植物偏好寄生外来入侵植物时，寄生植物能有效抑制外来植物的生物入侵，有效恢复本地群落植物多样性，因此寄生植物常作为外来植物入侵的生物防控材料（Shen *et al.*，2007；Yu *et al.*，2008；Cirocco *et al.*，2017；Těšitel *et al.*，2017，2020；Li *et al.*，2019）。克隆整合能提高克隆植物对异质生境的适应能力（Liu *et al.*，2020），在氮沉降背景下，克隆整合能提高草原植物群落中高大克隆植物的优势度，降低原群落的生物多样性（Gough *et al.*，2012；Dickson *et al.*，2014）。另外，在异质生境中，相比土著克隆植物，克隆整合对外来入侵克隆植物生长的促进作用更强，这可能是植物克隆性和入侵性呈正相关的原因之一（Pyšek *et al.*，1995；Pyšek，1997；Liu *et al.*，2006；Song *et al.*，2013）。本研究结果表明寄生和克隆植物的克隆整合具有交互作用，这可能引起寄生植物和克隆植物的克隆整合对群落生物多样性影响发生变化。

克隆整合对克隆植物适合度的负面影响不仅仅局限于寄生植物的寄生作用。寄生性动物个体的增大或寄生性真菌丰度的增加也会促进对寄主植物资源的掠夺，激发相连分株间的资源传输；当分株间感染率不同时，资源向重度感染分株的传输将会诱导克隆植物克隆整合对整个克隆适合度产生负面影响。由此推测，任何引起克隆分株上发生资源持续流失的因素均可能诱发克隆整合的负效应，导致克隆植物的适合度降低。

8.7　小　　结

南方菟丝子寄生显著降低加拿大一枝黄花株高、基径、主根长度和根直径，显著降低根生物量、茎生物量、叶生物量和总生物量以及花序数、花序主轴长和花序分枝数；尤其是株高、花序数、茎生物量 3 个指标，被南方菟丝子寄生的植株仅分别为无寄生植株的 1/2、1/5 和 1/8。南方菟丝子的寄生强度对加拿大一枝黄花的株高、根长、茎生物量、总生物量等指标没有显著影响，但高强度寄生组的基径、根直径、叶生物量、根生物量、花序数、花序主轴长、花序分枝数等指标均显著低于低强度寄生组。南方菟丝子寄生显著增加加拿大一枝黄花根中鞣质含量和茎中黄酮含量。加拿大一枝黄花的生物量与根中鞣质含量及茎中黄酮含量存在显著负相关。这表明南方菟丝子寄生于加拿大一枝黄花后，除了减少其资源获取外，还可能通过改变资源分配方式等途径进一步抑制其生长。

南方菟丝子寄生极显著降低了一年蓬的根长，但对土荆芥与鬼针草的根长无显著影响；南方菟丝子寄生显著或极显著降低了3种入侵植物的茎长与总长，尤其是一年蓬，分别降低了67.4%和63.4%；南方菟丝子寄生极显著降低了一年蓬的根、茎、叶和总生物量；极显著降低了土荆芥的茎生物量和总生物量，显著降低了其叶生物量，但对其根生物量没有显著影响；极显著降低了鬼针草的茎、叶和总生物量，但对其根生物量没有显著影响。南方菟丝子寄生可以极显著提高3种入侵植物的根冠比。

南方菟丝子寄生34天之后，3种程度的寄生均可显著抑制鬼针草的生长。寄生III处理组的南方菟丝子生物量显著大于寄生I和寄生II处理组。不同寄生强度对鬼针草生长的影响具有一定的差异。寄生II和寄生III处理组的鬼针草株高与冠幅显著低于寄生I处理组，但相互之间不存在显著性差异；寄生II处理组的鬼针草总叶面积、根长和根体积均显著低于寄生I处理组，寄生III处理组的总叶面积高于寄生II处理组，但与寄生I及寄生II处理组之间不存在显著性差异；寄生III处理组的根体积和根长显著高于寄生II处理组，但与寄生I处理组之间不存在显著性差异；寄生II和寄生III处理组的鬼针草叶生物量、茎生物量、地上生物量、地下生物量和总生物量均显著低于寄生I处理组，但相互之间不存在显著性差异。与对照相比，不同程度寄生下鬼针草的 NAR 和 RGR 极显著或显著降低。寄生II处理组的鬼针草 RGR 极显著低于寄生I处理组，寄生III处理组的鬼针草 RGR 高于寄生II处理组，但寄生III及寄生II处理组之间不存在显著性差异。寄生II与寄生III处理组的鬼针草 NAR 显著低于寄生I处理组，但相互之间也不存在显著性差异。寄生II处理组的累积生物量要极显著低于对照组和寄生I处理组，寄生III处理组的累积生物量要极显著高于寄生II处理组，但极显著低于对照组，表明寄生III处理组的鬼针草产生了低补偿生长。由于南方菟丝子寄生显著抑制入侵植物的生物量，因此南方菟丝子仍具有防治入侵植物的潜力。

外来入侵寄主植物上生长的寄生植物的生物量要显著高于同属的本土非入侵寄主植物。寄生植物对外来入侵寄主植物的影响比对本土非入侵寄主植物的影响更大。寄生植物对寄主的危害强度与寄主植物的生长量呈显著正相关。寄生植物引起的危害强度与寄主的生长速率或资源利用效率呈显著正相关。这可能是寄生植物在入侵寄主植物上生长更旺盛，带来更多危害的原因。这些结果表明本地寄生植物可以作为一种有效的生物控制媒介，减少入侵植物在入侵群落中的优势度。

蟛蜞菊分株间的克隆整合作用对寄生分株的生物量没有影响，然而，相连未寄生分株生物量则发生了变化。相比之下，克隆整合对南美蟛蜞菊克隆分株对及南方菟丝子的生物量没有任何影响。寄生引起蟛蜞菊中 ^{15}N 从未寄生分株向寄生分株的传输速率提高7倍，但是没有影响南美蟛蜞菊 ^{15}N 的传输。寄生能引起植物克隆整合对克隆植物适合度产生负面影响，因为寄生能引起未被寄生相连分株向寄生植物源源不断地传输资源，从而降低了克隆分株对的适合度。这些结果首次阐明寄生诱导的克隆整合能降低克隆植物的适合度，也有助于揭示寄生植物在植物群落水平上的影响机制。

主要参考文献

邓雄, 冯惠玲, 叶万辉, 等. 2003. 寄生植物菟丝子防治外来种薇甘菊研究初探. 热带亚热带植物学报,
　　11(2): 117-122

丁莹, 洪文秀, 左胜鹏. 2017. 外来植物土荆芥入侵的化学基础探讨. 中国农学通报, 33(31): 127-131

董梅, 陆建忠, 张文驹, 等. 2006. 加拿大一枝黄花: 一种正在迅速扩张的外来入侵植物. 植物分类学报,
　　44(1): 72-85

方芳, 茅玮, 郭水良. 2005. 入侵杂草一年蓬的化感作用研究. 植物研究, 25(4): 449-452

郭连金, 徐为红, 孙海玲, 等. 2009. 喜旱莲子草入侵对乡土植物群落组成及植物多样性的影响. 草业
　　科学, 26(7): 137-142

郭水良, 李扬汉. 1995. 我国东南地区外来杂草研究初报. 杂草科学, (2): 4-8

郝建华, 刘倩倩, 强胜. 2009. 菊科入侵植物鬼针草的繁殖特征及其与入侵性的关系. 植物学报, 44(6):
　　656-665

胡飞, 孔垂华, 张朝贤, 等. 2005. 日本菟丝子对寄主的选择行为. 应用生态学报, 16(2): 323-327

黄华, 郭水良. 2005. 外来入侵植物加拿大一枝黄花繁殖生物学研究. 生态学报, 25(11): 2795-2803

黄忠良, 曹洪麟, 梁晓东, 等. 2000. 不同生境和森林内薇甘菊的生存与危害状况. 热带亚热带植物学
　　报, 8(2): 131-138

蒋华伟. 2008. 外来入侵植物加拿大一枝黄花生态适应特点及其控制策略. 金华: 浙江师范大学硕士学
　　位论文

蒋华伟, 方芳, 郭水良. 2008. 日本菟丝子(*Cuscuta japonica*)寄生对加拿大一枝黄花(*Solidago canadensis*)
　　生理生态特性的影响. 生态学报, 28(1): 399-406

金攀, 杨利民, 韩梅. 2011. 一年蓬水浸液对 5 种植物化感作用的研究. 吉林农业大学学报, 33(1): 36-41,
　　46

金子明, 黄怡清, 何霖威, 等. 2013. 日本菟丝子寄生对加拿大一枝黄花营养生长和有性繁殖的影响.
　　安徽农学通报, 19(22): 28-31

雷抒情, 王海洋, 杜国祯, 等. 2005. 刈割后两种不同体型植物的补偿式样对比研究. 植物生态学报,
　　29(5): 740-746

李钧敏, 董鸣. 2011. 植物寄生对生态系统结构和功能的影响. 生态学报, 31(4): 1174-1184

李宽意, 李艳敏, 刘正文. 2008. 叶片损害强度与机制营养水平对苦草补偿性生长的影响. 应用生态学
　　报, 19(11): 2369-2374

李鸣光, 张炜银, 廖文波. 2000. 薇甘菊研究历史与现状. 生态科学, 19(3): 41-54

李振宇, 解焱. 2002. 中国外来入侵种. 北京: 中国林业出版社

廖飞勇, 何平. 2002. 不同照度对薇甘菊光合性状的影响. 中南林学院学报, 22(4): 36-39

芦站根, 周文杰, 时丽冉, 等. 2007. 3 种外来植物入侵的风险性评估研究及防治对策. 安徽农业科学,
　　35(12): 3587

陆建忠, 翁恩生, 吴晓雯, 等. 2007. 加拿大一枝黄花在中国的潜在入侵区预测. 植物分类学报, 45(5):
　　670-674

马红彬, 余治家. 2006. 放牧草地植物补偿效应的研究进展. 农业科学研究, 27(1): 63-67

马丽云, 杨红江, 杜晓君, 等. 2007. 不同药剂防除加拿大一枝黄花试验总结. 杂草科学, (2): 56-57

尚春琼, 朱珣之. 2019. 外来植物鬼针草的入侵机制及其防治与利用. 草业科学, 36(1): 47-60

邵华, 彭少麟, 张弛, 等. 2003. 薇甘菊的化感作用研究. 生态学杂志, 22(5): 62-65

谭德远, 郭泉水, 王春玲, 等. 2004. 寄生植物肉苁蓉对寄主梭梭生长及生物量的影响研究. 林业科学
　　研究, 17(4): 472-478

江学敏, 何家庆, 王强, 等. 2011. 南方菟丝子对加拿大一枝黄花的寄生控制效应. 西北植物学报, 31(4): 761-767

王岸英, 张玉茹. 2002. 菊科 8 种鬼针草属(*Bidens* L.)杂草种子的鉴别. 吉林农业大学学报, 24(3): 57-59, 64

王伯荪, 王勇军, 廖文波, 等. 2004. 外来杂草薇甘菊的入侵生态及其治理. 北京: 科学出版社

王如魁, 管铭, 李永慧, 等. 2012. 南方菟丝子寄生对喜旱莲子草生长及群落多样性的影响. 生态学报, 32(6): 1917-1923

吴海荣, 强胜. 2005. 加拿大一枝黄花生物生态学特性及防治. 杂草科学, 23(1): 52-56

席博, 朱志红, 李英年, 等. 2010. 放牧强度和生境资源对高寒草甸群落补偿能力的影响. 兰州大学学报(自然科学版), 46(1): 77-84

徐汝梅, 叶万辉. 2003. 生物入侵: 理论与实践. 北京: 科学出版社: 219-235

杨蓓芬, 杜乐山, 李钧敏. 2015. 南方菟丝子寄生对加拿大一枝黄花生长、繁殖及防御的影响. 应用生态学报, 26(11): 3309-3314

杨蓓芬, 李钧敏. 2012. 南方菟丝子寄生对 3 种入侵植物生长的影响. 浙江大学学报(农业与生命科学版), 38(2): 127-131

昝启杰, 王伯荪, 王勇军, 等. 2003. 薇甘菊的危害与原野菟丝子的防除作用. 植物生态学报, 27(6): 822-828

昝启杰, 王勇军, 王伯荪, 等. 2000. 外来杂草薇甘菊的分布与危害. 生态学杂志, 19(6): 58-61

张静, 闫明, 李钧敏. 2012. 不同程度南方菟丝子寄生对入侵植物鬼针草生长的影响. 生态学报, 32(10): 3136-3143

张谧, 王慧娟, 于长青. 2010. 珍珠草原对不同模拟放牧强度的响应. 草业科学, 27(8): 125-128

中国植物志编辑委员会. 1979. 中国植物志. 第二十五卷 第二分册. 北京: 科学出版社

中国植物志编辑委员会. 1985. 中国植物志. 第七十四卷. 北京: 科学出版社

周健, 马丹炜, 陈永甜, 等. 2016. 土荆芥挥发性化感物质对蚕豆叶表皮保卫细胞的影响. 广西植物, 36(8): 963-968, 992

Alpert P, Bone E, Holzapfel C. 2000. Invasiveness, invasibility, and the role of environmental stress in preventing the spread of non-native plants. Perspectives in Plant Ecology, Evolution and Systematics, 3(1): 52-66

Alpert P, Holzapfel C, Benson J M. 2002. Hormonal modification of resource sharing in the clonal plant *Fragaria chiloensis*. Functional Ecology, 16(2): 191-197

Alpert P, Mooney H A. 1986. Resource sharing among ramets in the clonal herb, *Fragaria chiloensis*. Oecologia, 70(2): 227-233

Alpert P. 1996. Nutrient sharing in natural clonal fragments of *Fragaria chiloensis*. Journal of Ecology, 84: 395-406

Alpert P. 1999. Clonal integration in *Fragaria chiloensis* differs between populations: ramets from grassland are selfish. Oecologia, 120(1): 69-76

Alpert P. 2006. The advantages and disadvantages of being introduced. Biological Invasions, 8(7): 1523-1534

Birschwilks M, Haupt S, Hofius D, *et al.* 2006. Transfer of phloem mobile substances from the host plants to the holoparasite *Cuscuta* sp. Journal of Experimental Botany, 57(4): 911-921

Callaway R M, Deluca T H, Belliveau W M. 1999. Biological-control herbivores may increase competitive ability of the noxious weed *Centaurea maculosa*. Ecology, 80(4): 1196-1201

Callaway R M, Maron J L. 2006. What have exotic plant invasions taught us over the past 20 years? Trends in Ecology and Evolution, 21(7): 369-374

Callaway R M, Pennings S C, Richards C L. 2003. Phenotypic plasticity and interactions among plants. Ecology, 84(5): 1115-1128

Cameron D D, Coats A M, Seel W E. 2006. Differential resistance among host and non-host species underlies the variable success of the hemi-parasitic plant *Rhinanthus minor*. Annals of Botany, 98(6): 1289-1299

Cameron D D, Geniez J M, Seel W E, et al. 2008. Suppression of host photosynthesis by the parasitic plant *Rhinanthus minor*. Annals of Botany, 101(4): 573-578

Cirocco R M, Facelli J M, Watling J R. 2016. Does light influence the relationship between a native stem hemiparasite and a native or introduced host? Annals of Botany, 117(3): 521-531

Cirocco R M, Facelli J M, Watling J R. 2017. Does nitrogen affect the interaction between a native hemiparasite and its native or introduced leguminous hosts? New Phytologist, 213(2): 812-821

Cogni R. 2010. Resistance to plant invasion? A native specialist herbivore shows preference for and higher fitness on an introduced host. Biotropica, 42(2): 188-193

Corbin J D, D'Antonio C M. 2004. Competition between native perennial and exotic annual grasses: implications for an historical invasion. Ecology, 85(5): 1273-1283

Culliney T W. 2005. Benefits of classical biological control for managing invasive plants. Critical Reviews in Plant Sciences, 24(2): 131-150

De Kroon H, Van Groenendael J. 1997. The Ecology and Evolution of Clonal Plants. Leiden: Backhuys

Debach P. 1974. Biological Control by Natural Enemies. Cambridge: Cambridge University Press

Demey A, De Frenne P, Baeten L, et al. 2015. The effects of hemiparasitic plant removal on community structure and seedling establishment in semi-natural grasslands. Journal of Vegetation Science, 26(3): 409-420

Dickson T L, Mittelbach G G, Reynolds H L, et al. 2014. Height and clonality traits determine plant community responses to fertilization. Ecology, 95(9): 2443-2452

Dong B C, Alpert P, Guo W, et al. 2012. Effects of fragmentation on the survival and growth of the invasive, clonal plant *Alternanthera philoxeroides*. Biological Invasions, 14(6): 1101-1110

Dong B C, Alpert P, Zhang Q, et al. 2015. Clonal integration in homogeneous environments increases performance in *Alternanthera philoxeroides*. Oecologia, 179(2): 393-400

Evans J P. 1991. The effect of resource integration on fitness related traits in a clonal dune perennial, *Hydrocotyle bonariensis*. Oecologia, 86(2): 268-275

Gao F L, Alpert P, Yu F H. 2021. Parasitism induces negative effects of physiological integration in a clonal plant. New Phytologist, 229(1): 585-592

Gough L, Gross K J, Cleland E E, et al. 2012. Incorporating clonal growth form clarifies the role of plant height in response to nitrogen addition. Oecologia, 169(4): 1053-1062

Grewell B J. 2008. Parasite facilitates plant species coexistence in a coastal wetland. Ecology, 89(6): 1481-1488

Grime J P, Campbell B D, Mackey J M L, et al. 1991. Root plasticity, nitrogen capture and competitive ability. *In*: Atkinson D. Plant Root Growth. Oxford: Blackwell Scientific Publications: 381-397

Gruntman M, Novoplansky A. 2004. Physiologically mediated self/non-self discrimination in roots. Proceedings of the National Academy of Sciences of the United States of America, 101(11): 3863-3867

Heer N, Klimmek F, Zwahlen C, et al. 2018. Hemiparasite-density effects on grassland plant diversity, composition and biomass. Perspectives in Plant Ecology Evolution and Systematics, 32: 22-29

Hettenhausen C, Li J, Zhuang H, et al. 2017. Stem parasitic plant *Cuscuta australis* (dodder) transfers herbivory-induced signals among plants. Proceedings of the National Academy of Sciences of the United States of America, 114(32): 6703-6709

Jeschke W D, Bäumel P, Räth N, et al. 1994. Modelling of the flows and partitioning of carbon and nitrogen in the holoparasite *Cuscuta reflexa* Roxb. and its host *Lupinus albus* L.: Ⅱ. Flows between host and parasite and within the parasitized host. Journal of Experimental Botany, 45(6): 801-812

Jiang F, Jeschke D W, Hartung W, et al. 2010. Interactions between *Rhinanthus minor* and its hosts: a review of water, mineral nutrient and hormone flows and exchanges in the hemiparasitic association. Folia Geobotanica, 45(4): 369-385

Jogesh T, Carpenter D, Cappuccino N. 2008. Herbivory on invasive exotic plants and their non-invasive relatives. Biological Invasions, 10(6): 797-804

Jónsdóttir I S, Callaghan T V. 1989. Localized defoliation stress and the movement of ^{14}C-photoassimilates between tillers of *Carex bigelowii*. Oikos, 54: 211-219

Julien M H, Skarratt B, Maywald G F. 1995. Potential geographical distribution of alligator weed and its biological control by *Agasicles hygrophila*. Journal of Aquatic Plant Management, 33(4): 55-60

Keane R M, Crawley M J. 2002. Exotic plant invasions and the enemy release hypothesis. Trends in Ecology and Evolution, 17(4): 164-170

Kim G, LeBlanc M L, Wafula E K, et al. 2014. Genomic-scale exchange of mRNA between a parasitic plant and its hosts. Science, 345(6198): 808-811

Klimešová J, De Bello F. 2009. CLO-PLA: the database of clonal and bud traits of central European flora. Journal of Vegetation Science, 20(3): 511-516

Koch A M, Binder C, Sanders I R. 2004. Does the generalist parasitic plant *Cuscuta campestris* selectively forage in heterogeneous plant communities? New Phytologist, 162(1): 147-155

Lepš J, Těšitel J. 2015. Root hemiparasites in productive communities should attack competitive hosts and harm them to make regeneration gaps. Journal of Vegetation Science, 26(3): 407-408

Li J M, Jin Z X, Song W J. 2012. Do native parasitic plants cause more damage to exotic invasive hosts than native non-invasive hosts? An implication for biocontrol. PLoS One, 7(4): e34577

Li J M, Odour A M O, Yu F H, et al. 2019. A native parasitic plant and soil microorganisms facilitate a native plant co-occurrence with an invasive plant. Ecology and Evolution, 9(15): 8652-8663

Li S, Zhang J, Liu H, et al. 2020. Dodder transmitted mobile signals prime host plants for enhanced salt tolerance. Journal of Experimental Botany, 71(3): 1171-1184

Liu J, Chen C, Pan Y, et al. 2020. The intensity of simulated grazing modifies costs and benefits of physiological integration in a rhizomatous clonal plant. International Journal of Environmental Research and Public Health, 17(8): e2724

Liu J, Dong M, Miao S L, et al. 2006. Invasive alien plants in China: role of clonality and geographical origin. Biological Invasions, 8(7): 1461-1470

Lowe S, Browne M, Boudjelas S. 2001. 100 of the world's worst invasive alien species, a selection from the Global Invasive Species Database. IUCN/SSC Invasive Species Specialist Group (ISSG), Auckland, New Zealand

Luque G M, Bellard C, Bertelsmeier C, et al. 2014. The 100th of the world's worst invasive alien species. Biological Invasions, 16(5): 981-985

Mack R N, Simberloff D, Lonsdale W M, et al. 2000. Biotic invasions: causes, epidemiology, global consequences, and control. Ecological Applications, 10(3): 689-710

Marshall C. 1990. Source-sink relations of interconnected ramets. *In*: Van Groenendael J, De Kroon H. Clonal growth in plants: regulation and function. The Hague: SPB Academic Publishing: 23-41

Marvier M A, Smith D L. 1997. Conservation implications of host use for rare parasitic plants. Conservation Biology, 11(4): 839-848

Matthies D. 1995. Parasitic and competitive interactions between the hemiparasites *Rhinanthus serotinus* and *Odontites rubra* and their host *Medicago sativa*. Journal of Ecology, 83(2): 245-251

Matthies D. 1997. Parasite-host interaction in *Castilleja* and *Orthocarpus*. Canadian Journal of Botany, 75(8): 1252-1260

Messing R H, Wright M G. 2006. Biological control of invasive species: solution or pollution? Frontiers in Ecology and the Environment, 4(3): 132-140

Oborny B, Kun A, Czárán T, et al. 2000. The effect of clonal integration on plant competition for mosaic habitat space. Ecology, 81(12): 3291-3304

Ong C K, Marshall C. 1979. The growth and survival of severely shaded tillers in *Lolium perenne* L. Annals of Botany, 43: 147-155

Parker C. 1972. The Mikania problem. Pest Articles and News Summaries, 18(3): 312-315

Parker I M, Gilbert G S. 2007. When there is no escape: the effects of natural enemies on native, invasive and noninvasive plants. Ecology, 88(5): 1210-1224

Parker J D, Burkepile D E, Hay M E. 2006. Effects of native and exotic herbivores on plant invasions. Science, 311(5766): 1459-1461

Pearson D E, Callaway R M. 2003. Indirect effects of host-specific biological control agents. Trends in Ecology and Evolution, 18(9): 456-461

Pennings S C, Callaway R M. 2002. Parasitic plants: parallels and contrasts with herbivores. Oecologia, 131(4): 479-489

Pitelka L F, Ashmun J W. 1985. Physiology and integration of ramets in clonal plants. *In*: Jackson J B C, Buss L W, Cook R E. Population Biology and Evolution of Clonal Organisms. New Haven: Yale University Press: 399-435

Press M C, Phoenix G K. 2005. Impacts of parasitic plants on natural communities. New Phytologist, 166(3): 737-751

Prider J, Watling J, Facelli J M. 2009. Impacts of a native parasitic plant on an introduced and a native host species: implications for the control of an invasive weed. Annals of Botany, 103(1): 107-115

Pyšek P, Prach K, Smilauer P. 1995. Relating invasion success to plant traits: an analysis of the Czech alien flora. *In*: Pyšek P, Prach K, Rejmánek M, *et al*. Plant invasions: general aspects and special problems. Amsterdam: SPB Academic Publishing: 39-60

Pyšek P. 1997. Clonality and plant invasions: can a trait make a difference. *In*: De Kroon H, Van Groenendael J M. The Ecology and Evolution of Clonal Plants. Leiden: Backhuys: 405-427

Richardson D M, Holmes P M, Esler K J, *et al*. 2007. Riparian vegetation: degradation, alien plant invasions, and restoration prospects. Diversity and Distributions, 13(1): 126-139

Roiloa S R, Alpert P, Tharayil N, *et al*. 2007. Capacity for division of labour in clones of *Fragaria chiloensis* is greater in patchier habitats. Journal of Ecology, 95(3): 397-405

Sheley R L, Krueger-Mangold J. 2003. Principles for restoring invasive plant-infested rangeland. Weed Science, 51(2): 260-265

Shen H, Hong L, Ye W H, *et al*. 2007. The influence of the holoparasitic plant *Cuscuta campestris* on the growth and photosynthesis of its host *Mikania micrantha*. Journal of Experimental Botany, 58(11): 2929-2937

Shen H, Ye W H, Hong L, *et al*. 2005. Influence of the obligate *Cuscuta campestris* on growth and biomass allocation of its host *Mikania micrantha*. Journal of Experimental Botany, 56(415): 1277-1284

Simberloff D, Stiling P. 1996. Risks of species introduced for biological control. Biological Conservation, 78(1-2): 185-192

Simmons M T. 2005. Bullying the bullies: the selective control of an exotic, invasive annual (*Rapistrum rugosum*) by oversowing with a competitive native species (*Gaillardia pulchella*). Restoration Ecology, 13(4): 609-615

Song Y B, Yu F H, Keser L H, *et al*. 2013. United we stand, divided we fall: a meta-analysis of experiments on clonal integration and its relationship to invasiveness. Oecologia, 171(2): 317-327

Suetsugu K, Kawakita A, Kato M. 2008. Host range and selectivity of the hemiparasitic plant *Thesium chinense* (Santalaceae). Annals of Botany, 102(1): 49-55

Sui X L, Zhang T, Tian Y Q, *et al*. 2019. A neglected alliance in battles against parasitic plants: arbuscular mycorrhizal and rhizobial symbioses alleviate damage to a legume host by root hemiparasitic *Pedicularis* species. New Phytologist, 221(1): 470-481

Taylor A, Martin J, Seel W E. 1996. Physiology of the parasitic association between maize and witchweed (*Striga hermonthica*): is ABA involved? Journal of Experimental Botany, 47(8): 1057-1065

Těšitel J, Cirocco R M, Facelli J M, *et al*. 2020. Native parasitic plants: biological control for plant invasions? Applied Vegetation Science, 23(3): 464-469

Těšitel J, Mládek J, Horník J, *et al*. 2017. Suppressing competitive dominants and community restoration with native parasitic plants using the hemiparasitic *Rhinanthus alectorolophus* and the dominant grass *Calamagrostis epigejos*. Journal of Applied Ecology, 54(5): 1487-1495

Thomas M B, Reid A M. 2007. Are exotic natural enemies an effective way of controlling invasive plants? Trends in Ecology and Evolution, 22(9): 447-453

Torchin M E, Mitchell C E. 2004. Parasites, pathogens, and invasions by plants and animals. Frontiers in Ecology and the Environment, 2(4): 183-190

Van Kleunen M, Weber E, Fischer M. 2010. A meta-analysis of trait differences between invasive and non-invasive plant species. Ecology Letters, 13(2): 235-245

Van Molken T, Sundelin T, Snetselaar R, *et al.* 2011. Highways for internal virus spread: patterns of virus movement in the stoloniferous herb *Trifolium repens*. Botany-Botanique, 89(8): 573-579

Vilá M, Weiner J. 2004. Are invasive plants species better competitors than native plant species? Evidence from pair-wise experiments. Oikos, 105(2): 229-238

Wang P, Alpert P, Yu F H. 2016. Clonal integration increases relative competitive ability in an invasive aquatic plant. American Journal of Botany, 103(12): 2079-2086

Wang P, Li H, Pang X Y, *et al.* 2017b. Clonal integration increases tolerance of a phalanx clonal plant to defoliation. Science of the Total Environment, 593: 236-241

Wang P, Xu Y S, Dong B C, *et al.* 2014. Effects of clonal fragmentation on intraspecific competition of a stoloniferous floating plant. Plant Biology, 16(6): 1121-1126

Wang Y J, Müller-Scharer H, Van Kleunen M, *et al.* 2017a. Invasive alien plants benefit more from clonal integration in heterogeneous environments than natives. New Phytologist, 216(4): 1072-1078

Weber E, Sun S G, Li B. 2008. Invasive alien plants in China: diversity and ecological insights. Biological Invasions, 10(8): 1411-1429

Yu H, He W M, Liu J, *et al.* 2009. Native *Cuscuta campestris* restrains exotic *Mikania micrantha* and enhances soil resources beneficial to natives in the invaded communities. Biological Invasions, 11(4): 835-844

Yu H, Liu J, He W M, *et al.* 2011. *Cuscuta australis* restrains three exotic invasive plants and benefits native species. Biological Invasions, 13(3): 747-756

Yu H, Yu F H, Miao S L, *et al.* 2008. Holoparasitic *Cuscuta campestris* suppresses invasive *Mikania micrantha* and contributes to native community recovery. Biological Conservation, 141(10): 2653-2661

Zhang L Y, Ye W H, Cao H, *et al.* 2004. *Mikania micrantha* H.B.K. in China: an overview. Weed Research, 44(1): 42-49

Zhuang H, Li J, Song J, *et al.* 2018. Aphid (*Myzus persicae*) feeding on the parasitic plant dodder (*Cuscuta australis*) activates defense responses in both the parasite and soybean host. New Phytologist, 218(4): 1586-1596

第 9 章　环境因子对菟丝子属植物
寄生效果的影响

寄生植物成功寄生寄主植物受到多种因素的影响。Wu 等（2013）发现原野菟丝子与寄主微甘菊的距离为 4cm，寄生成功率为 0，原野菟丝子幼苗不能寄生于直径为 0.3cm 的微甘菊，表明原野菟丝子的有效寄生距离内缺少合适的微甘菊可能是限制原野菟丝子寄生的主要原因。Wu 等（2013）还发现菟丝子种子萌发和微甘菊萌发的最高温度分别为 26℃和 30℃，表明不同的温度也可能会降低菟丝子属植物成功寄生微甘菊的可能性。胡飞和孔垂华（2003）认为寄生植物对寄主的选择主要由寄生植物的识别和吸器侵入能力、寄主植物防御能力和寄主资源对寄生植物生长的影响三方面来确定的。Watson（2009）提出的寄主质量假说（host-quality hypothesis）认为寄生植物有可能在获得更多资源（指水分、营养或其他限制寄主植物的资源）的寄主上成功寄生。另外，寄生植物的生长也受到土壤中矿质元素（氮素）的限制（Lebauer and Treseder，2008；Pennings and Simpson，2008）。本章分析了外源钙离子、盐、基质养分等环境因子对菟丝子属植物寄生效果的影响。

9.1　外源钙离子对南方菟丝子寄生入侵植物喜旱莲子草效果的影响

在植物必需的营养元素中，钙具有极其重要的作用，它在植物生长发育及许多生理活动中起着重要作用。对植物来说，钙不仅是一种大量的营养元素，而且是植物代谢和发育的主要调控者，尤其是在植物响应外界环境胁迫时（Aurisano et al.，1995）更为重要。目前，越来越多的研究关注外源钙离子在植物响应各类生物与非生物因子胁迫而诱导的生理反应中的作用（Bowler and Fluhr，2000）。

植物在受到非生物胁迫时，细胞质内钙离子浓度显著升高，能够将外界环境胁迫信号转导到细胞内，通过调节基因表达诱导一些生理生化代谢途径的改变（胡晓辉，2006）。外源钙离子浓度的升高可以引起植保素的积累（Kurosaki et al.，1987），可以增加植物的抗性（石延霞等，2007）。另外，研究发现钙在胞间层可以形成多聚半乳糖醛酸钙，提高细胞壁的稳定性，通过改善植株结构（细胞膜、细胞壁等）来抵御病原菌的入侵（Wisniewski et al.，2007）。

寄生植物掠夺寄主植物的养分，通常会给后者的生长、繁殖和生理代谢等带来负面影响，这在很多研究中已得到证实（黄新亚等，2011），但寄生植物诱导寄主植物产生一系列生理与形态反应的生理生化通路仍是未知的。钙离子作为第二信使介导的信号转导在植物响应外界环境胁迫的生理生化变化中起到重要的作用（Dodd et al.，2010）。大花菟丝子寄生于番茄后首先会引起吸器周围寄主细胞钙离子的释放（Albert et al.，2010）。

有关寄生植物诱导植物体内钙离子变化的相关研究较少，而有关外源钙离子对寄生植物与寄主相关作用影响的研究未见报道。那么，外源钙离子对寄生植物引起的寄主的变化是否有影响呢？基于钙离子在生理活动中的作用，外源钙离子对寄生植物引起的寄生的变化具有拮抗作用，可以增强寄主对寄生植物的耐受性。

本节以水培入侵植物喜旱莲子草为研究对象，分析外源钙离子与南方菟丝子寄生是否可以交互影响入侵植物喜旱莲子草的生长，探讨外源钙离子是否可以减少南方菟丝子对喜旱莲子草造成的损伤，研究结果不仅可以用于探讨钙离子在寄生植物与寄主相互作用中的可能机制，而且可为菟丝子属植物防治入侵植物提供理论参考依据（车秀霞等，2013；陈惠萍等，2014）。

9.1.1 外源钙离子对南方菟丝子寄生的喜旱莲子草生物量的影响

研究发现，当钙离子浓度为 2mmol/L 时，南方菟丝子寄生可以显著降低喜旱莲子草的根、茎和叶生物量；当钙离子浓度为 6mmol/L 时，南方菟丝子寄生可以显著降低喜旱莲子草的根与叶生物量，对茎生物量没有显著影响；而在其他钙离子浓度条件下，南方菟丝子寄生对喜旱莲子草的生物量没有显著影响（图 9-1）。这与野外陆生生境中对喜旱莲子草的生态调查结果略有出入（王如魁等，2012）。可能原因有两个：一是由于水培条件下喜旱莲子草的生长可能较为粗壮，对南方菟丝子的寄生具有较强的抵抗能力；二是由于实验采用了 Hogland 营养液进行培养，而全营养条件下生长的喜旱莲子草对南方菟丝子有较强的抵抗能力。方差分析表明，南方菟丝子寄生与外源钙离子的交互作用对喜旱莲子草茎和叶的生长具有显著影响（图 9-1）。

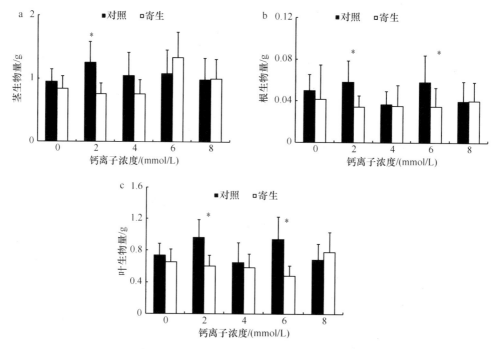

图 9-1　南方菟丝子寄生和外源钙离子添加对喜旱莲子草生物量的影响
a. 茎生物量；b. 根生物量；c. 叶生物量。* $P<0.05$，表示不同处理之间存在显著性差异

当钙离子浓度与南方菟丝子寄生对喜旱莲子草生物量具有显著性影响时，通过计算4个响应值来判断两者之间对茎形态结构的交互作用是协同还是拮抗：寄生响应（PR）=不添加钙离子寄生时的生物量/不添加钙离子无寄生时的生物量；钙离子响应（CR）=无寄生时添加不同浓度钙离子时的生物量/无寄生不添加钙离子时的生物量；期望的总响应值（TR_{pred}）=PR×CR；实际的总响应值（TR_{true}）=寄生且添加不同浓度钙离子时的生物量/无寄生不添加钙离子时的生物量（陈惠萍等，2014）。研究发现不同钙离子浓度下喜旱莲子草茎生物量的 TR_{pred} 均极显著小于 TR_{true}，表明南方菟丝子寄生与钙离子浓度对喜旱莲子草茎生物量存在拮抗的交互作用；而当钙离子浓度为 8mmol/L 时，喜旱莲子草叶生物量的 TR_{pred} 极显著小于 TR_{true}，表明该钙离子浓度与南方菟丝子寄生对喜旱莲子草叶生物量存在拮抗的交互作用（图 9-2）。

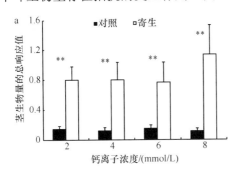
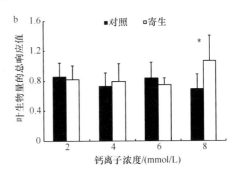

图 9-2　钙离子浓度对喜旱莲子草茎生物量与叶生物量总响应值的影响
*$P<0.05$，表示不同处理之间存在显著性差异；**$P<0.01$，表示不同处理之间存在极显著性差异

9.1.2　外源钙离子对南方菟丝子寄生诱导的喜旱莲子草茎形态结构变化的拮抗作用

9.1.2.1　外源钙离子对茎外部形态的影响

寄生可以显著降低喜旱莲子草茎的总长、分枝数、分节数和茎直径（$P<0.05$），但对节间长没有显著性影响（图 9-3）。外源钙离子的添加对茎总长、分枝数、分节数和茎直径没有显著性影响（$P<0.05$），但对喜旱莲子草的节间长有显著性影响；多重比较显示与不添加钙离子的处理组相比，2mmol/L 钙离子浓度可以显著降低喜旱莲子草茎的节间长（$P<0.05$），但随着钙离子浓度的升高，节间长又恢复至对照组的长度。外源钙离子与南方菟丝子寄生的交互作用对喜旱莲子草茎的形态指标均没有显著性影响（图 9-3）。

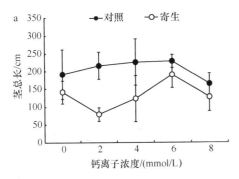
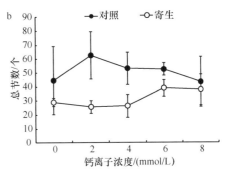

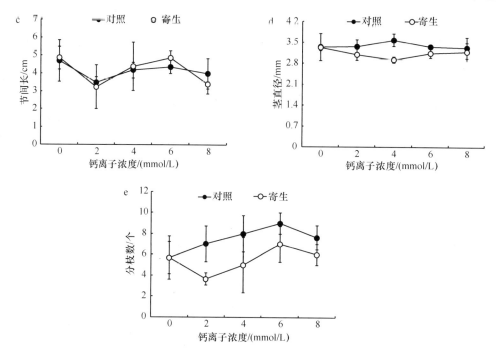

图9-3 不同钙离子浓度下南方菟丝子寄生的喜旱莲子草茎形态的比较
a. 茎总长；b. 总节数；c. 节间长；d. 茎直径；e. 分枝数

9.1.2.2 外源钙离子对茎内部结构的影响

寄生显著降低了喜旱莲子草茎的髓腔直径，显著增加了茎的厚角厚度与皮层厚度（$P<0.05$），但对维管束数目与直径没有显著性影响（图9-4）。外源钙离子的添加对茎的维管束数目、厚角厚度与皮层厚度有显著性影响（$P<0.05$），但对髓腔直径和维管束直径没有显著影响（图9-5）；多重比较显示与对照相比，在低浓度钙离子（2~4mmol/L）存在时，钙离子浓度的增高可以显著增加茎的维管束数目（$P<0.05$），但当浓度增高至6mmol/L时，又恢复至2mmol/L钙离子浓度时的数目；2mmol/L钙离子浓度下，茎的厚角厚度要显著低于其他浓度（$P<0.05$）；在较高浓度的钙离子（6~8mmol/L）存在时，钙离子浓度的增高可以显著降低茎的皮层厚度（$P<0.05$）。

不同钙离子浓度下，厚角厚度与皮层厚度的 TR_{pred} 均小于 TR_{true}，且当钙离子浓度为8mmol/L时，厚角厚度和皮层厚度的 TR_{pred} 与 TR_{true} 之间存在显著或极显著差异，表明南方菟丝子寄生与钙离子浓度对喜旱莲子草茎的厚角厚度与皮层厚度均存在拮抗的交互作用（图9-5）。这种交互作用可以提高喜旱莲子草对南方菟丝子的防御能力，减少寄生植物对寄主植物的损伤，即外源钙离子可以显著降低南方菟丝子对喜旱莲子草的防治效果（车秀霞等，2013）。而外源钙离子诱导的南方菟丝子寄生下喜旱莲子草茎的厚角厚度和皮层厚度的加大可能为外源钙离子减少寄生植物对寄主植物茎的损伤的一个重要机制（车秀霞等，2013）。有研究表明适量的钙离子可以有效地缓解植物在胁迫下受到的毒害（蔡妙珍等，2003；孙存华等，2005；倪才英等，2009），提高植物组织或细胞抗胁迫的能力（黄化刚等，2008）。例如，外源钙离子能降低质膜透性，阻止胞内钾离子的外渗和钠离子的进入，从而提高植物的耐盐性，促进植物的生长（孙存华等，2005）；外源钙离子可以

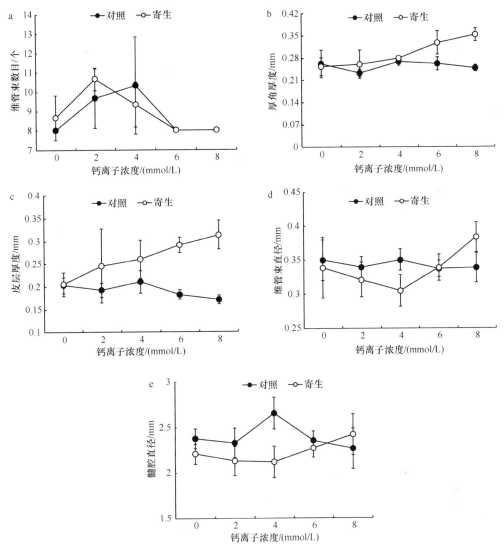

图 9-4　不同钙离子浓度下南方菟丝子寄生的喜旱莲子草茎结构的比较
a. 维管束数目；b. 厚角厚度；c. 皮层厚度；d. 维管束直径；e. 髓腔直径

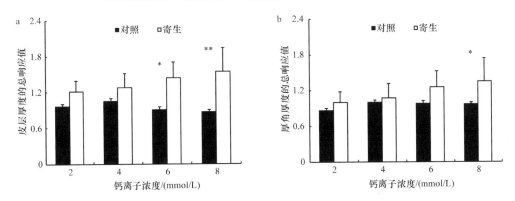

图 9-5　不同钙离子浓度下茎的皮层厚度和厚角厚度总响应值的比较
*P<0.05，表示不同处理之间存在显著性差异；**P<0.01，表示不同处理之间存在极显著性差异

促进超积累植物东南景天的生长，改善其积累锌的能力（黄化刚等，2008）。

9.2 基质养分对鬼针草响应南方菟丝子寄生的影响

研究发现食草动物与生产者营养级之间的交互作用依赖于资源（Ritchie，2000；Shurin *et al.*，2002）。自上而下、自下而上的驱动力可以一起影响植物的行为，但任何一个驱动力都不是独立的（Hargrave，2006；Sieben *et al.*，2011）。在海洋与陆地生态系统中，自上而下与自下而上的效果常是相互作用的（Burkepile and Hay，2006；Hereu *et al.*，2008；Sieben *et al.*，2011），但很少有研究检测对生产者的交互作用及可能的机制。

本节以南方菟丝子和入侵植物鬼针草为研究对象，采用盆栽试验分析基质养分（施肥与不施肥）对鬼针草响应南方菟丝子寄生的影响，并分析协同效应的存在与否（Yang *et al.*，2015）。

9.2.1 基质养分对鬼针草生物量的影响

在未寄生的情况下，养分的添加显著增加了寄主植物鬼针草叶和茎生物量（$P<0.05$）。在寄生存在的情况下，养分的添加对寄主植物的生长没有显著的影响（图9-6）。寄生对寄主的叶、茎和根生物量有显著影响（$P<0.05$），而养分的添加显著增加了寄主的叶和茎生物量（$P<0.05$）（图9-6）。

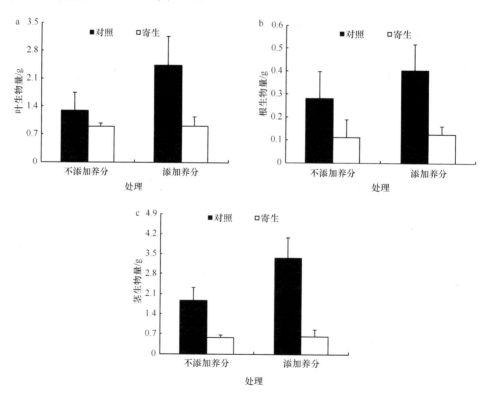

图 9-6 寄生和添加养分对寄主植物鬼针草生物量的影响（平均数±标准差）
a. 叶生物量；b. 根生物量；c. 茎生物量

为了更详细地研究寄生和添加养分对鬼针草相关性状的影响,对鬼针草总生物量的响应值进行了计算(Schädler *et al.*,2007),包括寄生响应(PR,寄生或不寄生的总生物量的变化),养分添加响应(NR,添加或不添加养分的总生物量的变化),期望的寄生×养分的总响应值(TR$_{pred}$;对养分或寄生植物处理的生长响应值)和观察到的寄生×养分的总响应值(TR$_{true}$;总生物量随寄生和添加养分或不寄生和不添加养分的变化)。寄生和添加养分对寄主的茎生物量(TR$_{pred}$=0.5465,TR$_{true}$=0.2520)和叶生物量(TR$_{pred}$=1.2915,TR$_{true}$=0.6530)有协同作用。这一试验结果支持了群落水平的协同效应(Steinauer and Collins,1995;Sieben *et al.*,2011)。

9.2.2 基质养分对鬼针草生理特性的影响

寄生处理显著降低了鬼针草的净光合速率(P_n)、表观羧化效率(CE)和光利用效率(LUE),而添加养分处理下这些指标显著增加(图 9-7)。寄生和添加养分处理都显著增加了寄主鬼针草的比叶面积和叶绿素相对含量(图 9-7),寄生和养分添加对寄主植物的 P_n(TR$_{pred}$=0.5219,TR$_{true}$=0.2956)、CE(TR$_{pred}$=0.5963,TR$_{true}$=0.3352)、LUE(TR$_{pred}$=0.5266,TR$_{true}$=0.2899)、比叶面积(SLA)(TR$_{pred}$=0.5418,TR$_{true}$=0.4483)和叶绿素相对含量(TR$_{pred}$=6.1690,TR$_{true}$=2.5457)具有协同效应,表明添加营养处理增加了叶片养分。

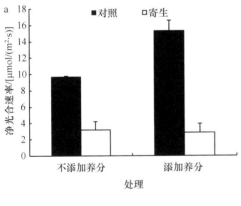
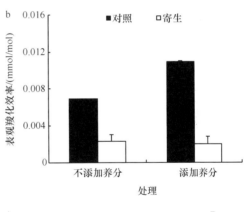
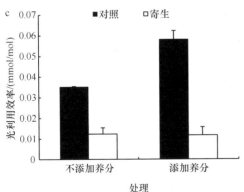
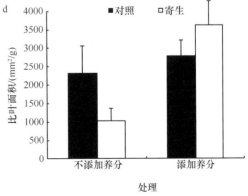

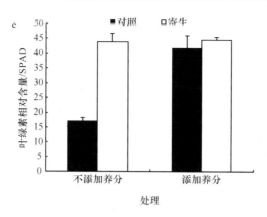

图 9-7　寄生和添加养分处理对鬼针草光合作用相关参数的影响
a. 净光合速率；b. 表观羧化效率；c. 光利用效率；d. 比叶面积；e. 叶绿素相对含量

寄生植物对寄主植物造成的损伤强度采用寄生植物给寄主带来的有害效应（deleterious effect，DE）来表示（Rohr *et al.*，2010；Li *et al.*，2012）。DE 采用一定量的寄生植物被寄生后寄主植物生物量的减少来表示，即 DE =（有寄生植物的寄主植物的平均生物量–无寄生的寄主植物的平均生物量）/寄生植物平均生物量（Li *et al.*，2012）。寄生对寄主生长的有害效应显著高于不添加养分的效应（图 9-8）。添加养分处理增强寄生植物对入侵植物寄主自上而下的有害效应的一个可能解释是：添加养分的级联效应促进了寄生植物的生长，进而增强了寄生植物对寄主植物的有害效应。Yang 等（2015）发现添加养分处理，寄生植物的营养器官生物量与总生物量要显著大于无养分添加的寄主上的寄生植物。自下而上的级联理论表明，添加养分可以促进植物（生产者）的生长，从而促进食草动物（初级消费者）的生长（Hunter and Price，1992）。许多研究表明，植物营养水平对食草动物的生长有促进作用，Lu 等（2007）分析了 115 项研究，发现食草动物在食用含氮量较高的植物时生长得更好；较大的食草动物的存在会导致啃食强度的增加（Turkington，2009），并提高下行控制的影响（Sieben *et al.*，2011），寄生植物的营养器官生物量与寄生植物对寄主生长的有害效应呈显著正相关，表明寄生植株的生长越旺盛，对寄主造成的损害越大。

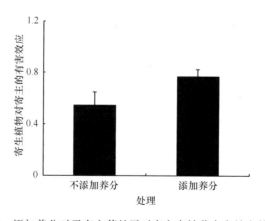

图 9-8　添加养分对于南方菟丝子对寄主鬼针草有害效应的影响

土壤养分有效性可以改变食草动物的取食率和植物之间的种间竞争,从而影响植物群落结构(Garbuzov and Reidinger,2011)。本研究结果表明,添加养分可以增加寄生植物对入侵寄主的有害效应,表明在资源丰富或资源贫乏的生境中寄生植物能控制入侵物种的生长,即使全球资源不断变化,寄生植物也可用于入侵植物的生物防治。

9.3　盐对拟南芥响应原野菟丝子寄生的影响

原野菟丝子对作物的危害性极强,造成作物的大量损失,主要包括苜蓿(*Medicago sativa*)和甜菜(*Beta vulgaris*),产量减少了 50%(Parker,2012)。菟丝子属植物生境分布范围较广,在许多生境中都能生存,如盐沼菟丝子分布在盐沼中,可以在高盐度环境中生长(Grewell,2008)。目前关于菟丝子属植物如何应对非生物胁迫和盐度的研究报道较少。在盐胁迫下盐沼菟丝子寄生在甜菜上,经 250mmol/L NaCl 处理,盐沼菟丝子表现出较低的发芽率,但在 250mmol/L NaCl 时的繁殖力高于较低浓度的盐处理(Frost *et al.*,2003)。

高盐度土壤被认为是一般植物最具挑战的环境因子之一(Munns and Tester,2008),也是农业减产的主要因素(Munns and Gilliham,2015)。植物对盐胁迫的反应涉及多种机制,如通过 Na^+/H^+ 逆向转运蛋白 NHX 和 SOS 转运蛋白排除 Na^+(Deinlein *et al.*,2014)、相容溶质的积累、氨基酸[L-脯氨酸(L-proline)是最重要的](Kaur and Asthir,2015)和非酶或酶促抗氧化防御物质的激活(Munne-Bosch and Pinto-Marijuan,2016)。较高的抗氧化酶活性被认为是耐盐性的一个重要特征(Bose *et al.*,2014),主要的抗氧化酶,即超氧化物歧化酶(SOD)(Gill *et al.*,2015)、过氧化氢酶(CAT)和过氧化物酶(POD)(Zagorchev *et al.*,2016)的活性变化仍作为非生物应激响应的指标被广泛应用于研究。

本节以拟南芥与原野菟丝子为研究对象,测定盐胁迫下 L-脯氨酸含量及过氧化氢酶、超氧化物歧化酶和过氧化物酶活性,以期研究拟南芥对非生物胁迫(盐)和生物胁迫(原野菟丝子寄生)结合的响应,以及寄生植物本身的盐胁迫反应(Zagorchev *et al.*,2018)。

9.3.1　盐对拟南芥及原野菟丝子生长的影响

非生物胁迫因子对寄生植物的影响是直接的、与寄主无关的或间接的、受到寄主介导的。研究发现,原野菟丝子种子的发芽率不受土壤盐处理的影响,发芽率为 70%左右。在 150mmol/L NaCl 的高盐(high salt,HS)处理时,发芽时间延迟到 7 天,而在无盐(no salt,NS)和 50mmol/L NaCl 的低盐(low salt,LS)处理时,发芽时间则是 5 天。在 HS 处理下,初代吸器的形成时间推迟到发芽后 5~6 天,而在 NS 和 LS 处理下则是 3~4 天。被寄生的部位不受盐胁迫的影响,吸器会在叶柄处、叶片上下表面或花序柄上形成(图 9-9)。在前两种情况下,被寄生的叶片逐渐失去绿色、收缩,而在未被寄生的植物叶片中没有观察到明显的变化。在高盐处理中,萌发时间的延迟及寄生是原野菟丝子对盐胁迫的直接响应,在盐胁迫/干旱条件下种子萌发对大多数植物物种来说是一个重大挑战(Song *et al.*,2005),尽管如此,在一定条件下寄生植物仍能够发芽并寄生寄主。

图 9-9　原野菟丝子寄生在拟南芥的发育阶段及其在拟南芥上的寄生位点
a. 种子萌发；b. 幼苗向寄主植物生长；c. 在寄主植物周围逆时针旋转；d. 形成吸器；e. 物质积累和二级茎的形成。
原野菟丝子寄生在拟南芥的不同位点：f. 叶片；g. 叶片表面；h. 花序轴

　　随后，寄生植物受到寄主介导的胁迫影响。本研究中，大多数盐胁迫对原野菟丝子的影响是通过寄主介导的间接效应观察到的，盐胁迫和原野菟丝子寄生显著降低了拟南芥植株的鲜重积累（图 9-10a），原野菟丝子寄生导致寄主植物有近 50% 的鲜重减少，LS处理下有超过 50% 的鲜重减少；寄生植物鲜重在盐处理下也有大幅下降（图 9-10b）；同时，寄生植物与寄主的鲜重比变化不显著（图 9-10c），表明这是由于寄主生物量利用率较低产生的有害效应。

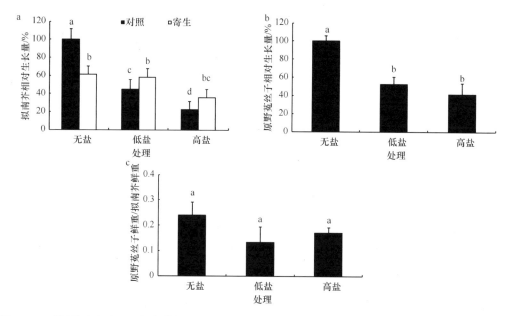

图 9-10　不同盐浓度处理下拟南芥相对生长量（a）、原野菟丝子相对生长量（b）及原野菟丝子与拟南芥鲜重比值（c）
图中数据表示平均值和标准误，不同字母表示在 $P < 0.05$（t 检验）水平有显著性差异

9.3.2　盐对原野菟丝子寄生下拟南芥生理特性的影响

在被寄生部位和被寄生的叶片中，测定的生化指标大多受寄生的影响，寄生与盐度交互作用也更显著（图 9-11～图 9-13）。对未寄生的拟南芥叶片（niA）、寄生的拟南芥无吸器的叶片（iA）及寄生的拟南芥有吸器形成的叶片（iL）分别测定了 L-脯氨酸浓度，并对吸器部位（iS）进行了 SOD、CAT 和 POD 活性的测定。研究发现在被寄生的拟南芥中，L-脯氨酸浓度略有增加但不显著（图 9-11）。被寄生的拟南芥 CAT 活性与未被寄生的相比有所减少，然而在寄生部位中，被寄生的拟南芥 CAT 活性比未被寄生的高。与未被寄生叶片（iA）和寄生部位（iS）相比，被寄生的叶片中 POD 活性也明显降低。方差分析表明，与被寄生相关的酶活性变化在 iS 中总体上比在 iL 中更显著，在被寄生的拟南芥植株无吸器的叶片（iA）中不显著。

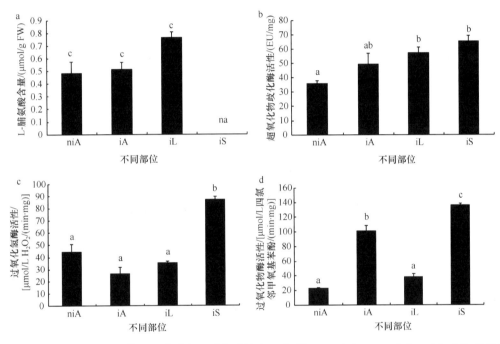

图 9-11　无盐处理下拟南芥不同叶片中 L-脯氨酸浓度（a）及 SOD（b）、CAT（c）、POD（d）的活性

niA. 未寄生的拟南芥叶片；iA. 寄生的拟南芥无吸器的叶片；iL. 寄生的拟南芥有吸器形成的叶片；iS. 吸器部位。不同小写字母表示存在显著性差异，$P < 0.05$；na 表示未检测

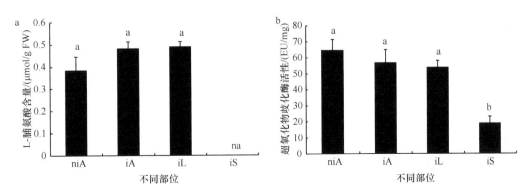

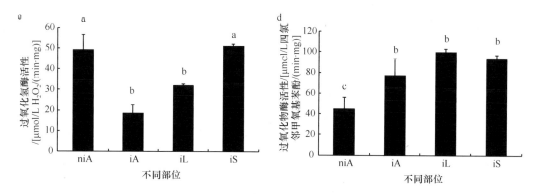

图 9-12　低盐处理下拟南芥不同叶片中 L-脯氨酸浓度（a）及 SOD（b）、CAT（c）、POD（d）的活性
niA. 未寄生的拟南芥叶片；iA. 寄生的拟南芥无吸器的叶片；iL. 寄生的拟南芥有吸器形成的叶片；iS. 吸器部位。不同小写字母表示存在显著性差异，$P < 0.05$；na 表示未检测

　　盐处理可以增加 L-脯氨酸的浓度，增加 SOD 活性（最高在 LS 处理组），增加 POD 活性（最高在 HS 处理组），减少 CAT 活性（图 9-12，图 9-13）。当原野菟丝子寄生后，这种对盐响应的格局发生了改变，并且不依赖于感染的距离。在 LS 条件下，寄生植株的 CAT 活性显著下降，但在 HS 条件下，寄生植株的 CAT 活性却显著上升（图 9-12，图 9-13）。原野菟丝子寄生与盐处理可以显著增加感染植株的酶活性，但对 POD 活性没有影响（图 9-12，图 9-13）。

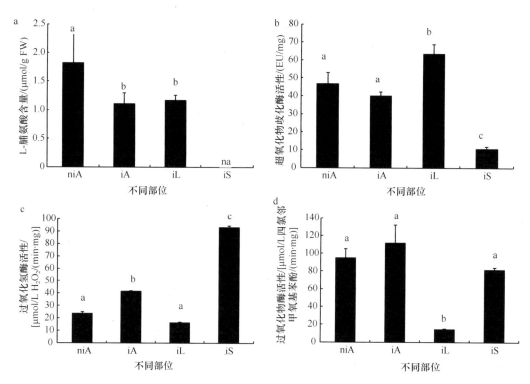

图 9-13　高盐处理下拟南芥不同叶片中 L-脯氨酸浓度（a）及 SOD（b）、CAT（c）、POD（d）的活性
niA. 未寄生的拟南芥叶片；iA. 寄生的拟南芥无吸器的叶片；iL. 寄生的拟南芥有吸器形成的叶片；iS. 吸器部位。不同小写字母表示存在显著性差异，$P < 0.05$；na 表示未检测

较高的 CAT、SOD 和 POD 活性提供了较强的抗氧化反应,表明寄生引起了氧化应激(Demirbas and Acar,2017;Saric-Krsmanovic *et al.*,2017),在几组盐处理下,本研究中被寄生的拟南芥有吸器的叶片(iL)中 POD 和 CAT 的活性较低主要归因于原野菟丝子长期寄生后这些叶片的生理条件差,而不是组织的特异性反应。在低盐(LS)和高盐(HS)处理下活性的总体下降可能是生物/非生物胁迫相互作用的结果,并破坏了寄主对寄生植物的适当防御;但这对寄生植物的生长也没有促进作用,由于寄主的抗氧化反应是针对寄生植物引起的氧化应激,而不是在不相容或耐受性寄主物种中发现的寄生植物特异性防御机制(Ntoukakis and Gimenez-Ibanez,2016),可认为在盐处理下,拟南芥转变为对寄生植物抗性较弱的寄主植物,对寄生植物的生长存在有害效应。

从图 9-14 中可以看到原野菟丝子寄生对拟南芥根部 L-脯氨酸积累和抗氧化酶活性的影响。在寄生和无盐处理下,4 种生化指标都增加了。在盐处理下 CAT 和 SOD 活性也呈现这一趋势;在低盐和高盐处理下,被寄生植物的 L-脯氨酸浓度和 POD 活性均低于未被寄生植物。4 种指标均受盐度和原野菟丝子寄生单独处理的显著影响,但盐和寄生联合处理下,仅 L-脯氨酸和 POD 有显著响应(表 9-1)。低盐和高盐处理的影响也是不同的,低盐处理下被寄生株的 4 个指标均呈最低值。

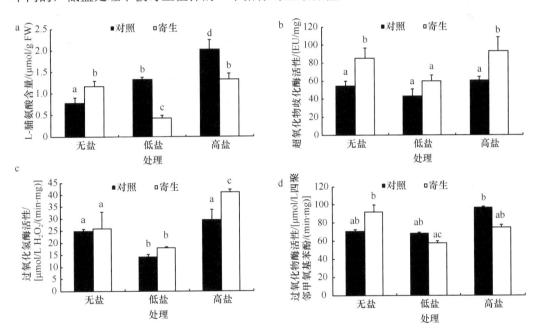

图 9-14　不同浓度盐处理下原野菟丝子寄生和未寄生的拟南芥根中 L-脯氨酸浓度及 SOD、CAT、POD 的活性

不同小写字母表示存在显著性差异,$P < 0.05$

表 9-1　盐处理、原野菟丝子寄生的双因素方差分析结果(F 值)

因素	未寄生的拟南芥无吸器的叶片	有寄生的拟南芥有吸器形成的叶片	吸器部位	根
脯氨酸				
盐	17.4[**]	15.9[**]	n/a	29.6[**]
寄生	3.4	1.6	n/a	18.9[**]

续表

因素	未寄生的拟南芥无吸器的叶片	有寄生的拟南芥有吸器形成的叶片	吸器部位	根
盐×寄生	3.9	4.5	na	18.5**
超氧化物歧化酶				
盐	5.8*	2.9	14.1**	5.7*
寄生	0.2	7.3*	13.6**	18.0**
盐×寄生	1.3	6.7**	32.1**	0.6
过氧化氢酶				
盐	18.1**	16.2**	5.4*	16.2**
寄生	0.2	11.6**	97.4**	4.6*
盐×寄生	0.6	0.8	26.0**	1.3
过氧化物酶				
盐	5.5*	15.5**	3.4	4.6*
寄生	8.3**	0.4	65.5**	0.6
盐×寄生	5.1*	45.0**	35.5**	4.9*

注：*$P<0.05$，表示不同处理间存在显著性差异；**$P<0.01$，表示不同处理间存在极显著性差异；na 表示未检测到

在代谢水平上，盐处理引起原野菟丝子的积极响应，在对盐处理的响应中，原野菟丝子中L-脯氨酸浓度显著增加（图9-15），比寄主植物更明显，这归因于盐胁迫响应、对水可用性降低的敏感性还是作为营养来源的主要代谢物（在盐胁迫下寄主中积累的）的利用，仍有待进一步证实。SOD 活性相对稳定（图9-15），可归因于寄生植物不进行光合作用，而光合作用是盐处理下超氧自由基过度产生的主要来源（Munne-Bosch and Pinto-Marijuan，2016）。与 SOD 不同，POD 活性的下降和 CAT 活性的提高（图9-14）

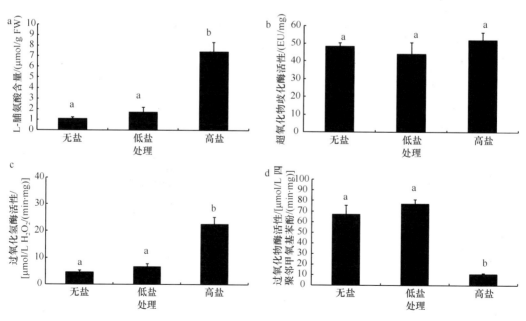

图 9-15　不同浓度盐处理下寄生拟南芥的原野菟丝子中 L-脯氨酸浓度及 SOD、CAT、POD 的活性
不同小写字母表示存在显著性差异（$P<0.05$）

表明 H_2O_2 产生的意义及这种活性氧从寄主转移到寄生植物的可能性，有趣的是，拟南芥和原野菟丝子在盐处理下的 POD 和 CAT 活性变化趋势相反。据报道，POD 在寄主与寄生植物的相互作用中起着重要作用，特别是在吸器形成中（Svubova et al.，2017），尤其是在吸器的早期形成中，如我们的结果所示，在寄生过程中抗氧化酶不断参与寄主-寄生植物的相互作用，并随着寄主所经历的盐胁迫的不同而变化。

单独的盐处理会导致拟南芥地上部分 L-脯氨酸浓度的增加，以及 SOD（LS 处理下最高）、POD 活性（HS 处理下最高）和 CAT 活性下降。然而，这种在未寄生条件下盐胁迫反应模式在寄生处理下发生了变化，且依赖于离寄生位点的距离。被寄生的寄主植物中未被寄生和被寄生叶片中的 L-脯氨酸积累几乎减少为原来的1/2。在 SOD 活性方面，被寄生的植物往往表现出活性下降，特别是在寄生部位；在 LS 处理下，CAT 活性也有相同的趋势，而在 HS 处理下，被寄生的拟南芥 CAT 活性显著增加。在盐胁迫下，被寄生的寄主中 POD 活性也较高，但在寄生部位有下降的趋势；在被寄生的叶片中 CAT 和 POD 活性变化和这种趋势不同。为研究胁迫指标响应的差异性以及非生物和生物胁迫因子间可能的交互作用，本研究进行了双因素方差分析（表 9-1），结果表明原野菟丝子寄生与盐胁迫结合有更强的响应，主要在吸器部位，而在未被寄生叶片中除了 POD 活性没有发现任何显著差异。

相比水平方向（未被寄生的叶片），原野菟丝子寄生的间接或系统效应在垂直方向（寄主根部）上表现更显著（表 9-1），茎全寄生植物对根系的影响比未被寄生的地上组织更显著的这种影响可能归因于木质部/韧皮部运输中断，这是由原野菟丝子的寄生机制引起的（Birschwilks et al.，2006），它直接影响吸器部位到根的通信。原野菟丝子寄生的显著地下效应之前已有研究证实，会导致同化物的剥夺（Jeschke and Hilpert，1997）。在盐处理下，原野菟丝子寄生显著改变了寄主的垂直和水平抗氧化反应，在 L-脯氨酸积累中观察到最明显的差异，特别是在高盐浓度处理下；而寄生植物本身大大增加了自身的 L-脯氨酸浓度，这会耗尽寄主中的相容溶质，并降低其应对盐胁迫的能力。原野菟丝子寄生对寄主干重积累有显著影响，导致与对照相比生物量减少40%以上，但在盐处理下则相反，部分原因可能是盐胁迫对寄生植物本身的影响，以及寄生诱导的光合作用和硝酸盐吸收的增加（Jeschke and Hilpert，1997）。

原野菟丝子寄生对模式寄主植物拟南芥的 L-脯氨酸积累和抗氧化酶的影响可分为直接和间接两部分，在寄生部位有最显著的影响，而在未被寄生的地上组织中，对根系的垂直间接影响比水平间接影响更显著；原野菟丝子寄生还通过降低 L-脯氨酸浓度和改变抗氧化反应来干扰寄主的盐胁迫反应，但寄生没有导致寄主生物量的减少（与未寄生的盐胁迫植物相比）；相反，盐处理诱导了寄生植物中寄主介导的应激反应，但不改变寄生植物寄生于寄主和进一步生长的能力。

9.4　小　　结

外源钙离子可以有效地缓解植物在胁迫下受到的毒害，提高植物组织或细胞抗胁迫的能力。研究表明南方菟丝子寄生对喜旱莲子草的根、茎和叶生物量具有显著影响，且南方菟丝子寄生与外源钙离子对喜旱莲子草茎和叶的生长具有显著的交互作用。不同浓度的钙离子与南方菟丝了寄生对喜旱莲子草茎生物量存在拮抗的交互作用,外源钙离子与南方菟丝子寄生的相互作用可以显著增加喜旱莲子草茎的厚角厚度与皮层厚度,表明南方菟丝子寄生与高浓度的钙离子对喜旱莲子草茎的厚角厚度和皮层厚度具有显著拮抗的交互作用;而仅 8mmol/L 钙离子与南方菟丝子寄生对喜旱莲子草叶生物量存在拮抗的交互作用。不同浓度钙离子均可以减少南方菟丝子对喜旱莲子草茎的有害效应,仅 8mmol/L 钙离子可以减少南方菟丝子对喜旱莲子草根和叶的有害效应。2~6mmol/L 的外源钙离子对南方菟丝子寄生下喜旱莲子草的丙二醛(MDA)含量无显著影响,但可以显著降低过氧化物酶(POD)活性,表明低浓度外源钙离子的添加可以减缓南方菟丝子对喜旱莲子草的寄生胁迫,并体现在生理指标上。

南方菟丝子寄生显著降低了寄主植物鬼针草叶、茎和根生物量,添加养分增加了寄主植物叶和茎生物量。寄生和添加养分对寄主茎和叶生物量有协同作用,添加养分显著增加了寄生植物的营养器官生物量,对寄主造成了更大的有害效应。在养分的驱动下,寄主植物的光合速率和光捕获能力提高,可以促进寄生植物的生长,进而增强寄生植物对寄主植物的有害效应。

在盐胁迫下,原野菟丝子寄生在寄主植物拟南芥,研究表明主要渗透保护剂(L-脯氨酸)及 3 种抗氧化酶(过氧化氢酶、超氧化物歧化酶和过氧化物酶)等生化指标均受非生物胁迫(盐)和生物(寄生)胁迫影响并表现出不同的响应,原野菟丝子寄生及其与盐胁迫的交互作用的响应主要在寄生部位(直接响应)和根(间接垂直响应),而不是被寄生的寄主植物上未被寄生的叶片(间接水平响应)。尽管没有接触土壤,但原野菟丝子也受到盐胁迫的显著影响(间接响应)。原野菟丝子寄生通过降低 L-脯氨酸浓度和改变抗氧化反应来干扰寄主的盐胁迫反应,但寄生没有使寄主植物的生物量减少(与未寄生的盐胁迫植物相比);相反,盐胁迫诱导了寄生植物中寄主介导的应激反应,但不改变寄生植物寄生于寄主和进一步生长的能力,寄生植物和寄主植物对盐胁迫的相互适应使拟南芥对非生物胁迫的常规响应略有改变,但未发现生物和非生物胁迫有害效应的累加。

主要参考文献

蔡妙珍, 罗安程, 林咸永, 等. 2003. Ca^{2+}对过量 Fe^{2+}胁迫下水稻保护酶活性及膜脂过氧化的影响. 作物学报, 29(3): 447-451

车秀霞, 陈惠萍, 严巧娣, 等. 2013. 外源钙离子与南方菟丝子寄生对喜旱莲子草茎形态结构的影响. 生态学报, 33(9): 2695-2702

陈惠萍, 车秀霞, 严巧娣, 等. 2014. 外源钙离子对南方菟丝子寄生入侵植物喜旱莲子草效果的影响. 生态学报, 34(14): 3900-3907

胡飞, 孔垂华. 2003. 寄生植物对寄主植物的化学识别. 生态学报, 23(5): 965-971

胡晓辉. 2006. 钙对低氧胁迫下黄瓜幼苗碳、氮代谢影响的研究. 南京: 南京农业大学博士学位论文

黄化刚, 李廷轩, 张锡洲, 等. 2008. 外源钙离子对东南景天生长及锌积累的影响. 应用生态学报, 19(4): 831-837

黄新亚, 管开云, 李爱荣. 2011. 寄生植物的生物学特性及生态学效应. 生态学杂志, 30(8): 1838-1844

刘梦佼, 洪岚, 沈浩, 等. 2011. 薇甘菊可溶性蛋白质和抗氧化酶活性对田野菟丝子不同寄生密度的响应. 广西植物, 31(4): 520-525

倪才英, 曾珩, 黄玉源, 等. 2009. 钙对紫云英铜害的解毒作用. 生态环境学报, 18(3): 920-924

石延霞, 关爱民, 李宝聚. 2007. 瓜枝孢弱致病菌诱导黄瓜植保素的积累及抑菌活性. 园艺学报, 34(2): 361-365

孙存华, 贺鸿雁, 杜伟, 等. 2005. 钙对小麦高钾毒害作用的影响. 西北农业学报, 14(5): 6-9

王东, 胡飞, 陈玉芬, 等. 2007. 日本菟丝子及其寄生前后寄主的光合特征. 应用生态学报, 18(8): 1715-1721

王如魁, 管铭, 李永慧, 等. 2012. 南方菟丝子寄生对空心莲子草生长及群落多样性的影响. 生态学报, 32(6): 1917-1923

许军, 黄晓红, 杨振德, 等. 2010. 花叶鹅掌柴对日本菟丝子寄生的生理响应. 中国农学通报, 26(23): 192-195

薛延丰, 刘兆普. 2006. 钙离子对海盐和 NaCl 胁迫下菊芋幼苗生理特征的响应. 水土保持学报, 20(3): 179-183

Albert M, Krol S V D, Kaldenhoff R. 2010. *Cuscuta reflexa* invasion induces Ca^{2+} release in its host. Plant Biology, 12(9): 554-557

Aurisano N, Bertani A, Reggiani R. 1995. Involvement of calcium and calmodulin in protein and amino acid metabolism in rice roots under anoxia. Plant and Cell Physiology, 36(8): 1087-1088

Birschwilks M, Haupt S, Hofius D, *et al.* 2006. Transfer of phloem-mobile substances from the host plants to the holoparasite *Cuscuta* sp. Journal of Experimental Botany, 57(4): 911-921

Bose J, Rodrigo-Moreno A, Shabala S. 2014. ROS homeostasis in halophytes in the context of salinity stress tolerance. Journal of Experimental Botany, 65(5): 1241-1257

Bowler C, Fluhr R. 2000. The role of calcium and activated oxygens as signals for controlling cross-tolerance. Trends in Plant Science, 5(6): 241-246

Burkepile D E, Hay M E. 2006. Herbivores vs. nutrient control of marine primary producers: context-dependent effects. Ecology, 87(12): 3128-3139

Deinlein U, Stephan A B, Horie T, *et al.* 2014. Plant salt-tolerance mechanisms. Trends in Plant Science, 19(6): 371-379

Demirbas S, Acar O. 2017. Physiological and biochemical defense reactions of *Arabidopsis thaliana* to *Phelipanche ramosa* infection and salt stress. Fresen Environ Bull, 26(3): 2277-2284

Dodd A N, Kudla J, Sanders D. 2010. The language of calcium signalling. Annual Review of Plant Biology, 61: 593-620

Frost A, Lopez-Gutierrez J C, Purrington C B. 2003. Fitness of *Cuscuta salina* (Convolvulaceae) parasitizing *Beta vulgaris* (Chenopodiaceae) grown under different salinity regimes. American Journal of Botany, 90(7): 1032-1037

Gao H, Chen G, Han L, *et al.* 2004. Calcium influence on chilling resistance of grafting eggplant seedlings. Journal of Plant Nutrition, 27(8): 1327-1339

Gao H, Jia Y, Guo S, *et al.* 2011. Exogenous calcium affects nitrogen metabolism in root-zone hypoxia-stressed muskmelon roots and enhances short-term hypoxia tolerance. Journal of Plant Physiology, 168(11): 1217-1225

Garbuzov M, Reidinger S. 2011. Interactive effects of plant-available soil silicon and herbivory on competition between two grass species. Annals of Botany, 108(7): 1355-1363

Gill S S, Anjum N A, Gill R, *et al.* 2015. Superoxide dismutase: mentor of abiotic stress tolerance in crop plants. Environmental Science and Pollution Research, 22(14): 10375-10394

Grewell B J. 2008. Parasite facilitates plant species coexistence in a coastal wetland. Ecology, 89(6): 1481-1488

Hargrave C W. 2006. A test of three alternative pathways for consumer regulation of primary productivity. Oecologia, 149(1): 123-132

Henriksson E, Henriksson K N. 2005. Salt-stress signalling and the role of calcium in the regulation of the *Arabidopsis ATHB7* gene. Plant, Cell and Environment, 28(2): 202-210

Hereu B, Zabaia M, Sala E. 2008. Multiple controls of community structure and dynamics in a sublittoral marine environment. Ecology, 89(12): 3423-3435

Hunter M D, Price P W. 1992. Playing chutes and ladders: heterogeneity and the relative roles of bottom-up and topdown forces in natural communities. Ecology, 73(3): 724-732

Jeschke W, Hilpert A. 1997. Sink-stimulated photosynthesis and sink-dependent increase in nitrate uptake: nitrogen and carbon relations of the parasitic association *Cuscuta reflexa-Ricinus communis*. Plant, Cell and Environment, 20(4): 47-56

Kaur G, Asthir B. 2015. Proline: a key player in plant abiotic stress tolerance. Biologia Plantarum, 59(4): 609-619

Kurosaki F, Tsurusawa Y, Nishi A. 1987. The elicitation of phytoalexins by Ca^{2+} and cyclic amp in carrot cells. Phytochemistry, 26(7): 1919-1923

Lebauer D S, Treseder K K. 2008. Nitrogen limitation of net primary productivity in terrestrial ecosystems is globally distributed. Ecology, 89(2): 371-379

Li J M, Jin Z X, Song W J, et al. 2012. Do native parasitic plants cause more damage to exotic invasive hosts than native non-invasive hosts? an implication for biocontrol. PLoS One, 7(4): e34577

Li J M, Jin Z X. 2010. Potential allelopathic effects of *Mikania micrantha* on the seed germination and seedling growth of *Coix lacryma-jobi*. Weed Biology and Management, 10(3): 194-201

Lu Z X, Yu X P, Kong-Luen H, et al. 2007. Effect of nitrogen fertilizer on herbivores and its stimulation to major insect pests in rice. Rice Science, 14(1): 56-66

Munne-Bosch S, Pinto-Marijuan M. 2016. Free radicals, oxidative stress and antioxidants. Encyclopedia of Applied Plant Sciences (Second Edition), 1: 16-19

Munns R, Gilliham M. 2015. Salinity tolerance of crops: what is the cost? New Phytologist, 208(3): 668-673

Munns R, Tester M. 2008. Mechanisms of salinity tolerance. Annual Review of Plant Biology, 59: 651-681

Ntoukakis V, Gimenez-Ibanez S. 2016. Parasitic plants: a CuRe for what ails thee. Science, 353(6298): 442-443

Parker C. 2012. Parasitic weeds: a world challenge. Weed Science, 60(2): 269-276

Pennings S C, Simpson J C. 2008. Like herbivores, parasitic plants are limited by host nitrogen content. Plant Ecology, 196(2): 245-250

Ritchie M E. 2000. Nitrogen limitation and trophic vs. abiotic influences on insect herbivores in a temperate grassland. Ecology, 81(6): 1601-1612

Rohr J R, Raffel T R, Hall C A. 2010. Developmental variation in resistance and tolerance in a multi-host-parasite system. Functional Ecology, 24(5): 1110-1121

Saric-Krsmanovic M M, Bozic D M, Radivojevic L M, et al. 2017. Effect of *Cuscuta campestris* parasitism on the physiological and anatomical changes in untreated and herbicide-treated sugar beet. Journal of Environmental Science and Health, Part B, 52(11): 812-816

Schädler M, Brandl R, Haase J. 2007. Antagonistic interactions between plant competition and insect herbivory. Ecology, 88(6): 1490-1498

Shurin J B, Borer E T, Seabloom E W, et al. 2002. A cross-ecosystem comparison of the strength of trophic cascades. Ecology Letters, 5(6): 785-791

Sieben K, Rippen A D, Eriksson B K. 2011. Cascading effects from predator removal depend on resource availability in a benthic food web. Marine Biology, 158(2): 391-400

Song J, Feng G, Tian C, et al. 2005. Strategies for adaptation of *Suaeda physophora*, *Haloxylon ammodendron* and *Haloxylon persicum* to a saline environment during seed-germination stage. Annals of Botany, 96(3): 399-405

Steinauer E M, Collins S L. 1995. Effects of urine deposition on small-scale patch structure in Prairie vegetation. Ecology, 76(4): 1195-1205

Svubova R, Lukacova Z, Kastier P, et al. 2017. New aspects of dodder-tobacco interactions during haustorium development. Acta Physiologiae Plantarum, 39(3): 66

Turkington R. 2009. Top-down and bottom-up forces in mammalian herbivore-vegetation systems: an essay review. Botany, 87(8): 723-739

Watson D M. 2009. Determinants of parasitic plant distribution: the role of host quality. Botany-Botanique, 87(1): 16-21

Wisniewski M E, Droby S, Chalutz E, et al. 2007. Effects of Ca^{2+} and Mg^{2+} on *Botrytis cinerea* and *Penicillium expansum in vitro* and on the biocontrol activity of *Candida oleophila*. Plant Pathology, 44(6): 1016-1024

Wu Z, Guo Q, Li M G, *et al*. 2013. Factors restraining parasitism of the invasive vine *Mikania micrantha* by the holoparasitic plant *Cuscuta campestris*. Biological Invasions, 15(12): 2755-2762

Yang B F, Li J M, Zhang J, *et al*. 2015. Effects of nutrients on interaction between the invasive *Bidens pilosa* and the parasitic *Cuscuta australis*. Pakistan Journal of Botany, 47(5): 1693-1699

Zagorchev L, Albanova I, Tosheva A, *et al*. 2018. Salinity effect on *Cuscuta campestris* Yunck. parasitism on *Arabidopsis thaliana* L. Plant Physiology and Biochemistry, 132: 408-414

Zagorchev L, Teofanova D, Odjakova M. 2016. Ascorbate-glutathione cycle: controlling the redox environment for drought tolerance. *In*: Hossain M A, Wani S H, Bhattacharjee S, *et al*. Drought Stress Tolerance in Plants, Vol 1. Cham: Springer: 187-226

第10章 生物因子对菟丝子属植物寄生效果的影响

寄生植物生活在一个复杂的环境中，其在自然界中不仅受到各种非生物因子的影响（Zavaleta et al.，2003；Treseder，2008），还会与各种生物因子相互作用。它们不仅能与昆虫和病原微生物等有害生物发生相互作用，还能与传粉者、从枝菌根真菌、根瘤菌等有益生物发生相互作用（Pineda et al.，2010，2013）。因此寄生植物与周围生物因子的相互作用不仅影响自身群落的生长，还会通过级联效应影响生态系统的结构和功能（Bertness et al.，2008；He and Silliman，2015）。本章将介绍不同生物因子对菟丝子属植物寄生效果的影响。

10.1 根瘤菌对南方菟丝子寄生大豆的调控

研究发现寄生植物对寄主植物的有害影响随着无机环境因子的变化而变化（Pennings and Simpson，2008；Shen et al.，2013；Yang et al.，2015）。例如，大花菟丝子只在低氮环境下抑制蓖麻的生长，而在高氮环境下，对蓖麻生长的影响不显著（Jeschke and Hilpert，1997）；寄主植物奇异相思树（*Acacia paradoxa*）只有在低氮环境下被寄生植物短毛无根藤（*Cassytha pubescens*）寄生才显著降低其根的生物量（Cirocco et al.，2017）。

全寄生植物和根瘤菌均需要从寄主植物中吸收光合有机碳。因此，我们预测，全寄生植物能通过竞争光合有机碳来抑制根瘤菌的生长。此外，豆科植物和根瘤菌共生体的维持机制是：豆科植物为根瘤菌提供光合有机碳，根瘤菌为豆科植物提供氮素（Denison，2000；Kiers et al.，2003）。当氮素供给充足时，共生体关系较弱；当无机环境中的氮素可利用性低时，这种共生关系非常紧密（Kiers et al.，2008；Dean et al.，2009）。因此氮素的供给量能够抑制根瘤菌的生长。

豆科植物是许多自然生态系统的关键物种，也是农业生态系统的常见粮食作物（Thilakarathna et al.，2016；Montesinos-Navarro et al.，2017）。豆科植物能够同时被根瘤菌以及寄生植物侵染（Fernández-Aparicio et al.，2010）。本研究以大豆为实验材料，分析氮添加、根瘤菌接种和南方菟丝子寄生对寄主植物大豆生长的影响；同时分析氮添加和根瘤菌接种如何影响寄生植物的生长，以及氮添加和寄生植物的寄生如何影响根瘤菌的表现。

10.1.1 根瘤菌接种、氮添加和南方菟丝子寄生对大豆生长的影响

与前人的研究一致（Pennings and Simpson，2008；Shen et al.，2013；Yang et al.，

2015），本研究发现南方菟丝子寄生极显著降低了大豆的地上生物量和总生物量，但是寄生没有显著影响大豆的地下生物量（表 10-1，图 10-1）。全寄生植物通常对寄主植物的光合产物、水和矿质元素有很强的掠夺性，因此对寄主植物生长有显著的抑制效应（Jeschke and Hilpert，1997；Hibberd *et al.*，1998，1999；Mauromicale *et al.*，2008；Yang *et al.*，2015）。

表 10-1　寄生、根瘤菌接种和氮添加处理对大豆总生物量、地上生物量和地下生物量影响的方差分析结果

效应	自由度	总生物量	地上生物量	地下生物量
寄生（P）	1，72	20.61**	26.73**	0.91
根瘤菌接种（R）	1，72	9.19**	6.82*	7.15**
氮添加（N）	1，72	0.25	0.41	8.73**
P×R	1，72	2.29	2.28	0.28
P×N	1，72	<0.01	0.01	0.06
R×N	1，72	2.14	2.51	<0.01
P×R×N	1，72	0.03	0.01	0.12

注：* $P<0.05$，表示差异显著；** $P<0.01$，表示差异极显著

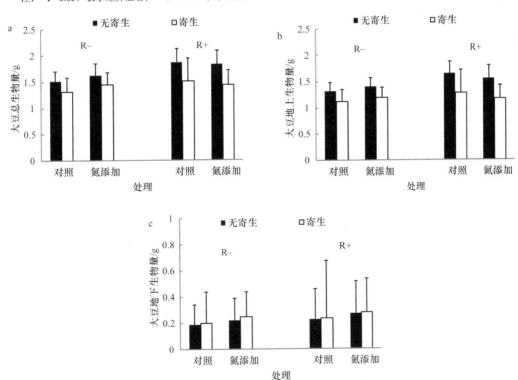

图 10-1　南方菟丝子寄生、根瘤菌接种和氮添加处理对大豆总生物量（a）、地上生物量（b）、地下生物量（c）的影响
R−. 未接种根瘤菌；R+. 接种根瘤菌

　　根瘤菌能和豆科植物根形成共生体——根瘤，植物为根瘤菌提供光合有机碳，根瘤菌为豆科植物提供生长和发育所需的氮素（Kiers *et al.*，2003）。一般来说，根瘤菌能够

为植物提供氮素从而促进植物的生长（Salvagiotti et al.，2008；Weremijewicz et al.，2016）。本研究发现，根瘤菌接种显著或极显著增加了大豆的地上生物量、地下生物量和总生物量（表 10-1，图 10-1）。

在绝大多数陆地生态系统中，植物的生长和发育都受到氮素等无机环境因子的限制（Evans，1989；Lebauer and Treseder，2008；Song et al.，2012；Yuan et al.，2017）。根瘤菌对植物生长的影响同样依赖于氮素等无机环境因子的变化（Arrese-Igor et al.，1997；Serraj et al.，1999；Pringle，2016）。例如，氮素可利用性的增加显著降低了根瘤菌的固氮效率，降低了根瘤菌对植物的氮素供给（Arrese-Igor et al.，1997）；本研究发现氮添加极显著增加了大豆的地下生物量，但是对大豆地上生物量和总生物量影响不显著（表 10-1，图 10-1）；研究没有发现根瘤菌、氮添加和南方菟丝子寄生对大豆生长的任何交互作用（表 10-1）。

10.1.2 氮添加、根瘤菌接种对大豆上寄生的南方菟丝子生长的影响

植物在群落生态关系中处于核心位置，其能够同时与无机环境因子以及生物因子发生作用，从而产生营养级联效应（Ballhorn et al.，2012）。研究发现，接种根瘤菌和未接种根瘤菌相比，接种根瘤菌显著或极显著提高了南方菟丝子的茎生物量、繁殖生物量和总生物量（表 10-2A，图 10-2）。根瘤菌接种处理显著增加南方菟丝子生物量的可能机制是根瘤菌接种处理显著提高了寄主植物的氮含量，进而间接促进了菟丝子的生长。该结果和之前的许多研究结果一致（Jiang et al.，2008；Pennings and Simpson，2008；Lu et al.，2013）。

表 10-2 　根瘤菌接种和氮添加处理对南方菟丝子总生物量、茎生物量和繁殖生物量影响的方差分析结果（A），以及寄生和氮添加处理对根瘤菌总生物量影响的方差分析结果（B）

效应	自由度	总生物量	茎生物量	繁殖生物量
		A. 南方菟丝子		
根瘤菌接种（R）	1，35	15.08*	5.29*	24.01**
氮添加（N）	1，35	4.76*	2.11	7.57*
R×N	1，35	<0.01	0.33	<0.01
		B. 根瘤菌		
寄生（P）	1，36	7.76**		
氮添加（N）	1，36	16.09**		
P×N	1，36	1.33		

注：* $P<0.05$，表示差异显著；** $P<0.01$，表示差异极显著

氮添加能够触发大多数陆地生态系统的下行效应（Bertness et al.，2008；He and Silliman，2015）。例如，由于植物和昆虫之间的关系依赖于氮素的可利用性（Shurin et al.，2002），因此，养分添加尤其是氮添加能够改变植物的化学计量，有利于昆虫的生长（Chen et al.，2010；Feller et al.，2013）。在本研究中，氮添加与无氮添加相比显著增加了南方菟丝子的繁殖生物量和总生物量，而没有影响到南方菟丝子的茎生物量（图 10-2）。根瘤菌接种和氮添加处理对南方菟丝子生长影响的交互作用不显著（表 10-2A）。氮添

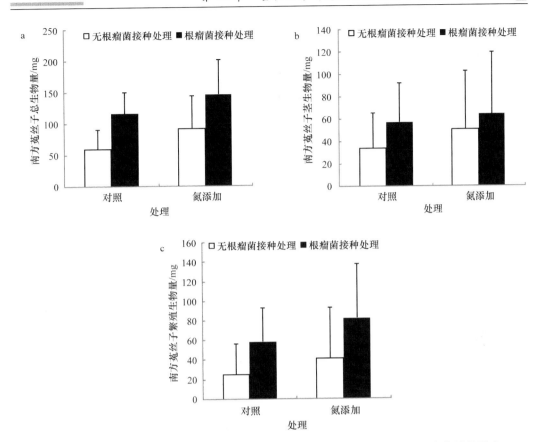

图 10-2　根瘤菌接种和氮添加处理对南方菟丝子总生物量、茎生物量和繁殖生物量的影响

加处理增加了全寄生植物南方菟丝子的适合度，可能是氮素通过营养级联效应促进了南方菟丝子的生长（Hunter and Price，1992；Pennings and Simpson，2008；Yang et al.，2015）。

然而，其他研究结果表明：根瘤菌接种处理增加了寄主植物的抗性，抑制了寄生植物的生长（Mabrouk et al.，2007a，2007b，2007c；Thamer et al.，2011）。产生上述分歧的原因如下：首先，可能归结为根瘤菌的基因型不同。例如，Dean 等（2009）研究发现自然共生的根瘤菌菌株相比商业菌株，更能提高共生植物的抗性。其次，豆科植物接种根瘤菌通常能产生更多基于氮素的化学防御物质（生物碱等），提高了植物对天敌的抗性（Thamer et al.，2011；Godschalx et al.，2015）。然而，全寄生植物和寄主植物拥有相同的代谢途径，含氮的化学防御物质对于食草动物可能有毒，但是对于寄生植物可能是营养物质，能够促进寄生植物的生长（Hwangbo，2000）。最后，转运 RNA 能够通过吸器从寄主植物转运到寄生植物体内，并且在寄主植物体内长时间稳定存在（David-schwartz et al.，2008；Aly，2013），这可能有利于寄主植物和寄生植物之间的发育性协调。

10.1.3　氮添加和南方菟丝子寄生对大豆根部共生的根瘤菌生长的影响

研究发现当大豆被南方菟丝子寄生时，根瘤菌的生长被显著抑制，此外，氮添加显著抑制了根瘤菌的生物量（表 10-2B，图 10-3）。南方菟丝子寄生和氮添加处理对根瘤菌没有显著的交互作用影响（表 10-2B）。

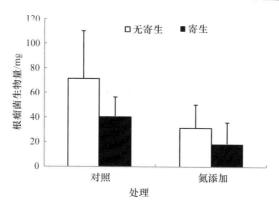

图 10-3　寄生和氮添加处理对大豆根瘤菌生物量的影响

南方菟丝子寄生显著降低根瘤菌生物量，表明南方菟丝子寄生可能通过下行效应抑制根瘤菌的生长。根瘤菌和南方菟丝子对于同一个寄主植物有相同的光合产物需求。作为光合产物碳汇，全寄生植物甚至是比寄主植物的根、茎及种子有更强的碳需求，通常能够改变光合产物的分配模式（Barker et al.，1996；Shen et al.，2005，2013）。因此，寄生植物可能在和根瘤菌对共同需求的光合同化产物的竞争中获胜，进而抑制了根瘤菌的生长。

研究发现氮添加也能通过营养级联效应影响到根瘤菌的表现。对于根瘤菌来说，固氮过程是一个高耗能的过程，植物要将用于自身生长和繁殖的光合同化产物分配给根瘤菌（Arrese-lgor et al.，1997；Denison，2000；Kiers et al.，2003）。当无机环境中氮素供给充分时，植物会减弱和根瘤菌的共生作用；相反，当土壤中的氮素可利用性低时，植物会向根瘤菌分配更多的光合同化产物，加强互利共生关系（Kiers et al.，2008；Dean et al.，2009）。因此，在本研究中，氮添加处理显著降低了根瘤菌生物量。

10.2　丛枝菌根真菌对南方菟丝子寄生红三叶的调控

在生态系统中，物种之间存在着各种直接或间接的联系（Hartley et al.，2015；Haan et al.，2018），某些物种的变化可能对其他营养级的物种产生级联效应，从而间接影响生态过程。目前已知寄生植物可以通过寄主植物对地上和地下生物（如土壤微生物、邻近植物）产生显著的间接影响（Bardgett et al.，2006；March and Watson，2007；Watson，2009；Yang et al.，2019），这些间接影响可以影响土壤微生物及其活动，进而有利于邻近植物的生长（Bardgett et al.，2006；March and Watson，2007；Li et al.，2008；Watson，2009；Sui et al.，2019；Yang et al.，2019）。

由于寄生植物的寄生能够对寄主植物的生长造成负面影响，因此寄生植物对寄主的影响会间接影响寄主植物与其他有机体的相互作用，如土壤微生物（Sui et al.，2019；Yang et al.，2019）。大多数被寄生的寄主植物能与丛枝菌根真菌（arbuscular mycorrhizal fungi，AMF）形成共生关系，与相邻植物具有共同的菌丝网络（common mycorrhizal network，CMN）（Egerton-Warburton et al.，2007；Mikkelsen et al.，2008；Weremijewicz and Janos，2013）。CMN通过调节相互连接的植物个体间矿质营养物质的分配，在植物相互作用中发挥着重要作用（Egerton-Warburton *et al.*，2007；Mikkelsen *et al.*，2008；Weremijewicz and Janos，2013；Workman and Cruzan，2016）。

关于 CMN 如何在不同植物间分配营养物质，有 3 种可能的模式或假设：一是 CMN 对养分分配是随机的，与植物的大小和竞争能力无关（Chiariello *et al.*，1982）；二是 CMN 优先将更多的矿质营养物质转移到受到遮阴等方式抑制的植物，从而减轻周围个体的竞争压力（Grime *et al.*，1987）；三是 CMN 优先将养分转移到能提供更多碳的体型较大的植物中（Lekberg *et al.*，2010；Merrild *et al.*，2013；Weremijewicz *et al.*，2016）。目前第三种假说似乎最受支持。

CMN 将更多的养分转移给体型较大的植物的一个可能的机制是"相互奖惩"机制（Kiers *et al.*，2011）。Kiers 等（2011）通过研究发现植物会给予最有益的真菌伙伴更多的资源，如碳水化合物；反过来，它们的真菌伙伴通过将更多的养分转移到那些能够提供更多碳水化合物的根来加强这种合作。同样地，CMN 可能会给较大的植物提供更多的养分，这样这些植物就会为 CMN 提供更多的碳水化合物。

寄生植物完全或部分依赖寄主植物获取碳。当寄主植物通过 CMN 与相邻非寄主植物连接时，由于寄主植物已经把部分光合作用产物传输给寄生植物，因此寄主植物可能无法为 CMN 提供与相邻非寄主植物同样多的碳水化合物，那么 CMN 可能会优先将更多的养分分配给相邻非寄主植物，而不是寄主植物。因此，由于寄生植物的生长依赖于寄主植物的生长（Zhang *et al.*，2013），CMN 对养分在寄主植物和相邻非寄主植物之间的不平等分配很可能最终会不利于寄生植物的生长。

本节将探讨寄生植物是否通过寄主植物产生级联效应，是否通过影响 CMN 的养分分配，最终影响相邻非寄主植物（Yuan *et al.*，2021）。

10.2.1　菌丝网络、寄生植物对寄主植物和非寄主植物生物量及丛枝菌根真菌侵染率的影响

寄生植物为全寄生植物南方菟丝子，寄主植物和相邻非寄主植物为红三叶，通过构建寄主植物红三叶和相邻非寄主植物红三叶之间的菌丝网络（图 10-4），以及利用稳定性同位素 ^{15}N 标记，研究南方菟丝子寄生于寄主植物红三叶之后，菌丝网络在寄主植物和非寄主植物之间的养分分配，以及对寄生植物生长的反馈效应。

当寄主植物红三叶未被寄生时，寄主植物红三叶和非寄主植物红三叶的地上生物量无显著性差异，菌丝网络连接对植物地上生物量无显著性影响；当寄主植物红三叶被南方菟丝子寄生后，相邻非寄主植物的地上生物量显著高于寄主植物地上生物量，虽然菌丝网络连接对寄主植物红三叶无显著性影响，但是显著提高了非寄主植物红三叶的地上生物量（图 10-5a）。当无菌丝网络连接时，南方菟丝子寄生显著降低了寄主植物红三叶的地上生物量，但是当菌丝网络连接时，南方菟丝子寄生对寄主植物红三叶的地上生物量无显著性影响（图 10-5a）。

当无菌丝网络连接时，南方菟丝子寄生显著降低了寄主植物红三叶的地下生物量，但是对相邻非寄主植物红三叶的地下生物量无显著性影响；并且南方菟丝子寄生并没有造成寄主植物和相邻非寄主植物之间的地下生物量差异（图 10-5b）。当菌丝网络和南方

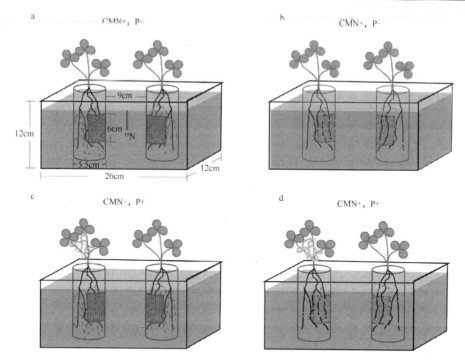

图 10-4 实验设计示意图

寄主植物红三叶和相邻非寄主植物红三叶通过菌丝网络连接,在根箱内的聚氯乙烯生长筒的侧边开一个孔,上面覆盖 25μm(允许菌丝通过)或 0.5μm(防止菌丝通过)的尼龙网。a. 无 CMN,无寄生植物；b. 有 CMN,无寄生植物；c. 无 CMN,有寄生植物；d. 有 CMN,有寄生植物。CMN−. 无菌丝网络；CMN+. 有菌丝网络；P−. 无寄生植物；P+. 有寄生植物

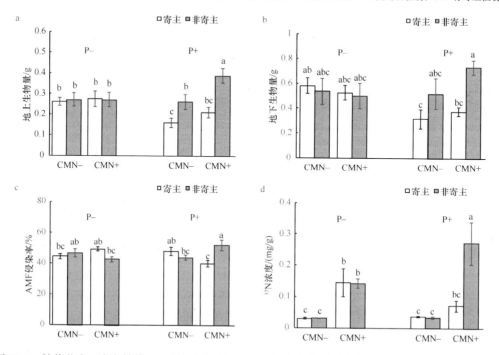

图 10-5 植物状态(寄主植物 vs. 非寄主植物)、CMN 和南方菟丝子寄生对红三叶地上生物量(a)、地下生物量(b)、AMF 侵染率(c)和 ^{15}N 浓度(d)的影响

不同小写字母表示处理之间存在显著性差异。数值为平均值($n=5$)±标准误。CMN−. 无菌丝网络；CMN+. 有菌丝网络；P−. 无寄生植物；P+. 有寄生植物

菟丝子寄生同时存在时，寄主植物红三叶和相邻非寄主植物红三叶的地下生物量存在显著差异（图 10-5b）。

当无南方菟丝子寄生时，菌丝网络对寄主植物红三叶和非寄主植物红三叶的 AMF 侵染率无显著性影响；当南方菟丝子寄生于寄主植物红三叶且菌丝网络存在时，相邻非寄主植物红三叶的 AMF 侵染率显著高于寄主植物红三叶（图 10-5c）。

10.2.2　菌丝网络、寄生植物对寄主植物和非寄主植物 ^{15}N 浓度的影响

当寄主植物红三叶未被寄生时，寄主植物红三叶和非寄主植物红三叶的 ^{15}N 浓度无显著性差异，菌丝网络的存在显著提高了寄主植物和相邻非寄主植物的 ^{15}N 浓度。当南方菟丝子寄生且菌丝网络存在时，相邻非寄主植物红三叶的 ^{15}N 浓度显著高于寄主植物红三叶。当南方菟丝子寄生时，菌丝网络显著提高了相邻非寄主植物红三叶的 ^{15}N 浓度，但是对寄主植物红三叶 ^{15}N 浓度无显著性影响（图 10-5d）。

结果表明，在 CMN 和南方菟丝子存在的情况下，相邻非寄主植物红三叶的 ^{15}N 浓度和生物量显著高于寄主植物红三叶。相邻非寄主植物红三叶的 AMF 侵染率也显著高于寄主植物红三叶。然而，AMF 的侵染率并不是导致相邻非寄主植物红三叶产生更高 ^{15}N 浓度的原因，因为它的 AMF 侵染率与 ^{15}N 浓度没有显著相关性。

只有当 CMN 存在时，南方菟丝子的寄生才会影响相邻非寄主植物红三叶的生物量、AMF 侵染率和 ^{15}N 浓度。这表明 CMN 是植物间接相互作用的潜在中介。由于南方菟丝子是茎寄生植物，它不直接接触相邻非寄主植物红三叶，因此寄主植物红三叶和非寄主植物红三叶之间通过 AMF 菌丝桥形成的 CMN 可能是它们相互作用的唯一途径。因此，在 CMN 和南方菟丝子同时存在的情况下，相邻非寄主植物红三叶中较高的 ^{15}N 浓度是通过连接两株植株的 AMF 菌丝桥介导的。

CMN 更倾向于将更多的营养分配给非寄主植物，而不是寄主植物，这种 CMN 介导的不同植物之间的养分不均衡分配在很多研究中都有发现（Walder et al.，2012；Weremijewicz and Janos，2013；Weremijewicz et al.，2016，2018）。越来越多的证据表明，CMN 介导的养分不均匀分配不是随机发生的，而是 CMN 优先将更多的养分分配给最健壮的植物（Weremijewicz et al.，2016；Awaydul et al.，2019）。这与本节的研究结果一致，即 CMN 优先将更多的氮分配给较大的、相邻非寄主植物红三叶，而不是较小的、寄主植物红三叶，这种情况可能是由"相互奖惩"机制驱动的（Weremijewicz et al.，2016）。换句话说，CMN 可能会分配更多的营养给相邻非寄主植物，因此最有可能使 AMF 从这些植物中获得更多的碳水化合物作为回报（Kiers et al.，2011；Jiang et al.，2017）。然而，CMN 是否确实能从非寄主植物中获得更多的碳水化合物还需要验证，有必要进一步使用 ^{13}C 标记来追踪碳水化合物通过菌丝网络的分配。

10.2.3　菌丝网络对南方菟丝子生物量和 ^{15}N 浓度的影响

少数研究报道 AMF 可以通过抑制寄生植物的生长来减轻对寄主植物的伤害，因为 AMF 与寄生植物竞争寄主植物的资源（Těšitel et al.，2011；Li et al.，2012a；Sui et al.，

2019），特别是碳（Li et al., 2019）。本研究首次提供了 CMN 存在也抑制寄生植物生长的直接证据。研究发现，CMN 虽然对南方菟丝子的 ^{15}N 浓度没有显著影响（图 10-6b），但却显著降低了南方菟丝子的生物量（图 10-6a）。由于南方菟丝子是专性寄生植物，CMN 介导的对南方菟丝子生物量的反馈抑制作用只能通过寄主植物红三叶完成。然而，在南方菟丝子寄生的情况下，CMN 对寄主植物生物量和 ^{15}N 浓度没有显著影响。这可能是由以下原因引起的：首先，CMN 可能降低了对寄主植物红三叶的养分分配，对寄主植物的生长产生了负面影响；其次，寄生植物的生长一般与寄主植物的生长呈正相关（Zhang et al., 2013）。CMN 减少了对寄主植物的养分分配可能会间接抑制南方菟丝子的生长，进而减少对寄主植物红三叶的危害。因此，研究推测茎寄生植物触发级联效应的方向和强度以及反馈回路可能不是固定的，而是随着时间变化的。

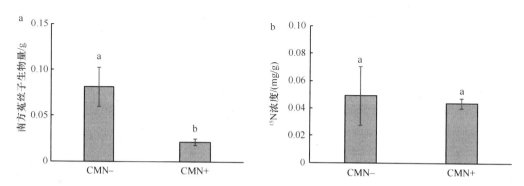

图 10-6　CMN 对寄生植物南方菟丝子生物量（a）和 ^{15}N 浓度（b）的影响
不同小写字母表示处理之间存在显著性差异。数值为平均值（$n=5$）±标准误。CMN−. 无菌丝网络；CMN+. 有菌丝网络

　　总之，在南方菟丝子寄生的条件下，相邻非寄生植物红三叶的生物量和 ^{15}N 浓度显著高于寄主植物红三叶。此外，CMN 的存在降低了南方菟丝子对寄主红三叶生物量的抑制。这一结果为 CMN 将养分优先输送到更大、更健壮的植物而不是更小、更弱的植物这一观点提供了新的证据（Merrild et al., 2013；Awaydul et al., 2019）。这一结果证明了南方菟丝子的寄生可间接触发 CMN 向非寄生植物红三叶分配更多的矿质营养。这种不均匀的养分分配也对寄生植物南方菟丝子的生长产生了负反馈。

10.3　土壤微生物对原野菟丝子寄生入侵植物微甘菊的调控

　　外来植物入侵本地群落是降低本地植物群落多样性的重要因素（Mack et al, 2000；Kourtev et al., 2003；Vilà et al., 2011）。在入侵地，入侵植物通常会与一组新的拮抗生物相互作用，如本地寄生植物（Prider et al., 2009；Yu et al., 2011, 2008；Li et al., 2012b；Miao et al., 2012；Wang et al., 2012）和土壤传播的病原菌（Mitchell et al., 2006）。入侵植物也可能与土壤中的共生菌相互作用（Simberloff and Von Holle, 1999；Richardson et al., 2000；Kowalski et al., 2015）。拮抗体和互惠体可能单独或交互地影响入侵植物的适应性（Mitchell et al., 2006；Hill and Kotanen, 2012）。尽管入侵植物和本地生物之

间拮抗作用的生态后果已经得到了充分的证明（Maron and Vilà，2001；Levine *et al.*，2004；Vilà *et al.*，2011；Hill and Kotanen，2012），但大多数研究只关注单一交互类型，实际上，多个交互作用往往同时发生（Van Kleunen *et al.*，2018）。因此为了更全面地了解外来植物的入侵动态，需要研究多种拮抗生物同时对入侵植物和共生本地植物适应性的影响（Oduor，2013；Oduor *et al.*，2017；Van Kleunen *et al.*，2018）。

土壤微生物中的病原菌和共生菌可能会影响植物个体、群落演替和植物入侵（Moora and Zobel，1996；Van Der Putten *et al.*，2007；Shivega and Aldrich-Wolfe，2017）。一方面，菌根真菌和固氮微生物是植物共生菌的两大主要类群（Van Kleunen *et al.*，2018）。它们可以通过促进植物主要养分的吸收，产生生长促进物质来促进植物的生长（Batten *et al.*，2006）。另一方面，病原菌可以降低植物适应度（Van Der Putten *et al.*，1993；Klironomos，2002；Callaway *et al.*，2004；Maron *et al.*，2011；Chen *et al.*，2018）。目前有关入侵植物和共生微生物之间联系的研究结果并不一致。例如，研究人员对草地和北美混合草原的研究发现，与本土植物相比，入侵和引进的外来植物与 AMF 的关系较弱（Sigüenza *et al.*，2006；Pringle *et al.*，2009；Vogelsang and Bever，2009；Jordan *et al.*，2012），表明入侵植物对菌根真菌的依赖程度较低可能是外来植物入侵的一个重要特征（渐崩共生假说）（Bunn *et al.*，2015）。然而，在欧洲、新西兰和南美的其他生态系统（Štajerová *et al.*，2009；Dickie *et al.*，2010；Nuñez and Dickie，2014；Menzel *et al.*，2017）中发现大多数外来植物是菌根植物。这些相互矛盾的结果表明，外来植物是否能从菌根共生体中获益可能取决于植物类群和生态环境。有关入侵植物与固氮细菌之间的关系也有报道（Le Roux *et al.*，2017）。入侵植物也被证明比共存的本地植物受到更少的土壤致病菌的负面影响（Klironomos，2002；Agrawal *et al.*，2005；Kardol *et al.*，2007；Kulmatiski *et al.*，2008）。然而，最近的研究表明，随着时间的推移，外来植物会积累土壤病原菌，这种积累可能会减少它们对本地植物的影响（Díez *et al.*，2010；Dostál *et al.*，2013；Speek *et al.*，2015；Stricker *et al.*，2016）。因此，土壤微生物对入侵植物和周围本土植物适应性的净效应（负效应、无效应或正效应）可能取决于特定土壤中存在的互惠菌的正效应和病原菌的负效应之间的平衡（Westover and Bever，2001；Klironomos，2002；Van Der Putten *et al.*，2013）。

寄生植物在自然界中普遍存在（Pennings and Callaway，2002），入侵植物可能与本土植物、土壤微生物和本土寄生植物同时发生相互作用（Li *et al.*，2014）。实验研究表明，土壤微生物群落可以调节入侵植物和本地植物之间的竞争（Marler *et al.*，1999；Lankau，2010；Shivega and Aldrich-Wolfe，2017；Allen *et al.*，2018）。例如，当入侵植物芦苇和本土植物互花米草相互竞争时，芦苇的根际土壤生物区系可以增加互花米草的生物量（Allen *et al.*，2018）。在另一项研究中，微生物类群抑制了入侵植物葱芥（*Alliaria petiolata*）对本地植物—球悬铃木（*Platanus occidentalis*）幼苗的化感作用（Lankau，2010）。在成对竞争实验中，通过比较两种本地草原植物 *Oligoneuron rigidum* 和大须芒草（*Andropogon gerardii*）对一种入侵植物节毛飞廉（*Carduus acanthoides*）的表现，发现在本地微生物群落存在的情况下，本地植物能更好地抵抗入侵植物（Shivega and Aldrich-Wolfe，2017）。也有研究发现丛枝菌根（arbuscular mycorrhiza，AM）真菌增加了入侵植物斑点矢车菊（*Centaurea maculosa*）对本地植物爱达荷羊茅（*Festuca idahoensis*）的负面影响（Marler *et al.*，1999）。此外，还有研究表明，本地寄生植物可以影响入侵植物与本地植物之间的竞争。例如，本地全寄生植物，如原野菟丝子（Yu et al.，2008）、南方菟丝子（Yu et al.，2011；Li et al.，2012b；Wang et al.，2012；）和短毛无根藤（*Cassytha pubescens*）（Prider et al.，2009）给入侵寄主植物造成了比周围本地寄主植物更大的伤害。因此，全寄生植物被认为是一种潜在的入侵植物生物防治剂（Miao et al.，2012）。然而，以往的研究只考察了土壤微生物和本地寄生植物对入侵植物和本地植物相互作用的独立影响。对于土壤微生物群落与本地寄生植物是独立运作还是彼此相互促进来影响入侵植物与本地植物之间的竞争性相互作用，目前尚不清楚。

　　本节通过采用入侵植物微甘菊、相邻本地植物薏苡（*Coix lacryma-jobi*）和本地全寄生植物原野菟丝子，探讨本地全寄生植物是否通过和土壤真菌、细菌的相互作用降低入侵植物的适应度，促进相邻本地植物的生长。

10.3.1 对生物量的影响

　　原野菟丝子寄生在入侵植物微甘菊上极显著降低了微甘菊的生物量（图 10-7a，$F=157.166$，$P<0.001$），重度寄生和轻度寄生造成的生物量下降程度相似（图 10-7a）。抑制土壤细菌提高了微甘菊的生物量，但效果不显著。抑制土壤真菌时微甘菊的生物量高于不抑制土壤真菌时（杀真菌剂主效应极显著，图 10-7b，$F=16.092$，$P<0.001$）。

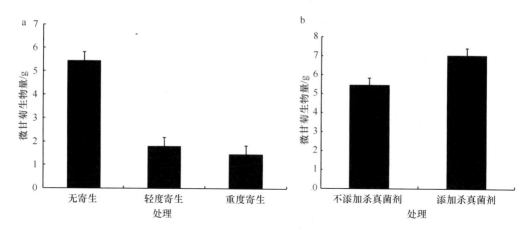

图 10-7　不同程度的原野菟丝子寄生（a）和杀真菌剂（b）单独处理对微甘菊生物量的影响（平均数±标准差）

　　土壤真菌和细菌改变了寄生植物对微甘菊生物量的影响（显著双向互作：寄生×杀细菌剂，图 10-8a，$F=18.778$，$P<0.001$；寄生×杀真菌剂，图 10-8b，$F=11.307$，$P<0.001$）。在土壤细菌全部存在（未使用杀细菌剂）的情况下，原野菟丝子轻度寄生和重度寄生使微甘菊生物量分别减少 62% 和 79%（图 10-8a）。然而，当细菌受到抑制（施用杀细菌剂）时，原野菟丝子轻度寄生和重度寄生使微甘菊生物量分别减少 31% 和 66%（图 10-8a）。同样，在土壤真菌全部存在（未使用杀真菌剂）的情况下，原野菟丝子的轻度寄生和重度寄生使微甘菊生物量分别减少 68% 和 72%（图 10-8b）。当真菌受到抑制（施用杀真菌剂）时，原野菟丝子轻度寄生和重度寄生使微甘菊生物量分别减少 35% 和 75%（图 10-8b）。

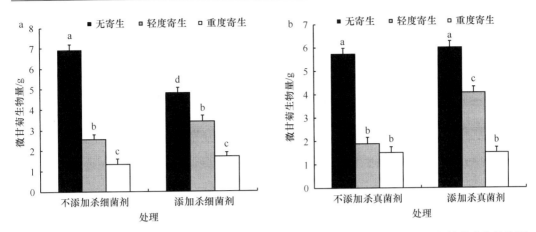

图 10-8　不同程度的原野菟丝子寄生与杀细菌剂（a）和杀真菌剂（b）交互作用对微甘菊生物量的影响（平均数±标准误）

不同小写字母表示处理间存在显著性差异（$P<0.05$）

土壤细菌影响了土壤真菌对微甘菊生物量的作用（杀菌剂互作显著；图 10-9，$F=11.307$，$P<0.001$）。当细菌未受到抑制、真菌受到抑制时微甘菊比未受到抑制时产生更多的生物量（图 10-10）。然而，当细菌受到抑制时，观察到相反的模式（图 10-9）。

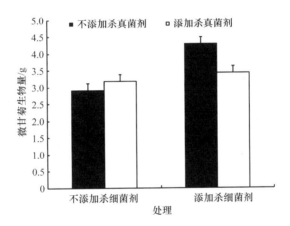

图 10-9　杀细菌剂与杀真菌剂交互作用对微甘菊生物量的影响（平均数±标准误）

细菌和真菌共同影响原野菟丝子对微甘菊的抑制作用（显著的三方互作：寄生×杀细菌剂×杀真菌剂；图 10-10，$F=24.839$，$P<0.001$）。当真菌受到抑制而细菌没有受到抑制时，原野菟丝子的重度寄生导致微甘菊生物量下降最大（85.3%）（图 10-10）。

在微甘菊被寄生（轻度和重度）时，本地植物薏苡的生物量极显著高于微甘菊未被寄生时（图 10-11a，$F=76.594$，$P<0.001$）。抑制土壤细菌导致薏苡生物量显著增加（杀细菌剂主效应显著；图 10-11b，$F=12$，$P=0.012$）。而抑制土壤真菌导致薏苡生物量极显著下降（杀真菌剂主效应显著；图 10-11c，$F=68.867$，$P<0.001$）。

杀真菌剂和寄生处理共同降低微甘菊对薏苡生物量的影响（显著双向互作：寄生×杀真菌剂；图 10-12，$F=763$，$P=0.034$）。当土壤真菌全部存在时，在轻、重度寄生水平下薏苡产生相近的生物量（图 10-12）。然而，当真菌受到抑制时，重度寄生时薏苡的生物量显著高于无寄生和轻度寄生时（图 10-12）。

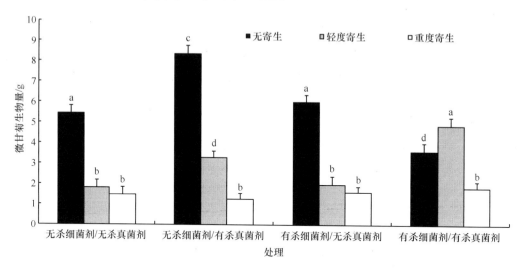

图 10-10　不同程度的原野菟丝子寄生、杀细菌剂与杀真菌剂交互作用对微甘菊生物量的影响
（平均数±标准误）
不同小写字母表示处理间存在显著性差异（*P*<0.05）

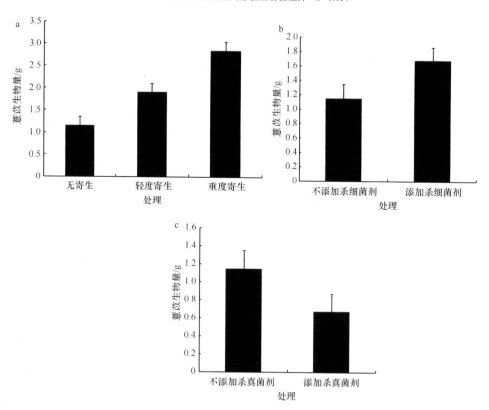

图 10-11　不同程度的原野菟丝子寄生（a）、杀真菌剂（b）和杀细菌剂
（c）单独处理对薏苡生物量的影响（平均数±标准误）

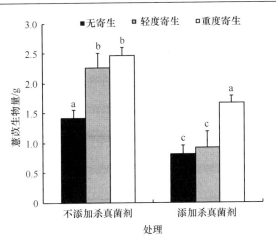

图 10-12　不同程度的原野菟丝子寄生与杀真菌剂交互作用对薏苡生物量的影响（平均数±标准误）
不同小写字母表示处理间存在显著性差异（P<0.05）

原野菟丝子寄生微甘菊、土壤真菌和细菌的共同作用显著影响薏苡生物量（显著的三向互作：寄生×杀细菌剂×杀真菌剂；图 10-13）。当微甘菊被重度寄生以及土壤真菌和细菌存在时，薏苡的生物量增长最大（163.6%）（图 10-13）。相反，尽管微甘菊寄生严重，但真菌或细菌受到抑制时，薏苡的生物量略有增加（图 10-13）。

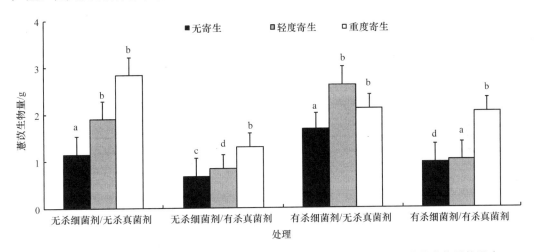

图 10-13　不同程度的原野菟丝子寄生、杀细菌剂与杀真菌剂交互作用对薏苡生物量的影响
（平均数±标准误）
不同小写字母表示处理间存在显著性差异（P<0.05）

原野菟丝子寄生在微甘菊上，使其生物量显著下降，但土壤中真菌和细菌的存在改变了其影响程度。当土壤真菌被抑制、土壤细菌存在时，原野菟丝子的重度寄生对微甘菊生长的抑制作用最强（图 10-10），相比之下，当微甘菊被重度寄生时，且土壤细菌和真菌全部存在时，共存的本地植物薏苡的生物量增长最大（图 10-13）。这表明重度寄生削弱了微甘菊对可能存在于土壤中的致病菌的防御能力。同时，抑制土壤真菌也会消除或减少共生菌对微甘菊的促进作用。寄生植物可以通过从寄主植物的维管系统中提取诸如水分、营养物质和有机化合物等资源来影响寄主植物的生长（Press *et al.*，1999）。由

于这些资源能够用了抵抗病原菌的植物次生代谢产物的合成（Bouwmeester *et al.*, 2007），因此原野菟丝子重度寄生于微甘菊能够减少这些次生代谢产物的合成，从而降低对土壤病原菌的抗性。这个假设能够成立的一个重要原因是，已有研究证明菟丝子属植物是寄主植物光合产物和养分的一个重要的汇，能够减少寄主植物对生长、胁迫耐受性和抗性的资源分配（Jeschke *et al.*, 1994；Shen *et al.*, 2013）。当土壤真菌没有受到抑制时，原野菟丝子与土壤细菌对微甘菊具有明显的协同负效应，使本地植物薏苡免于激烈的竞争（图 10-13）。

10.3.2　对根部丛枝菌根真菌及细菌的影响

添加杀真菌剂极显著降低丛枝菌根（AM）真菌对薏苡和微甘菊根部的侵染（图 10-14a，*F*=48.848，*P*<0.001；图 10-14b，*F*=91.265，*P*<0.001）。杀真菌剂的施用改变了原野菟丝子对 AM 真菌在微甘菊根部定植的影响（显著双向互作：寄生×杀真菌剂；图 10-15，*F*=4.474，*P*=0.020）。在不施用杀真菌剂的情况下，被原野菟丝子轻度寄生和重度寄生对 AM 真菌的侵染率影响相似，但寄生使 AM 真菌的侵染率显著低于未寄生水平（图 10-15）。然而，当施用杀真菌剂时，AM 真菌在不同寄生水平上的侵染情况相似（图 10-15）。杀细菌剂的应用改变了杀真菌剂和寄生对 AM 真菌侵染微甘菊的联合效应（显著的三方互作：寄生×杀细菌剂×杀真菌剂；图 10-16，*F*=5.461，*P*=0.010）。微甘菊在没有寄生和不施用杀菌剂的情况下，其侵染率最高（58%）（图 10-16）。相反，当使用杀细菌剂和杀真菌剂时，侵染率最低（图 10-16）。即微甘菊在没有被寄生、土壤细菌和真菌存在的情况下，AM 真菌侵染率最高（图 10-16）。相比之下，薏苡的 AM 真菌侵染率不受微甘菊的寄生情况或土壤细菌的影响（图 10-16）。

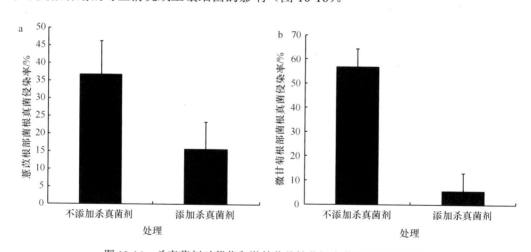

图 10-14　杀真菌剂对薏苡和微甘菊丛枝菌根真菌侵染率的影响

对于薏苡，寄生和杀细菌剂对 AM 真菌侵染率没有影响。与杀真菌剂对 AM 真菌侵染的影响类似，添加杀细菌剂显著降低了土壤细菌数量（图 10-17）。添加杀真菌剂改变了杀细菌剂对土壤细菌数量的影响（显著的双向相互作用：杀细菌剂×杀真菌剂；图 10-18）。

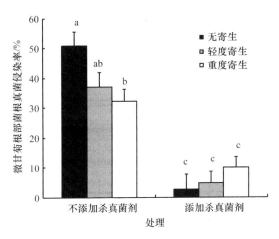

图 10-15　不同程度的原野菟丝子寄生与杀真菌剂交互作用对微甘菊丛枝菌根真菌侵染率的影响
不同小写字母表示处理间存在显著性差异（$P<0.05$）

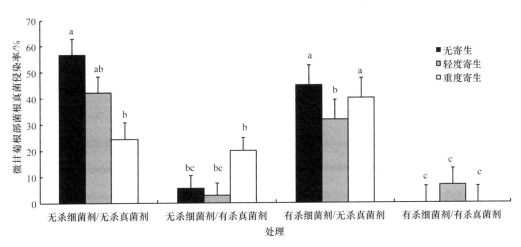

图 10-16　不同程度的原野菟丝子寄生、杀细菌剂与杀真菌剂交互作用对微甘菊丛枝菌根真菌侵染率的
影响
不同小写字母表示处理间存在显著性差异（$P<0.05$）

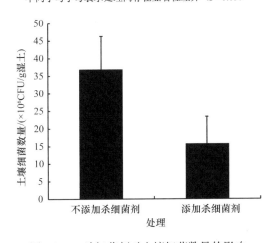

图 10-17　杀细菌剂对土壤细菌数量的影响

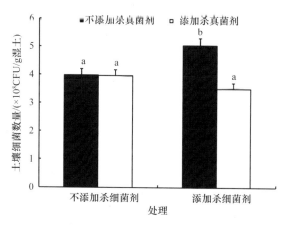

图 10-18　杀细菌剂与杀真菌剂交互作用对土壤细菌数量的影响
不同小写字母表示处理间存在显著性差异（$P<0.05$）

在不添加杀真菌剂的情况下，施用杀细菌剂的盆和未施用杀细菌剂的盆里土壤细菌数量相似（图 10-17）。然而，当施用杀细菌剂时，无杀真菌剂的花盆土壤细菌数量要显著高于施用杀真菌剂的花盆土壤细菌数量（图 10-18）。原野菟丝子的寄生可以显著影响杀细菌剂与杀真菌剂对土壤细菌数量的影响（显著的三方互作：寄生×杀细菌剂×杀真菌剂；图 10-19）。当添加杀真菌剂而不添加杀细菌剂时，微甘菊受到原野菟丝子的严重寄生时，土壤细菌的平均数量最高为 5.37×10^8CFU/g 湿土（图 10-19）；而在不添加杀细菌剂和杀真菌剂且原野菟丝子轻度寄生微甘菊的情况下，土壤细菌的平均数量最低，为 2.97×10^8CFU/g 湿土（图 10-19）。

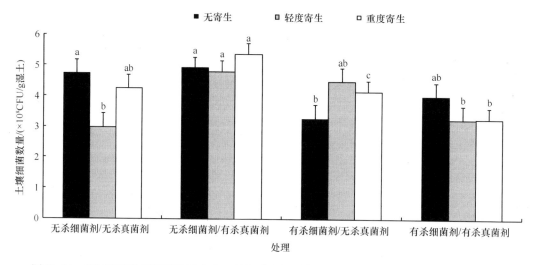

图 10-19　不同程度的原野菟丝子寄生、杀细菌剂与杀真菌剂交互作用对土壤细菌数量的影响
不同小写字母表示处理间存在显著性差异（$P<0.05$）

当微甘菊没有被原野菟丝子寄生且土壤细菌和真菌均存在时，微甘菊的 AM 真菌侵染率最高（图 10-16）。这一结果支持了过去的研究，即寄生植物寄生于寄主植物可以降低寄主植物的 AM 真菌侵染率（Gehring and Whitham，1992；Davies and Graves，1998；McKibben and Henning，2018）。造成这一结果的原因可能是碳水化合物的供应减少

（Davies and Graves，1998）。由于 AM 真菌和寄生植物都是碳汇（Davies and Graves，1998），双重感染可导致 AM 真菌和寄生植物竞争寄主植物的碳水化合物。如果寄生植物是一个较强的竞争对手，那么对碳水化合物的竞争可能会破坏寄主植物和真菌之间的相互作用（Stewart and Press，1990；Davies and Graves，1998；Press and Phoenix，2005）。与未被寄生的微甘菊相比，被寄生的微甘菊植株的生物量产量显著降低，表明原野菟丝子通过减少碳供应来抑制 AM 真菌。

当土壤真菌和细菌被抑制且微甘菊被原野菟丝子寄生时，微甘菊的 AM 真菌侵染率最低（图 10-16）。相比之下，与微甘菊一起生长的本地植物薏苡，仅在土壤真菌受到抑制时其 AM 真菌侵染率最低（图 10-14a）。这些对比结果可能与原野菟丝子没有寄生于薏苡以及杀菌剂的抑制作用有关。由于原野菟丝子未寄生于薏苡，因此原野菟丝子不可能通过竞争碳而间接减少 AM 真菌对薏苡的侵染。另外，微甘菊根部 AM 真菌侵染的抑制可能是由杀真菌剂直接引起的，也可能是通过原野菟丝子对碳水化合物的竞争间接引起的。然而对于杀细菌剂是通过间接改变寄主植物生理还是直接作用于 AM 真菌来降低微甘菊根部的 AM 真菌侵染率，目前尚不清楚。

在既不施用杀真菌剂也不施用杀细菌剂的土壤中，微甘菊的 AM 真菌侵染率（58%）高于薏苡（38%）（图 10-14a）。这些结果与外来植物相对于本地植物更不可能与 AM 真菌相关联的观点相反（Klironomos，2003；Pringle et al.，2009；Bunn et al.，2015；）。尽管入侵植物在入侵地远离了其在本土共同进化的共生菌（Kowalski et al.，2015），但随着入侵密度、范围和时间的增加，植物可能会获得新的微生物共生菌（寄主跳跃假说）（Shipunov et al.，2008；Kowalski et al.，2015）。例如，入侵美国墨西哥湾沿岸地区的香附子（Cyperus rotundus）含有本土的共生真菌 Balansia cyperi（Stovall and Clay，1988），真菌可能是从原生莎草属（Cyperus）寄主跳跃到香附子上（Kowalski et al.，2015）。入侵植物也可能通过引入与其原产地的共生菌再次形成共生关系（引入假说）（Shipunov et al.，2008）。例如，斑点矢车菊在入侵地和原产地的内生真菌群落相似，表明不同真菌多次同时入侵新的区域（Shipunov et al.，2008）。扭叶松（Pinus contorta）与其外生菌根真菌群落共同入侵新西兰坎特伯雷市克雷格本自然保护公园（Dickie et al.，2010）。在伊比利亚半岛的澳大利亚桉树人工林中研究人员发现了几种澳大利亚外生菌根真菌，进一步支持了共引种的观点（Díez，2005）。在伊比利亚半岛，澳大利亚长叶相思树（Acacia longifolia）含有澳大利亚本土的共生固氮细菌（Rodríguez-Echeverría，2010）。在中国已经存在了近 100 年的微甘菊（Holm et al.，1977）是否获得了新的微生物共生体，或者这些新的微生物与本土的微生物形成了共生体，这仍然是一个有待进一步研究的领域。

当微甘菊被菟丝子严重寄生时，土壤细菌的数量最高，而土壤真菌则在土壤细菌完全存在的情况下受到抑制。这些发现支持了寄生植物对寄主植物的影响可以触发寄生植物与群落中其他物种之间的间接相互作用的观点（Pennings and Callaway，2002）。这可能是由于原野菟丝子的大量寄生导致微甘菊增加根系分泌物，反过来促进了土壤细菌的生长。根系分泌物是土壤细菌群落碳和养分的主要来源（Dennis et al.，2010）。被寄生的寄主植物可能会增加对根的资源分配，但缺乏相关证据，已有的少量证据也相互矛盾（Quested，2008）。在混合草地群落中，根半寄生植物小鼻花促进了地下分解者的活动，可能是由于寄主植物的根分泌物增加，从而增加了底物的供应（Bardgett et al.，2006）。

该研究还发现，在半寄生植物存在的情况下，真菌与细菌的比例会降低（Bardgett *et al.*，2006）。被奥地利槲寄生（亚种）（*Viscum album* subsp. *austriacum*）寄生的欧洲黑松（*Pinus nigra*）树下的土壤异养微生物群落比未被寄生的树下土壤更加丰富（Mellado *et al.*，2016）。相反，原野菟丝子寄生在微甘菊上则导致了土壤微生物生物量的减少和土壤微生物群落功能多样性的改变（Li *et al.*，2014）。因此，寄生植物寄生于入侵植物可以通过改变土壤微生物生物量和多样性，影响土壤微生物群落的关键功能（如分解和养分释放），最终影响被寄生的入侵植物周围本土植物的生长。

杀真菌剂可能通过抑制土壤真菌对细菌的竞争效应而增加了土壤细菌数量。微生物间的竞争发生在许多自然生态系统中，并且可能是由于营养和空间的限制而产生的，最终导致某些微生物减少，微生物群落组成变化（Bell *et al.*，2013）。这可能引起对植物生长的反馈，因为微生物群落的不同会对植物生长产生不同的影响（Bever *et al.*，2012）。土壤细菌和真菌之间的竞争在许多研究中都有体现（Fitter and Garbaye，1994；Liu *et al.*，2016）。例如，杀真菌剂对病原真菌（尖孢镰刀菌）的抑制可提高红豆幼苗根部固氮细菌的活性（Liu *et al.*，2016）。

综上所述，在相同的生长条件下，原野菟丝子对微甘菊的重度寄生和土壤细菌对微甘菊的生长有协同的负面影响，而对周围薏苡则有协同的正面影响。更广泛地说，本地寄生植物和土壤微生物能够协同促进本地植物与入侵植物共存。通过本地寄生植物的寄生和土壤微生物的选择性模式，敏感的入侵寄主植物可能表现出竞争能力减弱，而周围非寄主本地植物（或寄生植物较少偏好的本地植物）的优势度则增加。

10.4　小　　结

根瘤菌接种显著或极显著提高了大豆总生物量和地上生物量和地下生物量，而南方菟丝子寄生极显著降低了大豆总生物量和地上生物量，氮添加处理对总生物量和地上生物量无显著影响。根瘤菌接种和氮添加处理能显著提高大豆地下生物量，而南方菟丝子寄生对大豆地下生物量无显著影响。氮添加、南方菟丝子寄生和根瘤菌接种对大豆生物量的影响不存在三方或双方的交互作用。根瘤菌接种和氮添加处理均显著增加了南方菟丝子的生物量，而寄生和氮添加处理均显著降低了根瘤菌的生物量。因此，根瘤菌接种和氮添加对寄主植物生长的改善有利于寄生植物的生长。根瘤菌与寄生植物竞争来自寄主的光合有机碳而受到抑制，也可能因为高氮降低了根瘤菌与寄主植物的共生强度而抑制了根瘤菌的生长。总之，这部分研究结果强调了生物和非生物通过寄主植物相互作用的复杂级联效应的重要性。

南方菟丝子寄生显著降低了红三叶的生物量。在没有寄生的情况下，CMN 增加了寄主和非寄主红三叶植株的 ^{15}N 浓度，但对其生物量没有影响。然而，当南方菟丝子寄生于红三叶时，CMN 放大了寄主与相邻红三叶植株在 ^{15}N 浓度和生物量上的差异。此外，CMN 还降低了南方菟丝子对寄主红三叶植物生长的负面影响。最终，CMN 虽然没有影响南方菟丝子的 ^{15}N 浓度，但降低了其生物量。以上结果表明，当被南方菟丝子寄生时，CMN 会优先向未寄生的相邻红三叶植株分配更多的矿质营养物质，这对红三叶的生长具有负反馈作用。

入侵植物常与包括本地寄生植物和土壤病原微生物在内的拮抗生物相互作用，从而降低入侵植物的适应性。微甘菊和薏苡一起生长在花盆中，研究进行了有原野菟丝子寄生或没有原野菟丝子寄生在微甘菊上，有土壤细菌和真菌或没有土壤细菌和真菌的处理（分别用杀细菌剂和杀真菌剂抑制土壤细菌和真菌）。当土壤细菌和真菌被抑制时，原野菟丝子严重寄生会显著降低微甘菊的生物量。相反，当土壤细菌和真菌不被抑制且微甘菊被原野菟丝子寄生时，薏苡的生物量增长最快。结果表明，本地寄生植物和土壤微生物对入侵植物的选择性寄生可能会降低入侵植物的竞争能力，促进本地植物与入侵植物共存。

主要参考文献

Agrawal A A, Kotanen P M, Mitchell C E, et al. 2005. Enemy release? An experiment with congeneric plant pairs and diverse above and belowground enemies. Ecology, 86(11): 2979-2989

Allen W J, Meyerson L A, Flick A J, et al. 2018. Intraspecific variation in indirect plant-soil feedbacks influences a wetland plant invasion. Ecology, 99(6): 1430-1440

Aly R. 2013. Trafficking of molecules between parasitic plants and their hosts. Weed Research, 53(4): 231-241

Arrese-Igor C, Minchin F R, Gordon A J, et al. 1997. Possible causes of the physiological decline in soybean nitrogen fixation in the presence of nitrate. Journal of Experimental Botany, 48(4): 905-913

Awaydul A, Zhu W, Yuan Y, et al. 2019. Common mycorrhizal networks influence the distribution of mineral nutrients between an invasive plant, *Solidago canadensis*, and a native plant, *Kummerowa striata*. Mycorrhiza, 29(1): 29-38

Ballhorn D J, Kautz S, Schdler M. 2012. Rhizobial symbiosis affects higher trophic levels by altering direct and indirect plant defenses. *In*: The 97th ESA Annual Convention. Portland, USA

Bardgett R D, Smith R S, Shiel R S, et al. 2006. Parasitic plants indirectly regulate belowground properties in grassland ecosystems. Nature, 439(7079): 969-972

Barker E R, Press M C, Scholes J D, et al. 1996. Interactions between the parasitic angiosperm *Orobanche aegyptiaca* and its tomato host: growth and biomass allocation. New Phytologist, 133(4): 637-642

Batten K M, Scow K M, Davies K F, et al. 2006. Two invasive plants alter soil microbial community composition in serpentine grasslands. Biological Invasions, 8(2): 217-230

Bell T H, Callender K L, Whyte L G, et al. 2013. Microbial competition in polar soils: a review of an understudied but potentially important control on productivity. Biology, 2(2): 533-554

Bertness M D, Crain C, Holdredge C, et al. 2008. Eutrophication and consumer control of new England salt marsh primary productivity. Conservation Biology, 22(1): 131-139

Bever J D, Platt T G, Morton E R. 2012. Microbial population and community dynamics on plant roots and their feedbacks on plant communities. Annual Review of Microbiology, 66(1): 265-283

Bouwmeester H J, Roux C, Lopez-Raez J A, et al. 2007. Rhizosphere communication of plants, parasitic plants and AM fungi. Trends in Plant Science, 12(5): 224-230

Bunn R A, Ramsey P W, Lekberg Y. 2015. Do native and invasive plants differ in their interactions with arbuscular mycorrhizal fungi? A meta-analysis. Journal of Ecology, 103(6): 1547-1556

Callaway R, Thelen G, Rodriguez A, et al. 2004. Soil biota and exotic plant invasion. Nature, 427(6976): 731-733

Chen T, Nan Z, Kardol P, et al. 2018. Effects of interspecific competition on plant-soil feedbacks generated by long-term grazing. Soil Biology and Biochemistry, 126: 133-143

Chen Y, Olson D M, Ruberson J R. 2010. Effects of nitrogen fertilization on tritrophic interactions. Arthropod-Plant Interactions, 4(2): 81-94

Chiariello N, Hickman J C, Mooney H A. 1982. Endomycorrhizal role for interspecific transfer of phosphorus in a community of annual plants. Science, 217(4563): 941-943

Cirocco R M, Facelli J M, Watling J R. 2017. Does nitrogen affect the interaction between a native hemiparasite and its native or introduced leguminous hosts? New Phytologist, 213(2): 812-821

David-Schwartz R, Runo S, Townsley B, et al. 2008. Long-distance transport of mRNA via parenchyma cells and phloem across the host-parasite junction in Cuscuta. New Phytologist, 179(4): 1133-1141

Davies D, Graves J. 1998. Interactions between arbuscular mycorrhizal fungi and the hemiparasitic angiosperm Rhinanthus minor during co-infection of a host. New Phytologist, 139(3): 555-563

Dean J M, Mescher M C, Moraes C M D. 2009. Plant-rhizobia mutualism influences aphid abundance on soybean. Plant and Soil, 323(1-2): 187-196

Denison R F. 2000. Legume sanctions and the evolution of symbiotic cooperation by rhizobia. American Naturalist, 156(6): 567-576

Dennis P G, Miller A J, Hirsch P R. 2010. Are root exudates more important than other sources of rhizodeposits in structuring rhizosphere bacterial communities. FEMS Microbiology Ecology, 72(3): 313-327

Dickie I A, Bolstridge N, Cooper J A, et al. 2010. Co-invasion by Pinus and its mycorrhizal fungi. New Phytologist, 187(2): 475-484

Díez J M, Dickie I, Edwards G, et al. 2010. Negative soil feedbacks accumulate over time for non-native plant species. Ecology Letters, 13(7): 803-809

Díez J. 2005. Invasion biology of Australian ectomycorrhizal fungi introduced with eucalypt plantations into the Iberian Peninsula. Biological Invasions, 7(1): 3-15

Dostál P, Müllerová J, Pyšek P, et al. 2013. The impact of an invasive plant changes over time. Ecology Letters, 16(10): 1277-1284

Egerton-Warburton L M, Querejeta J I, Allen M F. 2007. Common mycorrhizal networks provide a potential pathway for the transfer of hydraulically lifted water between plants. Journal of Experimental Botany, 58(6): 1473-1483

Evans J R. 1989. Photosynthesis and nitrogen relationships in leaves of C3 plants. Oecologia, 78(1): 9-19

Feller I C, Chamberlain A H, Piou C, et al. 2013. Latitudinal patterns of herbivory in mangrove forests: consequences of nutrient over-enrichment. Ecosystems, 16(7): 1203-1215

Fernández-Aparicio M, Rispail N, Prats E, et al. 2010. Parasitic plant infection is partially controlled through symbiotic pathways. Weed Research, 50(1): 76-82

Fitter A H, Garbaye J. 1994. Interactions between mycorrhizal fungi and other soil organisms. Plant and Soil, 159(1-2): 123-132

Gao F L, Che X X, Yu F H, et al. 2019. Cascading effects of nitrogen, rhizobia and parasitism via a host plant. Flora, 251: 62-67

Gehring C, Whitham T. 1992. Reduced mycorrhizae on Juniperus monosperma with mistletoe: the influence of environmental stress and tree gender on a plant parasite and a plant fungal mutualism. Oecologia, 89(2): 298-303

Godschalx A L, Schädler M, Trisel J A, et al. 2015. Ants are less attracted to the extrafloral nectar of plants with symbiotic, nitrogen-fixing rhizobia. Ecology, 96(2): 348-354

Grime J P, Mackey J M L, Hillier S H, et al. 1987. Floristic diversity in a model system using experimental microcosms. Nature, 328(3129): 420-422

Haan N L, Bakker J D, Bowers M D. 2018. Hemiparasites can transmit indirect effects from their host plants to herbivores. Ecology, 99(2): 399-410

Hartley S E, Green J P, Massey F P, et al. 2015. Hemiparasitic plant impacts animal and plant communities across four trophic levels. Ecology, 96(9): 2408-2416

He Q, Silliman B R. 2015. Biogeographic consequences of nutrient enrichment for plant-herbivore interactions in coastal wetlands. Ecology Letters, 18(5): 462-471

Hibberd J M, Quick W P, Press M C, et al. 1998. Can source-sink relations explain responses of tobacco to infection by the root holoparasitic angiosperm Orobanche cernua? Plant Cell and Environment, 21(3): 333-340

Hibberd J M, Quick W P, Press M C, et al. 1999. Solute fluxes from tobacco to the parasitic angiosperm Orobanche cernua and the influence of infection on host carbon and nitrogen relations. Plant, Cell and

Environment, 22(8): 937-947

Hill S B, Kotanen P M. 2012. Biotic interactions experienced by a new invader: effects of its close relatives at the community scale. Botanique, 90(1): 35-42

Holm L G, Plucknett D L, Pancho J V, et al. 1977. The world's worst weeds: distribution and biology. Honolulu: University of Hawaii Press

Hunter M D, Price P W. 1992. Playing chutes and ladders: heterogeneity and the relative roles of bottom-up and top-down forces in natural communities. Ecology, 73(3): 724-732

Hwangbo J K. 2000. Interactions between a facultative annual root hemiparasite, *Rhinanthus minor* (L.) and its hosts. PhD Thesis, University of Aberdeen

Isaias R M S, Carneiro R G S, Oliveira D C, et al. 2013. Illustrated and annotated checklist of Brazilian gall morphotypes. Neotropical Entomology, 42(3): 230-239

Jeschke W D, Bäumel P, Räth N, et al. 1994. Modelling of the flows and partitioning of carbon and nitrogen in the holoparasite *Cuscuta reflexa* Roxb. and its host *Lupinus albus* L.: II. Flows between host and parasite and within the parasitized host. Journal of Experimental Botany, 45(6): 801-812

Jeschke W D, Hilpert A. 1997. Sink-stimulated photosynthesis and sink-dependent increase in nitrate uptake: nitrogen and carbon relations of the parasitic association *Cuscuta reflexa-Ricinus communis*. Plant Cell and Environment, 20(1): 47-56

Jiang F, Jeschke W D, Hartung W, et al. 2008. Does legume nitrogen fixation underpin host quality for the hemiparasitic plant *Rhinanthus minor*? Journal of Experimental Botany, 59(4): 917-925

Jiang Y, Wang W, Xie Q, et al. 2017. Plants transfer lipids to sustain colonization by mutualistic mycorrhizal and parasitic fungi. Science, 356(6343): 1172-1175

Jordan N R, Aldrich-Wolfe L, Huerd S C, et al. 2012. Soil-occupancy effects of invasive and native grassland plant species on composition and diversity of mycorrhizal associations. Invasive Plant Science and Management, 5(4): 494-505

Kardol P, Cornips N J, Van Kempen M M L, et al. 2007. Microbe-mediated plant-soil feedback causes historical contingency effects in plan community assembly. Ecological Monographs, 77(2): 147-162

Kiers E T, Duhamel M, Beesetty Y, et al. 2011. Reciprocal rewards stabilize cooperation in the mycorrhizal symbiosis. Science, 333(6044): 880-882

Kiers E T, Rousseau R A, West S A, et al. 2003. Host sanctions and the legume-rhizobium mutualism. Nature, 425(6953): 78-81

Kiers E T, West S K, Denison R F. 2008. Maintaining cooperation in the legume-rhizobia symbiosis: identifying selection pressures and mechanisms. *In*: Dilworth M J, James E K, Sprent J I, et al. Nitrogen-fixing Leguminous Symbioses. Dordrecht: Springer: 59-76

Klironomos J N. 2002. Feedback with soil biota contributes to plant rarity and invasiveness in communities. Nature, 417(6884): 67-70

Klironomos J N. 2003. Variation in plant response to native and exotic arbuscular mycorrhizal fungi. Ecology, 84(9): 2292-2301

Kourtev P, Ehrenfeld J, Häggblom M. 2003. Experimental analysis of the effect of exotic and native plant species on the structure and function of soil microbial communities. Soil Biology and Biochemistry, 35(7): 895-905

Kowalski K P, Bacon C, Bickford W, et al. 2015. Advancing the science of microbial symbiosis to support invasive species management: a case study on *Phragmites* in the Great Lakes. Frontiers in Microbiology, 6: 1-14

Kulmatiski A, Beard K H, Stevens J R, et al. 2008. Plant-soil feedbacks: a meta-analytical review. Ecology Letters, 11(9): 980-992

Lankau R A. 2010. Soil microbial communities alter allelopathic competition between *Alliaria petiolata* and a native species. Biological Invasions, 12(7): 2059-2068

Le Roux J, Hui C, Keet J, et al. 2017. Co-introduction versus ecological fitting as pathways to the establishment of effective mutualisms during biological invasions. New Phytologist, 215(4): 1354-1360

Lebauer D S, Treseder K K. 2008. Nitrogen limitation of net primary productivity in terrestrial ecosystems is globally distributed. Ecology, 89(2): 371-379

Lekberg Y, Hammer E C, Olsson P A. 2010. Plants as resource islands and storage units: adopting the mycocentric view of arbuscular mycorrhizal networks. FEMS Microbiology Ecology, 74(2): 336-345

Levine J M, Adler P B, Yelenik S G. 2004. A meta-analysis of biotic resistance to exotic plant invasions. Ecology Letters, 7(10): 975-989

Li A R, Smith S E, Smith F A, et al. 2012a. Inoculation with arbuscular mycorrhizal fungi suppresses initiation of haustoria in the root hemiparasite *Pedicularis tricolor*. Annals of Botany, 109(6): 1075-1080

Li J M, Jin Z X, Hagedorn F, et al. 2014. Short-term parasite infection alters already the biomass, activity and functional diversity of soil microbial communities. Scientific Reports, 4(4): 6895

Li J M, Jin Z X, Song W J. 2012b. Do native parasitic plants cause more damage to exotic invasive hosts than native non-invasive hosts? An implication for biocontrol. PLoS One, 7(4): e34577

Li J M, Oduor A M O, Yu F H, et al. 2019. A native parasitic plant and soil microorganisms facilitate a native plant co-occurrence with an invasive plant. Ecology and Evolution, 9(15): 8652-8663

Li J M, Zhong Z C, Dong M. 2008. Change of soil microbial biomass and enzyme activities in the community invaded by *Mikania micrantha*, due to *Cuscuta campestris* parasitizing the invader. Acta Ecologica Sinica, 28(2): 868-876

Liu L, Yu S, Xie Z, et al. 2016. Distance-dependent effects of pathogenic fungi on seedlings of a legume tree: impaired nodule formation and identification of antagonistic rhizosphere bacteria. Journal of Ecology, 104(4): 1009-1019

Lu J K, Kang L H, Sprent J I, et al. 2013. Two-way transfer of nitrogen between *Dalbergia odorifera* and its hemiparasite *Santalum album* is enhanced when the host is effectively nodulated and fixing nitrogen. Tree Physiology, 33(5): 464-474

Mabrouk Y, Simier P, Arfaoui A, et al. 2007c. Induction of phenolic compounds in pea (*Pisum sativum* L.) inoculated by *Rhizobium leguminosarum* and infected with *Orobanche crenata*. Journal of Phytopathology, 155(11-12): 728-734

Mabrouk Y, Simier P, Delavault P, et al. 2007a. Molecular and biochemical mechanisms of defence induced in pea by *Rhizobium leguminosarum* against *Orobanche crenata*. Weed Research, 47(1): 452-460

Mabrouk Y, Zourgui L, Sifi B, et al. 2007b. Some compatible *Rhizobium leguminosarum* strains in peas decrease infections when parasitised by *Orobanche crenata*. Weed Research, 47(1): 44-53

Mack R N, Simberloff D, Lonsdale M W, et al. 2000. Biotic invasions: causes, epidemiology, global consequences, and control. Ecological Applications, 10(3): 689-710

March W A, Watson D M. 2007. Parasites boost productivity: effects of mistletoe on litterfall dynamics in a temperate Australian forest. Oecologia, 154(2): 339-347

Marler M J, Zabinski C A, Callaway R M. 1999. Mycorrhizae indirectly enhance competitive effects of an invasive forb on a native bunchgrass. Ecology, 80(4): 1180-1186

Maron J L, Marler M, Klironomos J N, et al. 2011. Soil fungal pathogens and the relationship between plant diversity and productivity. Ecology Letters, 14(1): 36-41

Maron J L, Vilà M. 2001. When do herbivores affect plant invasion? Evidence for the natural enemies and biotic resistance hypotheses. Oikos, 95(3): 363-373

Mauromicale G, Monaco A L, Longo A M G. 2008. Effect of branched broomrape (*Orobanche ramosa*) infection on the growth and photosynthesis of tomato. Weed Science, 56(4): 574-581

McKibben M, Henning J A. 2018. Hemiparasitic plants increase alpine plant richness and evenness but reduce arbuscular mycorrhizal fungal colonization in dominant plant species. PeerJ, 6(1): e5682

Mellado A, Morillas L, Gallardo A, et al. 2016. Temporal dynamic of parasite-mediated linkages between the forest canopy and soil processes and the microbial community. New Phytologist, 211(4): 1382-1392

Menzel A, Hempel S, Klotz S, et al. 2017. Mycorrhizal status helps explain invasion success of alien plant species. Ecology, 98(1): 92-102

Merrild M P, Ambus P, Rosendahl S, et al. 2013. Common arbuscular mycorrhizal networks amplify competition for phosphorus between seedlings and established plants. New Phytologist, 200(1): 229-240

Miao S, Li Y, Guo Q, et al. 2012. Potential alternatives to classical biocontrol: using native agents in invaded habitats and genetically engineered sterile cultivars for invasive plant management. Tree and Forestry Science and Biotechnology, 6(1): 17-21

Mikkelsen B L, Rosendahl S, Jakobsen I. 2008. Underground resource allocation between individual networks of mycorrhizal fungi. New Phytologist, 180(4): 890-898

Mitchell C E, Agrawal A A, Bever J D, et al. 2006. Biotic interactions and plant invasions. Ecology Letters, 9(6): 726-740

Montesinos-Navarro A, Verdú M, Querejeta J I, et al. 2017. Nurse plants transfer more nitrogen to distantly related species. Ecology, 98(5): 1300-1310

Moora M, Zobel M. 1996. Effect of arbuscular mycorrhiza on inter-and interaspecific competition of two grassland species. Oecologia, 108(1): 79-84

Nuñez M A, Dickie I A. 2014. Invasive belowground mutualists of woody plants. Biological Invasions, 16(3): 645-661

Oduor A M O, Van Kleunen M, Stift M. 2017. In the presence of specialist root and shoot herbivory, invasive-range Brassica nigra populations have stronger competitive effects than native-range populations. Journal of Ecology, 105(6): 1679-1686

Oduor A M O. 2013. Evolutionary responses of native plant species to invasive plants: a review. New Phytologist, 200(4): 986-992

Pennings S C, Callaway R M. 1996. Impact of a parasitic plant on the structure and dynamics of salt marsh vegetation. Ecology, 77(5): 1410-1419

Pennings S C, Callaway R M. 2002. Parasitic plants: parallels and contrasts with herbivores. Oecologia, 131(4): 479-489

Pennings S C, Simpson J C. 2008. Like herbivores, parasitic plants are limited by host nitrogen content. Plant Ecology, 196(2): 245-250

Pineda A, Dicke M, Pieterse C M J, et al. 2013. Beneficial microbes in a changing environment: are they always helping plants to deal with insects? Functional Ecology, 27(3): 574-586

Pineda A, Zheng S J, Loon J J A V, et al. 2010. Helping plants to deal with insects: the role of beneficial soil-borne microbes. Trends in Plant Science, 15(9): 507-514

Press M, Phoenix K. 2005. Impacts of parasitic plants on natural communities. New Phytologist, 166(3): 737-751

Press M, Scholes J, Watling J. 1999. Parasitic plants: physiological and ecological interactions with their hosts. In: Press M, Scholes J, Barker M. Physiological plant ecology: The 39th Symposium of the British Ecological Society held at the University of York, UK, 7-9 September 1998. Oxford: Blackwell Science: 175-197

Prider J, Walting J, Facelli J. 2009. Impacts of a native parasitic plant on an introduced and a native host species: implications for the control of an invasive weed. Annals of Botany, 103(1): 107-115

Pringle A, Bever J D, Gardes M, et al. 2009. Mycorrhizal symbioses and plant invasions. Annual Review of Ecology, Evolution, and Systematics, 40(1): 699-715

Pringle E G. 2016. Integrating plant carbon dynamics with mutualism ecology. New Phytologist, 210(1): 71-75

Quested H M. 2008. Parasitic plants: impacts on nutrient cycling. Plant and Soil, 311(1-2): 269-272

Rakleova G, Keightley A, Panchev I, et al. 2010. Cysteine proteinases and somatic embryogenesis in suspension cultures of orchardgrass (Dactylis glomerata L.). General and Applied Plant Physiology, 36(1-2): 100-109

Richardson D M, Allsopp N, D'Antonio C M, et al. 2000. Plant invasions the role of mutualisms. Biological Reviews of the Cambridge Philosophical Society, 75(1): 65-93

Rodríguez-Echeverría S. 2010. Rhizobial hitchhikers from down under: invasional meltdown in a plant-bacteria mutualism? Journal of Biogeography, 37(8): 1611-1622

Salvagiotti F, Cassman K G, Specht J E, et al. 2008. Nitrogen uptake, fixation and response to fertilizer N in soybeans: a review. Field Crops Research, 108(1): 1-13

Serraj R, Sinclair T R, Purcell L C. 1999. Symbiotic N_2 fixation response to drought. Journal of Experimental Botany, 50(331): 143-155

Shen H, Xu S J, Hong L, et al. 2013. Growth but not photosynthesis response of a host plant to infection by a holoparasitic plant depends on nitrogen supply. PLoS One, 8(10): e75555

Shen H, Ye W, Hong L, et al. 2005. Influence of the obligate parasite *Cuscuta campestris* on growth and biomass allocation of its host *Mikania micrantha*. Journal of Experimental Botany, 56(415): 1277-1284

Shipunov A, Newcombe G, Raghavendra A K H, et al. 2008. Hidden diversity of endophytic fungi in an invasive plant. American Journal of Botany, 95(9): 1096-1108

Shivega W G, Aldrich-Wolfe L. 2017. Native plants fare better against an introduced competitor with native microbes and lower nitrogen availability. AoB Plants, 9(1): plx004

Shurin J B, Borer E T, Seabloom E W, et al. 2002. A cross-ecosystem comparison of the strength of trophic cascades. Ecology Letters, 5(6): 785-791

Sigüenza C, Crowley D, Allen E. 2006. Soil microorganisms of a native shrub and exotic grasses along a nitrogen deposition gradient in southern California. Applied Soil Ecology, 32(1): 13-26

Simberloff D, Von Holle B. 1999. Positive interactions of nonindigenous species: invasional meltdown? Biological Invasions, 1(1): 21-32

Song M H, Yu F H, Ouyang H, et al. 2012. Different inter-annual responses to availability and form of nitrogen explain species coexistence in an alpine meadow community after release from grazing. Global Change Biology, 18(10): 3100-3111

Speek T A A, Schaminée J H J, Stam J M, et al. 2015. Local dominance of exotic plants declines with residence time: a role for plant soil feedback? AoB Plants, 7: plv021

Štajerová K, Šmilauerová M, Šmilauer P. 2009. Arbuscular mycorrhizal symbiosis of herbaceous invasive neophytes in the Czech Republic. Preslia, 81(4): 341-355

Stewart R, Press C. 1990. The physiology and biochemistry of parasitic angiosperms. Annual Review of Plant Physiology and Plant Molecular Biology, 41(1): 127-151

Stovall M, Clay K. 1988. The effect of the fungus, *Balansia cyperi* Edg., on growth and reproduction of purple nutsedge, *Cyperus rotundus* L. New Phytologist, 109(3): 351-360

Stricker K B, Harmon P F, Goss E M, et al. 2016. Emergence and accumulation of novel pathogens suppress an invasive species. Ecology Letters, 19(4): 469-477

Sui X L, Zhang T, Tian Y Q, et al. 2019. A neglected alliance in battles against parasitic plants: arbuscular mycorrhizal and rhizobial symbioses alleviate damage to a legume host by root hemiparasitic *Pedicularis* species. New Phytologist, 221(1): 470-481

Těšitel J, Leps J, Vrablova M, et al. 2011. The role of heterotrophic carbon acquisition by the hemiparasitic plant *Rhinanthus alectorolophus* in seedling establishment in natural communities: a physiological perspective. New phytologist, 192(1): 188-199

Thamer S, Schädler M, Bonte D, et al. 2011. Dual benefit from a belowground symbiosis: nitrogen fixing rhizobia promote growth and defense against a specialist herbivore in a cyanogenic plant. Plant and Soil, 341(1-2): 209-219

Thilakarathna M S, Papadopoulos Y A, Rodd A V, et al. 2016. Nitrogen fixation and transfer of red clover genotypes under legume-grass forage based production systems. Nutrient Cycling in Agroecosystems, 106(2): 233-247

Treseder K K. 2008. Nitrogen additions and microbial biomass: a meta-analysis of ecosystem studies. Ecology Letters, 11(10): 1111-1120

Van Der Putten W, Klironomos J, Wardle D. 2007. Microbial ecology of biological invasions. The ISME Journal, 1(1): 28-37

Van Der Putten W, Van Dijk C, Peters B. 1993. Plant-specific soil-borne diseases contribute to succession in foredune vegetation. Nature, 362(6415): 53-56

Van Kleunen M, Bossdorf O, Dawson W. 2018. The ecology and evolution of alien plants. Annual Review of Ecology, Evolution, and Systematics, 49(1): 25-47

Vilà M, Espinar J L, Hejda M, et al. 2011. Ecological impacts of invasive alien plants: a meta-analysis of their effects on species, communities and ecosystems. Ecology Letters, 14(7): 702-708

Vogelsang K, Bever J. 2009. Mycorrhizal densities decline in association with nonnative plants and contribute to plant invasion. Ecology, 90(2): 399-407

Walder F, Niemann H, Natarajan M, et al. 2012. Mycorrhizal networks: common goods of plants shared under unequal terms of trade. Plant Physiology, 159(2): 789-797

Wang R K, Guan M, Li Y L, et al. 2012. Effect of the parasitic *Cuscuta australis* on the community diversity and the growth of *Alternanthera philoxeroides*. Acta Ecologica Sinica, 32(6): 1917-1923

Watson D M. 2009. Parasitic plants as facilitators: more Dryad than Dracula? Journal of Ecology, 97(6): 1151-1159

Weremijewicz J, Janos D P. 2013. Common mycorrhizal networks amplify size inequality in *Andropogon gerardii* monocultures. New Phytologist, 198(1): 203-213

Weremijewicz J, Sternberg L D S L O, Janos D P. 2018. Arbuscular common mycorrhizal networks mediate intra- and interspecific interactions of two prairie grasses. Mycorrhiza, 28: 71-83

Weremijewicz J, Sternberg L, Janos D P. 2016. Common mycorrhizal networks amplify competition by preferential mineral nutrient allocation to large host plants. New Phytologist, 212(2): 461-471

Westover K M, Bever J D. 2001. Mechanisms of plant species coexistence: roles of rhizosphere bacteria and root fungal pathogens. Ecology, 82(12): 3285-3294

Workman R E, Cruzan M B. 2016. Common mycelial networks impact competition in an invasive grass. American Journal of Botany, 103(6): 1041-1049

Yang B F, Li J M, Zhang J, et al. 2015. Effects of nutrients on interaction between the invasive *Bidens pilosa* and the parasitic *Cuscuta australis*. Pakistan Journal of Botany, 47(5): 1693-1699

Yang B F, Zhang X, Zagorchev L, et al. 2019. Parasitism changes rhizospheric soil microbial communities of invasive *Alternanthera philoxeroides*, benefitting the growth of neighboring plants. Applied Soil Ecology, 143: 1-9

Yu H, Liu J, He W M, et al. 2011. *Cuscuta australis* restrains three exotic invasive plants and benefits native species. Biological Invasions, 13(3): 747-756

Yu H, Yu F, Miao S, et al. 2008. Holoparasitic *Cuscuta campestris* suppresses invasive *Mikania micrantha* and contributes to native community recovery. Biological Conservation, 141(10): 2653-2661

Yuan Q Y, Wang P, Liu L, et al. 2017. Root responses to nitrogen pulse frequency under different nitrogen amounts. Acta Oecologica, 80: 32-38

Yuan Y G, Van Kleunen M, Li J M. 2021. A papasite indirectly affects nutrient distribution by common mycorrhizal networks between host and neighboring plants. Ecology, 102(5): e03339

Zavaleta E S, Shaw M R, Chiariello N R, et al. 2003. Grassland responses to three years of elevated temperature, CO_2, precipitation, and N deposition. Ecological Monographs, 73(4): 585-604

Zhang J, Li J M, Yan M. 2013. Effects of nutrients on the growth of the parasitic plant *Cuscuta australis* R. Br. Acta Ecologica Sinica, 33(8): 2623-2631

第11章 寄主植物响应菟丝子属植物寄生的分子生物学机制

寄主植物应对寄生植物是一个高度复杂、由多种因素决定的过程，其中涉及各种细胞进程的基因调控，但是目前对寄主植物响应寄生植物寄生的分子生物学机制的了解还比较少。菟丝子属寄生植物能在它的兼容和不兼容的寄主上诱导各种响应。当寄生植物感染寄主植物后，兼容的寄主可以诱导产生对寄生植物的耐受性，而不兼容的寄主可以诱导产生对寄生植物的抗性。一些诱导基因，如编码阿拉伯半乳聚糖蛋白（arabinogalactan protein，AGP）的基因将会在寄生植物吸附时增加表达，从而在营养和水分吸收方面产生重要的作用，或者参与破坏寄主植物的细胞壁，促进吸器的形成（Boukar et al.，2004）。

为了探测寄主潜在的促进或者阻止寄生植物寄生作用的相关基因，Albert 等（2006）研究了菟丝子寄生的番茄中蛋白质表达的情况，通过筛选差减文库，分离出一个编码阿拉伯半乳聚糖蛋白的基因，即 AGP 基因，这个基因编码的蛋白质促进寄生植物与寄主接触，即当菟丝子接触到番茄后，编码 AGP 蛋白的基因开始明显上调表达。Borsics 和 Lados（2002）通过差减筛选从菟丝子寄生的紫花苜蓿茎中分离出一个高度表达的、完整的 cDNA（PPRG2），属于 PR-10 家族的基因，编码的蛋白质包含 157 个氨基酸，可能与核糖核酸酶的活性有关。研究发现 PPRG2 在菟丝子寄生 3 天后开始出现，在至少寄生 2 周后才会在感染区域出现最高值。

寄主植物与寄生植物之间的相互作用可以引起彼此的协同进化（施永彬等，2012）。Dita 等（2009）通过微阵列方法研究了蒺藜苜蓿（*Medicago truncatula*）根部响应锯齿列当寄生的基因表达谱，揭示了蒺藜苜蓿在应对锯齿列当感染时会出现数百个基因表达水平的上调，这些表达水平上调的基因与蒺藜苜蓿抵抗锯齿列当感染时抗性的产生有关。

本章采用菟丝子属植物寄生模式植物拟南芥和白车轴草，从蛋白质组学、转录组学、微 RNA（microRNA）与信使 RNA（mRNA）的互作等角度阐明寄主植物响应菟丝子属植物寄生的可能的分子生物学机制。

11.1 拟南芥响应南方菟丝子寄生的蛋白质组学分析

尽管研究者对菟丝子属植物带来的农业和生态影响进行了广泛的研究，但对于寄主-寄生植物间相互作用的研究较少。菟丝子典型的生活史包括萌发、寄主识别、缠绕和吸器形成，渗透到寄主的维管系统从而形成次生茎和侵染点，最后开花、产生种子与传播（Kaiser et al.，2015）。寄生植物对寄主的识别涉及光（Benvenuti et al.，2005）和化学信号（Runyon et al.，2006）的感知，寄主组织的穿透与寄主-寄生植物接触时各种水解酶和细胞壁修饰酶的活性有关（Bleischwitz et al.，2010；Olsen et al.，2016）。后续寄生植物的生长是对寄主所吸收的碳和氮的持续消耗，因此，寄主的生长受到显著抑制（Hibberd and Jeschke，2001）。寄生对寄主植物光合作用的影响没有统一的模式，存在两种影响：作为补偿反应增强寄主的光合能力或降低寄主的光合能力（Shen et al.，2007；Le et al.，2015）。

研究表明，菟丝子对一些寄主的特异性反应是通过特定的受体和反应蛋白（Hegenauer et al.，2016）及茉莉酸和水杨酸的反应途径完成的（Runyon et al.，2010）。对于菟丝子属植物-寄主植物相互作用方面的研究还很少，并受到种间和种内明显变异的阻碍。直到近年来，菟丝子的研究才集中使用模式植物拟南芥作为寄主（Birschwilks et al.，2007）。本研究中，我们采用基于双向电泳的蛋白质组学研究吸器形成过程中拟南芥受南方菟丝子影响的主要蛋白质，进一步阐明植物寄生对寄主植物的影响，并提出假说：南方菟丝子寄生将改变拟南芥代谢相关蛋白和应激反应蛋白的表达丰度。

11.1.1　南方菟丝子寄生对光合作用参数的影响

本研究发现南方菟丝子寄生于拟南芥72h后，引起拟南芥大多数的光合参数下降（表11-1）。净光合速率（P_n）、气孔导度（g_s）、蒸腾速率（T_r）和叶绿素相对含量均显著下降。其中，叶绿素相对含量为原来的50.2%，从17.51 ± 2.06 降到了8.79 ±1.96。胞间 CO_2 浓度变化不明显，但呈下降趋势。

表 11-1　南方菟丝子寄生对寄主植物叶绿素相对含量和光合特性的影响

特性	无寄生	寄生
净光合速率/[μmol CO_2/（$m^2 \cdot s$）]	3.61 ± 0.73a	2.71 ± 0.33b
气孔导度/[μmol H_2O/（$m^2 \cdot s$）]	0.19 ± 0.05a	0.12 ± 0.01b
胞间 CO_2 浓度/[μmol CO_2/（$m^2 \cdot s$）]	305.66 ± 1.34a	301.58 ± 6.23a
蒸腾速率/[μmol CO_2/（$m^2 \cdot s$）]	3.30 ± 0.74a	2.31 ± 0.097b
叶绿素相对含量/SPAD	17.51 ± 2.06a	8.79 ± 1.96b

南方菟丝子寄生对拟南芥光合参数的显著影响与原野菟丝子寄生于微甘菊（Shen et al.，2007）和南方菟丝子寄生于鬼针草的结果高度一致（Li et al.，2015；Yang et al.，2015）。Chen 等（2011）研究表明脱落酸（ABA）参与抑制气孔导度和蒸腾速率，从而影响净光合速率。对于光反应，我们近来的研究也证实了原野菟丝子寄生对半亲和型寄主三色牵牛产生负面影响（Zagorchev et al.，2020），表明即使在寄生体发育不全的情况下，原野菟丝子寄生也会对寄主植物产生巨大的影响。总之，菟丝子寄生早期寄主光合能力受抑制是植物共有的胁迫响应，与其他非生物胁迫（如干旱）（Flexas and Medrano，2002）和生物胁迫（Bonfig et al.，2006）具有相似的信号机制。

11.1.2　蛋白质的定量分析

研究采用双向聚丙烯酰胺凝胶电泳结合 PDQuest8.0.1 软件对南方菟丝子寄生和非寄生拟南芥的茎及叶片的差异蛋白质进行分析。选择表达丰度 2.5 倍以上且 $P<0.05$ 的蛋白质点进行串级质谱法（MS/MS）鉴定。在南方菟丝子寄生的拟南芥叶片中鉴定到 21

个蛋白质点，在茎中鉴定到 24 个蛋白质点（图 11-1）。叶片中上调、下调表达的差异蛋白质点数目基本相等（图 11-2a）；而茎中上调表达的蛋白质点显著高于下调的蛋白质点（仅 4 个）（图 11-2b）。叶片中蛋白质点的差异倍数也显著高于茎，如下调表达的 SSP0007 超过 40 倍，SSP1213 和 SSP1103 超过 20 倍（图 11-1c，图 11-2a）。茎中蛋白质的差异倍数普遍较低（图 11-2b）。

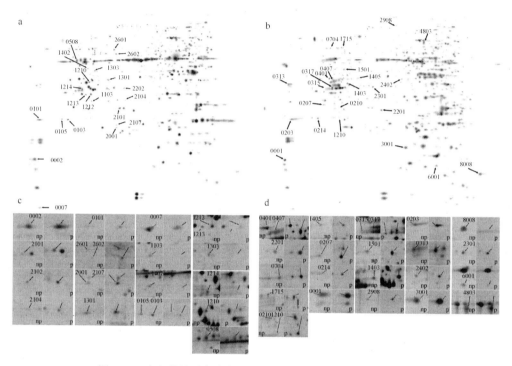

图 11-1　南方菟丝子寄生与未寄生拟南芥叶片和茎双向电泳图

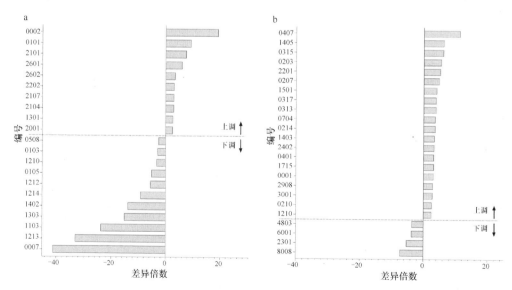

图 11-2　南方菟丝子寄生拟南芥的差异蛋白质
a. 叶；b. 茎

对差异蛋白质点进行 MS/MS 分析，叶片中有 5 个蛋白质点没有被成功鉴定，根中有 2 个蛋白质点没有被成功鉴定（表 11-2，表 11-3）。在叶片中下调的 4 个蛋白质点（SSP1212、SSP1213、SSP1303 和 SSP1210）分别被鉴定为甘油醛 3-磷酸脱氢酶和甘油醛 3-磷酸脱氢酶 A 亚基。在茎中上调的 2 个蛋白质点（SSP2201 和 SSP3001）被鉴定为谷胱甘肽 S-转移酶。研究表明，谷胱甘肽 S-转移酶 Atmp24.1 主要通过调控抗氧化反应响应真菌、细菌和病毒的入侵（Gullner et al., 2018）。在茎中上调的 SSP0315 和 SSP1403 被鉴定为天冬氨酸转氨酶的 2 个亚型。在叶片中上调的 SSP2601 和茎中上调的 SSP1715 均被鉴定为转酮醇酶。在叶片中下调的 SSP0508 和茎中下调的 SSP8008 均被鉴定为磷酸核酮糖激酶。在叶片中下调的 SSP0105 和茎中上调的 SSP0407 被鉴定为甘氨酸裂解酶系 T 蛋白家族的一员。

表 11-2　南方菟丝子寄生的拟南芥叶片和茎中上调表达蛋白质点的 MS/MS 鉴定

编号	Mascot 软件得分	UniProt 登录号	蛋白质	GO 定位	GO 生物学过程
			叶片		
0002	98	Q41932	氧进化增强蛋白 3-2	叶绿体类囊体膜	光合电子传递链
0101	69	Q9LUT2	S-腺苷甲硫氨酸合成酶 4	细胞质	木质素生物合成过程、响应低温胁迫
2101	54	Q9SAJ4	磷酸甘油酸激酶 3	细胞质	糖异生
2601	175	Q8RWV0	转酮醇酶	叶绿体	戊糖磷酸支路，响应镉离子/盐胁迫
2602	53	P10795	核酮糖-1,5-双磷酸羧化酶小链	叶绿体	叶绿体二磷酸核酮糖，羧化酶复合体组装、响应低温胁迫
2107	130	O49344	氧进化增强蛋白 2-2	叶绿体	光合作用
1301	212	Q42560	乌头酸水合酶 1	线粒体、细胞质	柠檬酸代谢过程，响应盐胁迫
			茎		
0407	269	O65396	甘氨酸裂解酶系 T 蛋白家族	线粒体	通过甘氨酸裂解系统使甘氨酸脱酸
1405	229	B9DHX4	苹果酸脱氢酶		响应镉离子胁迫、碳水化合物代谢过程
0315	194	Q56YR4	谷草转氨酶	多位点	生物合成过程
0203	229	A0A178UU9	线粒体外膜通道蛋白 VDAC 家族成员 2	线粒体外膜	电压门控离子通道
2201	169	Q8LC43	谷胱甘肽 S-转移酶	细胞质/内质网	对细菌的响应，对非生物胁迫的响应
1501	49	A0A178VU56	琥珀酸-CoA 连接酶 β 亚基	线粒体	三羧酸循环
0317	352	Q9FWA3	葡萄糖-6-磷酸脱氢酶家族蛋白	细胞质/过氧化物酶体	D-葡萄糖醛酸代谢过程，响应盐胁迫
0313	49	A0A178VDL9	果胶酯酶 3	细胞壁	细胞壁修饰
0704	550	O50008	甲硫氨酸合成酶	细胞质	响应镉离子胁迫，响应盐胁迫
1403	551	P46645	天冬氨酸转氨酶	细胞质	戊二酸氧化代谢过程
2402	191	Q944G9	果糖-1,6-双磷酸醛缩酶 2	叶绿体基质	糖原异生
0401	170	Q96533	谷胱甘肽依赖型甲醛脱氢酶	细胞质	乙醇氧化
1715	197	Q8RWV0	转酮醇酶	叶绿体基质	戊糖磷酸支路
0001	111	A0A178VBH5	氧进化增强蛋白 2	叶绿体类囊体	光系统 II 组装
2908	334	Q93ZF2	谷胱甘肽依赖型甲醛脱氢酶	细胞质	葡萄糖分解代谢过程
3001	168	Q8LC43	谷胱甘肽 S-转移酶	细胞质/内质网	对细菌的响应，对非生物胁迫的响应
0210	76	O24616	蛋白酶体亚基 7-B	细胞核/细胞质	与蛋白酶体有关的蛋白质代谢过程
1210	127	Q42029	光系统 II 亚基 P-1	叶绿体类囊体	光合作用对细菌的反应

注：Mascot 为蛋白质鉴定软件；UniProt 为 Universal Protein 缩写，包含 Swiss-Prot、TrEMBL 和 RIR-PSD 三大蛋白质数据库

表 11-3　南方菟丝子寄生的拟南芥叶片和茎中下调表达蛋白质点的 MS/MS 鉴定

编号	Mascot 软件得分	UniProt 登录号	蛋白质	GO 定位	GO 生物学过程
			叶片		
1213	259	A0A178VKK2	甘油醛-3-磷酸脱氢酶	叶绿体	葡萄糖代谢过程
1103	138	A0A0K1CVP8	核酮糖-1,5-双磷酸羧化酶大链	叶绿体	光呼吸
1303	232	A0A178VKK2	甘油醛 3-磷酸脱氢酶 A 亚基	叶绿体	葡萄糖代谢过程
1402	138	P22954	HSC70.1	细胞核、细胞质	细胞对热的响应
1212	213	A0A178VKK2	甘油醛-3-磷酸脱氢酶	叶绿体	葡萄糖代谢过程
0105	200	O65396	甘氨酸裂解酶系 T 蛋白家族	线粒体	通过甘氨酸裂解系统使甘氨酸脱羧
1210	137	P25856	甘油醛-3-磷酸脱氢酶 A 亚基	叶绿体	葡萄糖代谢过程，响应低温胁迫
0103	82	F4KDZ4	NAD-苹果酸脱氢酶 2	过氧化物酶体	碳水化合物代谢过程
0508	99	P25697	磷酸核酮糖激酶	叶绿体	对细菌的防御反应，响应低温胁迫
			茎		
8008	40	P25697	磷酸核酮糖激酶	叶绿体	对细菌的防御反应，响应低温胁迫
2301	115	P06525	乙醇脱氢酶	细胞质	对多种非生物胁迫的响应
6001	47	P31265	翻译调控肿瘤蛋白样蛋白	细胞质	生长素稳态
4803	481	O23654	液泡 ATP 合酶亚基	液泡	ATP 水解耦合质子转运，响应盐胁迫

本研究中，S-腺苷甲硫氨酸合成酶 4 和果胶酯酶 3 分别在叶片和茎中上调。S-腺苷甲硫氨酸合成酶 4 与 S-腺苷甲硫氨酸的合成有关。

通过 GO 功能注释发现，茎、叶片中上调和叶片中下调的差异蛋白质主要与多种应激有关，包括对生物胁迫（细菌）和非生物胁迫（盐害、冷害、重金属）的响应（图 11-3），然而茎中下调的蛋白质很少与胁迫有关，主要参与光合作用和碳水化合物代谢。

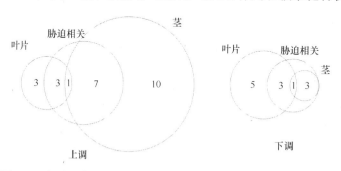

图 11-3　与胁迫相关的上调、下调蛋白质点相对分布的维恩分析图

CO$_2$ 同化的减少可以通过核酮糖-1,5-双磷酸羧化酶（Rubisco）大亚基的下调来进一步解释（表 11-3），也可以通过叶绿体甘油醛-3-磷酸脱氢酶的下调来解释（表 11-3），两者都参与核酮糖-1,5-双磷酸（RuBP）的再形成。因此，Rubisco 下调导致 CO$_2$ 同化的减少，也被称为"卡尔文-本森循环减速"（Price et al.，1995；Patricia et al.，2017）。在所有情况下，这种 CO$_2$ 同化的下调将在很大程度上导致寄主的生长抑制（Shen et al.，2007；

Zagorchev *et al.*，2018），即使寄生植物可以从寄主植物中吸收有机养分（Hibberd and Jeschke，2001）。此外，本研究中许多差异调控蛋白与碳水化合物或氨基酸代谢的调节有关，GO 功能注释则与不同胁迫的反应有关。相反，我们也鉴定到上调的 Rubisco 小亚基、几种类囊体复合体蛋白——氧进化增强蛋白 2（PsbO2）和光系统Ⅱ亚基 P-1（表 11-2）。Rubisco 小亚基在核 DNA 中编码，在细胞质中合成，然后转移到叶绿体中（Portis and Parry，2007）。Rubisco 小亚基的上调表明核基因对光合产物积累减少的补偿反应比叶绿体 DNA 编码的基因更快，如 Rubisco 大亚基基因。拟南芥的 PsbO 蛋白由 *psbO1* 和 *psbO2* 两个基因编码（Murakami *et al.*，2005）。低水平的 PsbO2 会抑制光合活性（Murakami *et al.*，2005），PsbO2 的功能在强光胁迫下表现出来。本研究中，为了南方菟丝子能够成功侵染，将拟南芥置于温室自然光照条件下，所以 PsbO2 的上调可能与高强度的光胁迫有关。

虽然我们预期会有许多与病原体反应相关的蛋白上调，但分析结果显示这样的蛋白相对较少。其中之一是谷胱甘肽 *S*-转移酶，它主要通过调控抗氧化反应参与对病原真菌、细菌和病毒的应答（Gullner *et al.*，2018）。有趣的是，*S*-腺苷甲硫氨酸合成酶 4 和果胶酯酶 3 分别在叶片和茎中上调。*S*-腺苷甲硫氨酸合成酶 4 与 *S*-腺苷甲硫氨酸的合成有关。*S*-腺苷甲硫氨酸是木质素前体甲基化过程重要的甲基供体（Boerjan *et al.*，2003）。因此，*S*-腺苷甲硫氨酸合成酶 4 可能参与细胞壁的木质化和强化，这是对抗不同病原体的共同防御机制和系统反应（Bhuiyan *et al.*，2009）。相反，被菟丝子寄生的茎中上调的果胶酯酶 3 可能参与果胶多糖的去脂化作用，从而促进果胶水解和菟丝子的寄生（Johnsen *et al.*，2015）。目前还不清楚这是否是寄生植物通过操纵寄主的代谢来增加易感性的一种机制，但有报道称，果胶水解酶在吸器形成过程中渗透寄主组织是必不可少的（Johnsen *et al.*，2015）。

11.2 南方菟丝子寄生对白车轴草基因表达的影响

11.2.1 南方菟丝子寄生对白车轴草叶片基因表达的影响

为了探究白车轴草响应南方菟丝子寄生过程中所涉及的调控通路和关键基因，对南方菟丝子寄生（P_1、P_2 和 P_3）和非寄生（CK_1、CK_2 和 CK_3）的白车轴草叶片进行了转录组测序分析。通过 Illumina Hiseq 测序平台测序，6 个 cDNA 文库共获得 27.06Gb 数据，每个样本平均 4.51Gb。共获得 377 288 556 条净序列（clean reads），采用 Trinity 软件进行从头（*De novo*）组装，获得 157 111 条转录本（transcript）和 60 824 条独立基因序列（unigene）。Transcript 和 unigene 的长度分布如图 11-4 所示，N50 分别为 1486bp 和 1417bp（图 11-4a，图 11-4b），组装完整性较高。unigene 的平均长度为 989bp，其中 300～500bp 序列最多，为 24 387 条，占总 unigene 的 40.09%，>2000bp 的 unigene 5861 条，占总 unigene 序列的 9.64%（图 11-4c）。采用 BLAST 软件将获得的 unigene 与非冗余蛋白质数据库（Non-Redundant Protein Sequence Database，NR）、核酸序列数据库（Nucleotide Sequence Database，NT）、Swiss-Prot 蛋白质序列数据库、基因本体数据库（Gene Ontology，GO）、真核生物蛋白相邻类的聚簇数据库（Clusters of Orthologous

Groups for Eukaryotic Complete Genome，KOG）、京都基因与基因组百科全书数据库（Kyoto Encyclopedia of Genes and Genome，KEGG）等公共数据库比对，对 unigene 的功能进行了注释。与 NT 数据库比对，有 1360 条 uigene 获得了注释信息，占总序列的 68%；与 NR 数据库比对，41 877 条序列获得了注释信息，占总序列的 68.85%；与 Swiss-Prot 数据库比对，31 652 条序列获得了注释信息，占总序列的 52.04%；有 48.59% 的 unigene 分别注释到了 GO 和蛋白质家族数据库（Protein Families Database，PFAM）数据库，24.29% 的 unigene 注释到了 KEGG 直系同源（KEGGOrthology）数据库，19.81% 的 unigene 注释到了 KOG 数据库。总体来说，49 567 条 unigene（81.49%）被注释到至少一个数据库，6987 条 unigene（11.48%）在所有数据库中均有注释（图 11-4d）。

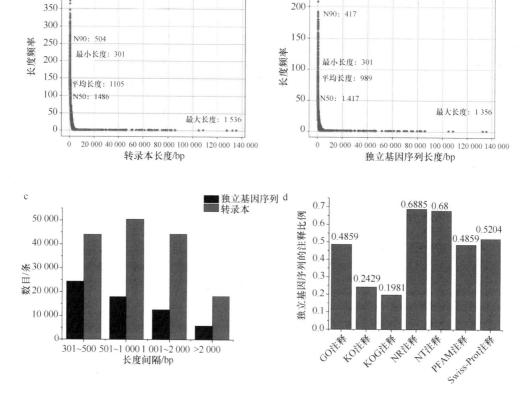

图 11-4　转录本（a）和独立基因序列（b）的长度分布图、数目（c）及独立基因序列在 7 个数据库中的注释比例（d）

　　GO 数据库是一个国际标准化的基因功能分类体系，提供了一套动态更新的标准词汇表来全面描述生物体中基因和基因产物的功能属性。GO 功能注释结果表明，unigene 共注释到了 1522 个一级 GO 条目，包括生物学过程（biological process）1040 个、细胞组分（cellular component）318 个和分子功能（molecular function）164 个。在生物学过程中，unigene 主要注释到细胞过程（cellular process）、代谢过程（metabolic process）等；在细胞组分中，unigene 主要注释到细胞（cell）、细胞部分（cell part）、细胞器

（organelle）、高分子配合物（macromolecular complex）和细胞膜（membrane）等；在分子功能中，主要注释到结合（binding）、催化活性（catalytic activity）、转运活性（transporter activity）和结构分子活性（structural molecule activity）等（图 11-5a）。表明白车轴草通过复杂的代谢和生物反应过程来响应和防御南方菟丝子的寄生。

KEGG 数据库整合了基因组、化学分子及生化系统等数据，系统分析基因产物在细胞中的代谢途径及功能。通过 KEGG 的注释分析，共富集到 129 个 KEGG 途径，分为细胞过程（cellular processes）、环境信息处理（environmental information processing）、遗传信息处理（genetic information processing）、新陈代谢（metabolism）和组织系统

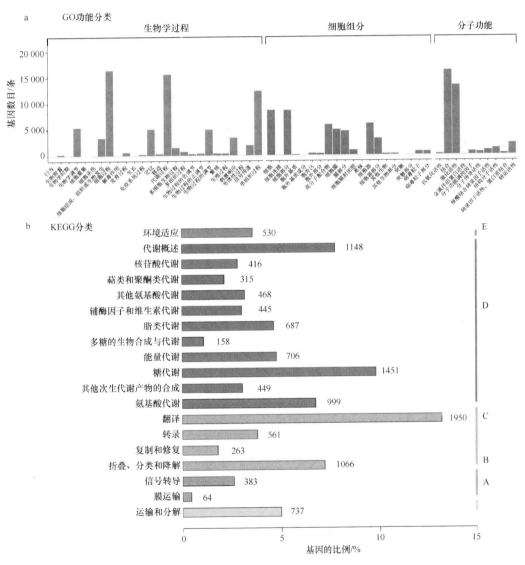

图 11-5　独立基因序列的 GO（a）和 KEGG（b）富集分析

图 b 中 A. 细胞过程（cellular process）；B. 环境信息处理（environmental information processing）；C. 遗传信息处理（genetic information processing）；D. 新陈代谢（metabolism）；E. 组织系统（organismal system）。图 b 中柱形右侧的数字代表基因个数

（organismal system）五大类（图 11-5b）。其中注释到基因较多的途径是翻译（translation）和碳水化合物代谢（carbohydrate metabolism）。此外，还富集到信号转导（signal transduction）途径。这些基因产物在白车轴草响应南方莵丝子寄生的过程中发挥着重要作用。

通过比较转录组分析，以|log$_2$（变化倍数）| > 1 和校正后的 P 值（P_{adj}）< 0.05 作为筛选标准，对南方莵丝子寄生和非寄生的白车轴草叶片基因进行差异表达分析（Love et al., 2014）。在南方莵丝子寄生和非寄生的叶片中，共获得 1601 个差异表达基因，其中 945 个基因上调表达，656 个基因下调表达。为了研究这些差异表达基因的功能，对其进行 GO 和 KEGG 富集分析。结果显示，上调的差异表达基因共富集到 1961 个 GO 项，其中 47 个显著富集（P_{adj} < 0.05），包括 29 个生物学过程（biological process）、13 个细胞组分（cellular component）和 5 个分子功能（molecular function）。在生物学过程中，上调的差异表达基因主要参与氮化合物代谢过程（nitrogen compound metabolic process）（GO：0006807）、细胞氮化合物代谢过程（cellular nitrogen compound metabolic process）（GO：0034641）和生物合成过程（biosynthetic process）（GO：0009058）。在细胞组分中，主要涉及细胞部分（cell part）（GO：0044464）、细胞（cell）（GO：0005623）和胞内组分（intracellular）（GO：0005622）。在分子功能中，主要调节结构分子活性（structural molecule activity）（GO：0005198）、核糖体的结构组成（structural constituent of ribosome）（GO：0003735）和氧化还原酶活性（oxidoreductase activity）（GO：0016491）。此外，有一个上调的差异表达基因富集到了根瘤形态发生（nodule morphogenesis）（GO：0009878）。下调的差异表达基因共富集到 1598 个 GO 项，其中 25 个显著富集，包括 3 个生物学过程和 22 个分子功能。下调的差异表达基因主要参与蛋白质结合（protein binding）（GO：0005515）、核苷酸结合（nucleotide binding）（GO：0000166）、磷酸核苷酸结合（nucleoside phosphate binding）（GO：1901265）、磷酸化作用（phosphorylation）（GO：0016310）和蛋白磷酸化（protein phosphorylation）（GO：0006468）。

KEGG 通路分析表明，上调的差异表达基因在核糖体（ribosome）途径显著富集，下调的差异表达基因显著富集到植物-病原体互作（plant-pathogen interaction）途径（图 11-6）。基因功能注释表明 CML、CAML、CNGF、RPM1（RPS3）、EDS1、FLS2 和 PR1 等 15 个差异表达基因主要参与植物-病原体互作途径（表 11-4）。在拟南芥受到干旱胁迫后，PR1、PR2 和 PR5 均上调表达（Liu et al., 2013）。过表达 AtRPS2 和 AtRPM1 增强了水稻对真菌、细菌和褐飞虱的广谱抗性（Li et al., 2019）。而本研究发现，Cluster-16854.12166（PR1）、Cluster-35121.0（RPM1、RPS3）、Cluster-16854.8014（RPM1、RPS3）、Cluster-16854.8015（RPM1、RPS3）、Cluster-16854.8017（RPM1、RPS3）和 Cluster-16854.8021（RPM1、RPS3）在南方莵丝子寄生的叶片中均下调表达，表明这些基因在不同物种中应对不同胁迫的作用是十分复杂的。

许多转录因子家族参与植物的生长发育以及对生物胁迫与非生物胁迫的响应，并与植物的防卫应答相关，其中主要有 4 个家族，包括 MYB、bHLH、WRKY 和 AP2/EREBP 家族。本研究中，1224 个差异表达基因的产物隶属于许多转录因子家族，其中最丰富的家族是 MYB（89 个基因）、WRKY（61 个基因）和 bHLH（58 个基因）。

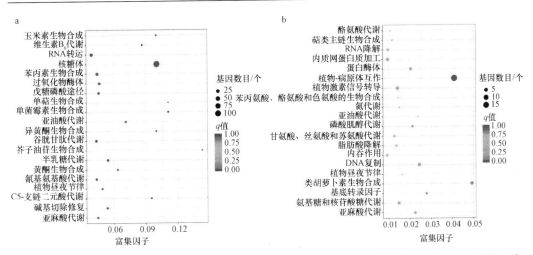

图 11-6　南方菟丝子寄生和非寄生的白车轴草叶片中差异表达基因主要富集的 20 个 KEGG 通路（彩图见封底二维码）

a. 上调的差异表达基因；b. 下调的差异表达基因

表 11-4　白车轴草叶片中富集到植物-病原体互作途径的差异表达基因

基因 ID	KO ID	KO 名称	基因功能注释
Cluster-16854.14882	K13448	*CML*	钙结合蛋白
Cluster-16854.18259	K02183	*CALM*	钙调蛋白
Cluster-16854.7818	K05391	*CNGF*	环核苷酸门控通道
Cluster-34712.0	K05391	*CNGF*	环核苷酸门控通道
Cluster-16854.9195	K05391	*CNGF*	环核苷酸门控通道
Cluster-35121.0	K13457	*RPM1*、*RPS3*	抗病蛋白
Cluster-16854.8014	K13457	*RPM1*、*RPS3*	抗病蛋白
Cluster-16854.8015	K13457	*RPM1*、*RPS3*	抗病蛋白
Cluster-16854.8017	K13457	*RPM1*、*RPS3*	抗病蛋白
Cluster-16854.8021	K13457	*RPM1*、*RPS3*	抗病蛋白
Cluster-16854.7230	K18875	*EDS1*	疾病易感性增强蛋白 1
Cluster-16854.7576	K13420	*FLS2*	类 LRR 受体丝氨酸/苏氨酸蛋白激酶
Cluster-16854.7583	K13420	*FLS2*	类 LRR 受体丝氨酸/苏氨酸蛋白激酶
Cluster-16854.6611	K13420	*FLS2*	类 LRR 受体丝氨酸/苏氨酸蛋白激酶
Cluster-16854.12166	K13449	*PR1*	病程相关蛋白

11.2.2　南方菟丝子寄生对白车轴草根基因表达的影响

对南方菟丝子寄生（P_1、P_2 和 P_3）和非寄生（CK_1、CK_2 和 CK_3）的白车轴草根进行了转录组测序分析，经过滤后共获得 27.26Gb 数据，平均每个样本 4.54Gb，共获得 189 665 658 条净序列。以 $|\log_2（变化倍数）| > 1$ 且 $P_{adj} < 0.05$ 为筛选阈值对差异表达基因进行筛选。结果显示，在南方菟丝子寄生和非寄生的白车轴草根中，共有 3271 个基因差异表达，包括 1089 个基因上调表达、2182 个基因下调表达。差异表达基因功能注释结果显示，在上调的差异表达基因中，有 54 个基因与抗性相关，

包括 5 个抗病蛋白 RGA1、4 个抗病蛋白 RGA3、1 个抗病蛋白 RGA2、1 个抗病蛋白 RGA4、1 个抗病蛋白 RML1A、9 个抗病蛋白 RPM1、2 个抗病蛋白 RPP13、1 个抗病蛋白 RPP8、2 个抗病蛋白 TAO1、4 个抗病蛋白 CSA1、2 个多效性耐药蛋白 PDR1、10 个烟草花叶病毒（tobacco mosaic virus，TMV）抗性蛋白等。在下调的差异表达基因中，有 27 个基因与抗性相关，其中 16 个为核苷酸结合位点-亮氨酸富集重复（nucleotide binding site-leucine-rich repeat，NBS-LRR）类抗病基因（表 11-5），说明白车轴草通过上调或下调抗性基因的表达，积极抵御和适应菟丝子的寄生。在上调的差异表达基因中，有 12 个基因与根瘤形态发生相关。在下调的差异表达基因中，有 457 个基因与根瘤形态发生相关，说明南方菟丝子的寄生总体上抑制了白车轴草根瘤的形成，与以往的研究结果一致，即南方菟丝子的寄生显著降低了根瘤菌的生物量（Gao et al.，2019）。

表 11-5　南方菟丝子寄生的白车轴草根中与抗性相关的差异表达基因

基因 ID	基因功能注释
上调的差异基因	
Cluster-28897.9627、Cluster-28897.11873、Cluster-28897.14678、Cluster-28897.11728、Cluster-28897.32184	推断的抗病蛋白 RGA1
Cluster-28897.11877	抗病蛋白
Cluster-31306.0、Cluster-28897.2493、Cluster-35591.0、Cluster-28897.14366	推断的抗病蛋白
Cluster-28897.35561	推断的抗病蛋白
Cluster-28897.19248	抗病蛋白 RML1A
Cluster-28897.2636、Cluster-28897.2308、Cluster-28897.1961、Cluster-55125.1、Cluster-28897.34484、Cluster-28897.3346、Cluster-28897.3912、Cluster-28897.3347、Cluster-28897.2608	抗病蛋白 RPM1
Cluster-28897.30227、Cluster-28897.14538	抗病蛋白 RPP13
Cluster-28897.30232	抗病蛋白 RPP8
Cluster-28897.13676、Cluster-28897.13683	抗病蛋白 TAO1
Cluster-28897.19246、Cluster-28897.27476、Cluster-28897.27475、Cluster-28897.18718	类抗病蛋白 CSA1
Cluster-28897.4379、Cluster-28897.4380	多效耐药蛋白 1 PDR1
Cluster-28897.22556	可能是抗病蛋白 At1g52660
Cluster-28897.22555	可能是抗病蛋白 At1g61180
Cluster-28897.22554	可能是抗病蛋白 At1g61310
Cluster-28897.17943	可能是抗病蛋白 At4g27220
Cluster-28897.25057	可能是抗病蛋白 At5g66900
Cluster-28897.2610	可能是抗病蛋白 RPP8 样蛋白 RPP8L2
Cluster-28897.1089	推断的抗病蛋白 At1g50180
Cluster-28897.28650、Cluster-28897.14706	推断的抗病蛋白 At3g14460
Cluster-28897.18143	推断的抗病蛋白 At4g11170
Cluster-28897.13092	推断的抗病蛋白 RPP13 样蛋白 RPPL13
Cluster-28897.2638	抗晚疫病蛋白同源物 R1B-17

续表

基因 ID	基因功能注释
Cluster-28897.6957、Cluster-32564.0、Cluster-28897.13672、Cluster-28897.3654、Cluster-28897.15636、Cluster-28897.13669、Cluster-28897.237、Cluster-28897.13670、Cluster-28897.15330、Cluster-50843.0	TMV 抗性蛋白 N
下调的差异基因	
Cluster-28897.968	CC-NBS-LRR 抗性蛋白
Cluster-28897.4950、Cluster-28897.17602、Cluster-28897.24892、Cluster-28897.17160、Cluster-28897.31738、Cluster-28897.31739、Cluster-28897.27483、Cluster-40445.0、Cluster-28897.16947	TIR-NBS-LRR 类抗病蛋白
Cluster-28897.2787	NBS-LRR 抗病蛋白
Cluster-41380.0	LRR 和 NB-ARC 结构域抗病蛋白
Cluster-28897.9580、Cluster-42681.0	NB-ARC 结构域抗病蛋白
Cluster-42888.0、Cluster-28897.8092	NBS 抗病蛋白
Cluster-28897.5520	抗病蛋白 At4g27190
Cluster-28897.5968	抗病蛋白 RGA2
Cluster-28897.1962	抗病蛋白 RPM1 样蛋白
Cluster-28897.17470	植物抗镉蛋白 2
Cluster-28897.23550	植物抗镉蛋白 PCR9
Cluster-28897.23818、Cluster-28897.13863、Cluster-28897.14349	抗性蛋白
Cluster-28897.12103、Cluster-28897.12104	TMV 抗性蛋白 N
Cluster-28897.10894	TMV 抗性蛋白

注：TMV. 烟草花叶病毒；NB-ARC. 核苷酸结合、Apaf-1、R 蛋白、CED-4；NBS. 核苷酸结合位点；LRR. 亮氨酸富集重复；TIR. Toll 样受体结构域；CC. 卷曲螺旋结构域

对所有差异表达基因进行 GO 富集分析，共富集到 2700 个功能条目，包括 1583 个生物学过程条目、380 个细胞组分条目和 737 个分子功能条目。其中，126 个条目显著富集（$P<0.05$）。在生物学过程中，差异表达基因主要富集到单有机体过程（single-organism process）（GO：0044699）（1065 个基因）、多有机体过程（multi-organism process）（GO：0051704）（542 个基因）、多细胞生物过程（multicellular organismal process）（GO：0032501）（499 个基因）、共生，包括通过寄生的互利共生（symbiosis, encompassing mutualism through parasitism）（GO：0044403）（494 个基因）、物种间的相互作用（interspecies interaction between organism）（GO：0044419）（494 个基因）、根瘤（nodulation）（GO：0009877）（458 个基因）、根瘤形态发生（nodule morphogenesis）（GO：0009878）（458 个基因）、共生相互作用中的发育（development involved in symbiotic interaction）（GO：0044111）（458 个基因）、等（图 11-7a）。在细胞组分中，差异表达基因主要富集在胞外区（extracellular region）（GO：0005576）。在分子功能中，差异表达基因主要富集在结合（binding）（GO：0005488）、离子结合（ion binding）（GO：0043167）、阳离子结合（cation binding）（GO：0043169）和金属离子结合（metal ion binding）（GO：0046872）。

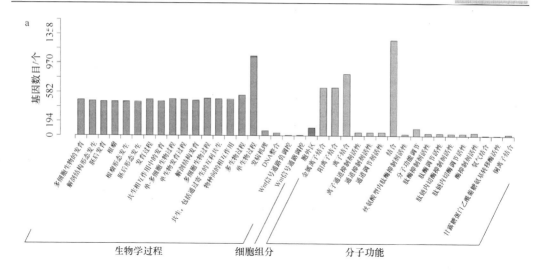

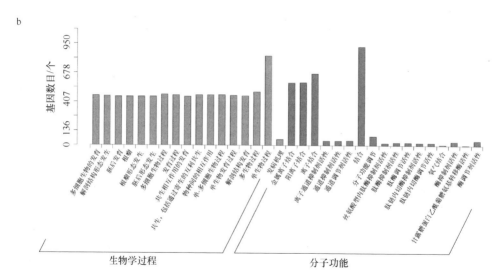

图 11-7　南方菟丝子寄生和非寄生的白车轴草根中差异表达基因的 GO 富集分析
a. 所有差异表达基因；b. 下调的差异表达基因

在南方菟丝子寄生和非寄生的白车轴草根中下调的差异表达基因共富集到 2377 个 GO 项，包括生物学过程 1411 个，细胞组分 323 个和分子功能 643 个，其中 85 个显著富集（$P<0.05$）。在生物学过程中有 39 个显著富集，包括共生，含通过寄生的互利共生（symbiosis, encompassing mutualism through parasitism）（GO：0044403）（472 个基因）、物种间的相互作用（interspecies interaction between organisms）（472 个基因）、根瘤（nodulation）（GO：0009877）（457 个基因）、根瘤形态发生（nodule morphogenesis）（GO：0009878）（457 个基因）和发病机理（pathogenesis）（GO：0009405）（57 个基因）等（图 11-7b）。其中，发病机理相关的 57 个基因与根瘤形态发生的基因重合，即 57 个下调表达基因同时被富集到根瘤形态发生和发病机理。

对差异表达基因进行 KEGG 通路分析，在根中上调的差异表达基因主要富集到植物-病原体互作途径（KO04626）（16 个基因）、细胞内吞作用（KO04144）、ABC 转运体

（KO02010）和植物激素信号转导（KO04075），而在根中下调的差异表达基因主要富集到淀粉和蔗糖代谢途径（KO00500）、苯丙素的生物合成途径（KO00940）、氨基糖和核苷酸糖代谢途径（KO00520）及甘氨酸、丝氨酸和苏氨酸代谢途径（KO00260）等（图 11-8）。基因功能注释结果显示，Cluster-28897.2608（*RPM1*、*RPS3*）等 16 个基因富集到植物-病原体互作途径（表 11-6），且它们在根中均上调表达，表明白车轴草根通过上调表达

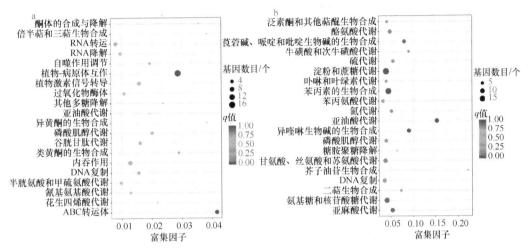

图 11-8　南方菟丝子寄生和非寄生的白车轴草根中差异表达基因主要富集的 20 个 KEGG 通路（彩图见封底二维码）

a. 上调差异表达基因；b. 下调差异表达基因

表 11-6　白车轴草根中富集到植物-病原体互作途径的差异表达基因

基因 ID	KO ID	KO 名称	KO 功能注释
Cluster-28897.2608	K13457	*RPM1*、*RPS3*	抗病蛋白 RPM1
Cluster-49148.0	K13457	*RPM1*、*RPS3*	抗病蛋白 RPM1
Cluster-28897.2638	K13457	*RPM1*、*RPS3*	抗病蛋白 RPM1
Cluster-28897.14538	K13457	*RPM1*、*RPS3*	抗病蛋白 RPM1
Cluster-28897.2610	K13457	*RPM1*、*RPS3*	抗病蛋白 RPM1
Cluster-28897.2308	K13457	*RPM1*、*RPS3*	抗病蛋白 RPM1
Cluster-35284.0	K13430	*PBS1*	丝氨酸-苏氨酸蛋白激酶 PBS1
Cluster-55125.1	K13457	*RPM1*、*RPS3*	抗病蛋白 RPM1
Cluster-28897.3912	K13457	*RPM1*、*RPS3*	抗病蛋白 RPM1
Cluster-28897.3346	K13457	*RPM1*、*RPS3*	抗病蛋白 RPM1
Cluster-28897.25841	K13414	*MEKK1P*	丝裂原活化蛋白激酶 1
Cluster-28897.1961	K13457	*RPM1*、*RPS3*	抗病蛋白 RPM1
Cluster-28897.34484	K13457	*RPM1*、*RPS3*	抗病蛋白 RPM1
Cluster-28897.25838	K13414	*MEKK1P*	丝裂原活化蛋白激酶 1
Cluster-28897.33476	—		
Cluster-28897.2636	K13457	*RPM1*、*RPS3*	抗病蛋白 RPM1

注：—表示未注释到

RPM1 等抗病基因求积极抵御南方菟丝子的寄生。Cluster-28897.37861（*ARF*）、Cluster-30903.0（*ERF1*）、Cluster-44732.0（*MPK6*）、Cluster-32110.0（*ARR-B*）和 Cluster-28897.13647（*ARR-B*）等 5 个基因富集到植物激素信号转导途径。研究表明，根瘤的形成需要植物激素，如生长素、细胞分裂素和乙烯（Desbrosses and Stougaard，2011）。

为了验证转录组数据的准确性及基因的表达模式，采用逆转录定量聚合酶链反应（reverse transcript real-time quantitative polymerase chain reaction，RT-qPCR）对 9 个差异表达基因的表达量进行了验证，包括叶中的 3 个基因（图 11-9a～图 11-9c）和根中的 6 个基因（图 11-9d～图 11-9i）。结果显示，所有差异基因的表达趋势与测序数据一致，表明转录组数据可信度较高（图 11-9）。

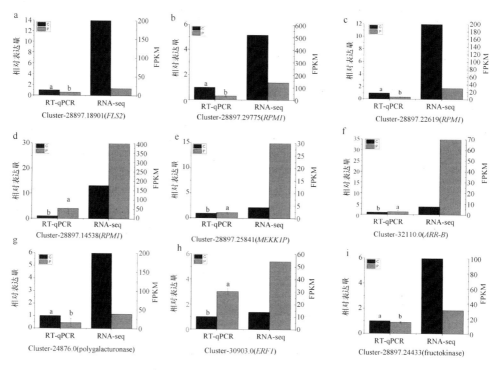

图 11-9　差异表达基因的 RT-qPCR 分析

不同小写字母表示处理之间存在显著性差异。polygalacturonase 为聚半乳糖醛酸酶，fructokinase 为果糖激酶；C. 对照；P. 寄生

11.3　菟丝子属植物寄生白车轴草的小 RNA 表达特征及调控作用

小 RNA（miRNA）是一类长度为 18～25nt 的非编码小 RNA，广泛分布于动植物基因组中。它是真核生物基因表达过程中的一类调控因子，主要通过介导靶 mRNA 的切割或抑制翻译，在转录和转录后水平调控基因的表达（Bartel，2004），在植物生长发育以及对生物和非生物胁迫的应答方面具有重要的作用（Sunkar *et al.*，2012）。已有研究表明，miRNA 能够从病原真菌（Weiberg *et al.*，2013）、线虫（Huang *et al.*，2006）、昆

虫（Baum *et al.*，2007）等转移到寄主细胞，并靶向寄主 mRNA，诱导寄主基因沉默。在寄生植物中也检测到了寄主的代谢产物、蛋白质、mRNA、病毒等（Haupt *et al.*，2001；Furuhashi *et al.*，2012；Jiang *et al.*，2013；Kim *et al.*，2014；Smith *et al.*，2016）。Kim 等（2014）发现大量 mRNA 能够在菟丝子及其寄主拟南芥和番茄中双向移动，且菟丝子-拟南芥系统比菟丝子-番茄系统具有更丰富的 mRNA 交换。Shahid 等（2018）研究发现，在原野菟丝子寄生于拟南芥的过程中，累积了大量 miRNA，且都是新 miNRA，其靶基因涉及植物生长发育的多个方面以及对生物和非生物胁迫的响应，表明 miRNA-mRNA 相互作用在基因调控网络中具有重要作用。此外，研究还发现许多其他植物同源的靶 mRNA 中也含有原野菟丝子诱导的 miRNA 预测靶点。Yang 等（2019）发现了一个编码富含亮氨酸重复蛋白激酶的基因水平转移，该基因与调节寄主基因表达的 miRNA 重叠，表明寄生植物水平转移 miRNA 可能在寄主-寄生植物相互作用中发挥作用。这种 miRNA 介导的基因沉默可能成为防治寄生植物的新方法（Shahid *et al.*,2018）。Alakonya 等（2012）研究表明，通过 RNA 干扰转基因寄主的维管特异性启动子，种间沉默五角菟丝子的 *SHOOT MERISTEMLESS-like* 基因破坏了五角菟丝子的生长。

近年来一些研究综合分析 mRNA 和 miRNA 表达谱，揭示了种间相互作用的分子机制（Guo *et al.*，2017；Sarkar *et al.*，2017）。降解组测序是在全基因组范围内识别 miRNA 靶 mRNA 的高通量测序方法，已被广泛用于识别 miRNA 诱导的 mRNA 降解位点（Addo-Quaye *et al.*，2009；Folkes *et al.*，2012）。miRNA-seq、mRNA-seq 结合降解组数据的多组学分析方法已被用于探究 miRNA-mRNA 对的全基因组共表达模式,将 miRNA 及其靶 mRNA 模块之间的生物学互作关系联系起来（Garg *et al.*，2019）。然而目前关于寄生植物和寄主植物之间相互作用的多组学试验还未见报道。因此，我们整合了 mRNA-seq、miRNA-seq 和降解组数据，以期全面研究 miRNA 及其靶 mRNA，探索南方菟丝子寄生后植物 miRNA 介导的转录后调控网络。

11.3.1　南方菟丝子寄生对白车轴草小 RNA 差异表达的影响

采用高通量测序对南方菟丝子寄生和非寄生的白车轴草叶片进行 miRNA 测序分析，获得 99 819 892 条原始序列（raw reads），过滤后获得 91 984 509 条净序列（clean reads）。通过与 miRbase 数据库比对，鉴定了隶属于 38 个 miRNA 家族的 71 个已知 miRNA，其中 52 个 miRNA 长度为 21nt。鉴定了 65 个新 miRNA，长度为 19～24nt，其中 24nt 最丰富，21nt 次之。以 *P*<0.05 为筛选标准，在南方菟丝子寄生和非寄生的叶片中，鉴定了有 8 个差异表达的 miRNA，包括 4 个已知 miRNA（*trr-miR393a*、*trr-miR395a*、*trr-miR395g* 和 *trr-miR398b*）和 4 个新 miRNA（*trr-miRn15*、*trr-miRn31*、*trr-miRn41* 和 *trr-miRn72*）。在这些差异表达的 miRNA 中，*trr-miR398b* 在南方菟丝子寄生的叶片中上调表达，其余 7 个差异 miRNA 均在南方菟丝子寄生的叶片中下调表达。

11.3.2　白车轴草小 RNA 的靶向 mRNA 及降解组测序分析

通过降解组测序，在全转录组范围内鉴定了白车轴草叶片 miRNA 的靶基因。利用

CleaveLand4 软件检测 miRNA 对靶基因的降解位点。共鉴定到 129 个靶基因被 26 个已知 miRNA 和 20 个新 miRNA 降解。根据在各降解位点处的标签（tags）丰度将靶基因分成 5 类（category 0、1、2、3、4），各类别分别鉴定了 30 个、7 个、54 个、1 个和 37 个靶基因（图 11-10）。在鉴定到的 miRNA-靶基因对中，一半的 miRNA 只靶向一个基因。miRNA 家族的不同成员通常靶向同一个基因，如 *trr-miR156a*、*trr-miR156b-5p* 和 *trr-miR156j* 均靶向 Cluster-16854.11756，且切割位点相同。同一个 miRNA 也可靶向多个基因，如 miR396 家族靶向 14 个基因，其中 *trr-miR396a-5p* 靶向 6 个基因，*trr-miR396b-5p* 靶向 5 个基因，*trr-miR396b-3p* 靶向 2 个基因，*trr-miR396a-3p* 靶向 1 个基因。结果表明 miRNA 在白车轴草响应菟丝子寄生过程中的作用是非常复杂的。

同时，采用 psRobot 对 miRNA 的靶基因进行了预测分析，71 个已知 miRNA 和 65 个新 miRNA 共预测到了 8012 个靶基因。其中，8 个差异 miRNA 靶向 611 个基因。这些靶基因共富集到 2459 个 GO 项，其中 97 个显著富集（$P < 0.05$）。在生物学过程中，差异 miRNA 的靶基因主要参与信号转导（GO: 0007165）。在细胞组分中，差异 miRNA

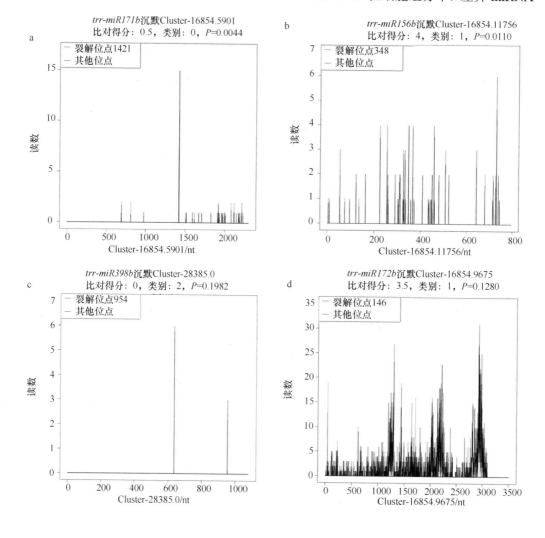

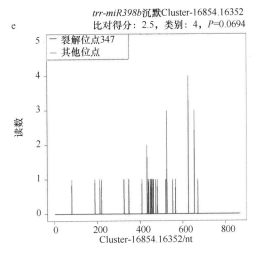

图 11-10　利用降解组测序获得的 5 个不同类别的 T-plots 图（彩图见封底二维码）

X 轴指示靶基因降解位点，*Y* 轴代表标准化的原始序列丰度。a、b、c、d 和 e 分别代表 0、1、2、3、4 类别

的靶基因主要涉及细胞成分（GO：0005575）、细胞（GO：0005623）和细胞部分（GO：0044464）。在分子功能中，差异 miRNA 的靶基因主要调控翻译起始因子活性（GO：0003743）和核糖体 RNA 甲基转移酶活性（GO：0008649）。

KEGG 通路分析显示，这些差异 miRNA 的靶基因主要富集到植物激素信号转导途径（KO04075）、内质网蛋白质加工途径（KO04141）和 RNA 转运途径（KO03013）（图 11-11）。在植物激素信号转导途径中，8 个基因靶向差异表达的 miRNA，包括靶向 *trr-miR395a* 的组氨酸激酶 4（*AHK4*，Cluster-12258.0）、靶向 *trr-miR395g* 的吲哚乙酸氨基合成酶 *GH3*（Cluster-16854.11992）、靶向 *trr-miR395g* 的乙烯反应传感器 *ETR*（Cluster-16854.12749）、靶向 *trr-miR395a/g* 的致病相关蛋白 *PR1*（Cluster-15392.0）、靶向 *trr-miR398b* 的转录因子 TGA（Cluster-16854.12055）、靶向 *trr-miRn31* 的脱落酸受体 *PYL3*（Cluster-16854.11959）、靶向 *trr-miR395a* 和 *trr-miRn15* 的双组分响应因子 *ARR2*（Cluster-16854.16993）和 *ARR12*（Cluster-16854.6529）。

11.3.3　白车轴草小 RNA 与转录组关联分析

对差异表达的 mRNA 和差异表达的 miRNA 进行联合分析发现，6 个差异 miRNA 及其靶向的 23 个差异基因在白车轴草叶片响应南方菟丝子寄生的过程中发挥重要作用。其中，8 个 miRNA-靶基因对的表达趋势呈负相关，15 个 miRNA-靶基因对的表达趋势呈正相关（图 11-12）。这些 miRNA-靶基因对主要参与植物的抗逆性和信号转导（表 11-7）。例如，*trr-miR395a* 和 *trr-miR395g* 与其靶基因 Cluster-16854.19813（*bHLH122*）具有相反的表达趋势：*trr-miR395a* 和 *trr-miR395g* 在白车轴草叶片中下调表达，而它们共同靶向的 Cluster-16854.19813（*bHLH122*）则上调表达。研究表明，*bHLH* 转录因子家族在植物抗逆性方面发挥重要作用。在黄花蒿（*Artemisia annua*）中，低温处理诱导了 *bHLH* 的表达。过表达 *AabHLH112* 能显著提高 *AaERF1* 和青蒿素生物合成基因的表达，从而促进青蒿素的生成（Xiang *et al.*，2019）。低温和 NaCl 处理后，*bHLH92* 均上

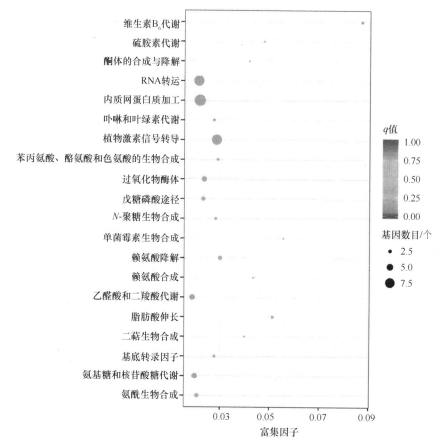

图 11-11　差异表达 miRNA 靶基因的 KEGG 通路分析（彩图见封底二维码）

调表达，过表达 *bHLH92* 能够提高植物对低温和 NaCl 胁迫的耐受性（Jiang *et al.*, 2009）。南方菟丝子寄生后，*trr-miR393a* 在白车轴草叶片中下调表达，其靶基因 Cluster-16854.4398（*SAMT*）则表现为上调表达，功能注释表明，*SAMT* 参与植物信号转导（表 11-7）。此外，*trr-miR393a* 还靶向 Cluster-16854.19040（*RPS6*）。研究发现，过表达 *AtRPS2* 和 *AtRPM1* 增强了水稻对真菌、细菌和褐飞虱的广谱抗性（Li *et al.*, 2019）。

表 11-7　白车轴草响应南方菟丝子寄生的差异 miRNA-靶基因功能注释

靶基因	差异表达 miRNA	基因功能注释
Cluster-16854.5645	*trr-miR393a*	抗病蛋白 TAO1
Cluster-16854.4398	*trr-miR393a*	水杨酸羧基甲基转移酶
Cluster-16854.12687	*trr-miR393a*	磷酸肌醇合酶
Cluster-16854.19040	*trr-miR393a*	抗病蛋白 RPS6
Cluster-16854.19813	*trr-miR395a*、*trr-miR395g*	转录因子 bHLH122
Cluster-16854.6505	*trr-miR395a*、*trr-miR395g*	抗病蛋白 RPP5、Roq1、RUN1、RPV1，类抗病蛋白 DSC2
Cluster-16854.17778	*trr-miR395a*、*trr-miRn72*	UPF0496 蛋白 4
Cluster-16120.1	*trr-miR395a*	三半乳糖基二酰基甘油 4（TGD4）
Cluster-16854.2627	*trr-miR395a*	纤维素合酶 A 催化亚基 7（CESA7）
Cluster-17220.0	*trr-miR395a*	WAT1 相关蛋白 WTR45

续表

靶基因	差异表达 miRNA	基因功能注释
Cluster-9450.0	*trr-miR395a*	翻译调控肿瘤蛋白同源物
Cluster-16854.8390	*trr-miR395g*	抗病蛋白 Roq1、RPV1、RUN1、RML1A、RML1B，TMV 抗病蛋白
Cluster-16854.11600	*trr-miR395g*	抗病蛋白 RPV1、Roq1、RUN1
Cluster-16854.16289	*trr-miR395g*	TMV 抗病蛋白，类抗病蛋白 DSC1 受体蛋白 EIX1、类 LRR 受体丝氨酸/苏氨酸蛋白激酶 At4g36180，可能是富含亮氨酸的类重复受体蛋白激酶 At1g35710、类受体蛋白激酶 HSL1、受体蛋白 12（RLP12）
Cluster-16854.7896	*trr-miR395g*	膜相关激酶调节剂 5（MAKR5）
Cluster-35120.0	*trr-miR398b*	60S 核糖体蛋白 L16
Cluster-33674.0	*trr-miR398b*	组蛋白 H4
Cluster-16854.14440	*trr-miRn15*	谷氨酸受体 GLR
Cluster-16854.15562	*trr-miRn15*	//
Cluster-16854.13097	*trr-miRn15*	//
Cluster-8208.0	*trr-miRn72*	柠檬酸合酶
Cluster-30618.0	*trr-miRn72*	60S 核糖体蛋白 L14
Cluster-16854.12775	*trr-miRn72*	叶绿体磷脂酶 A1-Iγ2、磷脂酶 A16
Cluster-16854.11959	*trr-miRn31*	脱落酸受体 PYL3、PYL5、PYL9
Cluster-16854.8638	*trr-miRn41*	WRKY 转录因子 WRKY11、WRKY15、WRKY17、WRKY51
Cluster-16854.9965	*trr-miRn41*	MYB1R1 转录因子、MYBS3 转录因子、MYBS1 转录因子

注：//表示该基因没有注释到功能

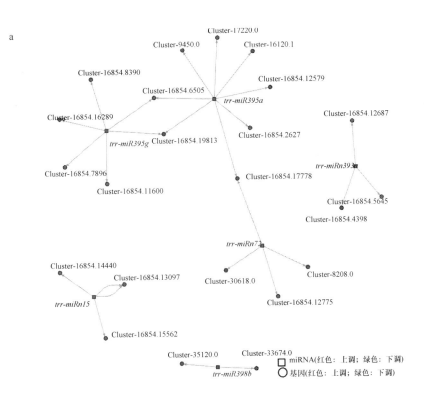

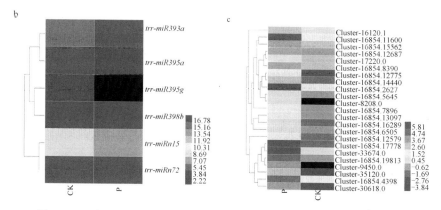

图 11-12　差异 miRNA 与差异 mRNA 的关联分析（彩图见封底二维码）
a. 差异 miRNA 与差异 mRNA 的靶向关系；b. 差异 miRNA 的表达谱；c. 差异 mRNA 的表达谱；CK. 对照；P. 寄生

采用 RT-qPCR 实验验证了 8 个 miRNA 与其靶基因的表达谱，除 Cluster-16854.12055（*TGA*）外，所有 miRNA 和靶基因的表达趋势均与小 RNA 和转录组测序结果一致（图 11-13）。由图 11-12 可知，*trr-miR398b* 在南方菟丝子寄生的白车轴草叶片中上调表达，转录组测序结果显示其靶基因 *TGA* 也上调表达，但 RT-qPCR 结果显示 *TGA* 在白车轴草叶片中下调表达（图 11-13）。许多研究表明，*miR398* 是植物中重要的氧化应激调节因子，能够响应多种植物的生物和非生物胁迫，如热胁迫、脱落酸胁迫、盐胁迫、冷胁迫、干旱胁迫、氧化胁迫、缺氧和紫外线 B 波段（UV-B）胁迫等（Jia *et al.*，2009b；Trindade *et al.*，2010；Sunkar *et al.*，2012；Guan *et al.*，2013），且 *miR398* 在不同植物受到不同胁迫时也会表现出不同的表达模式。例如，当蒺藜苜蓿（*Medicago truncatula*）、圆锥小麦（*Triticum turgidum*）和胡杨（*Populus euphratica*）受到干旱胁迫，拟南芥受到热胁迫，拟南芥和欧洲山杨（*Populus tremula*）受到 UV-B 胁迫后，*miR398* 均上调表达（Zhou *et al.*，2007；Jia *et al.*，2009a；Guan *et al.*，2013）。当拟南芥受到盐胁迫、冷胁迫和氧化胁迫后，*miR398* 则表现为下调表达（Jia *et al.*，2009b；Sunkar *et al.*，

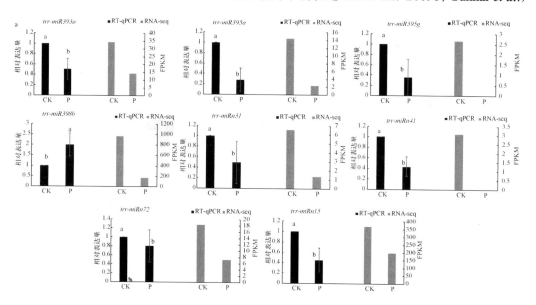

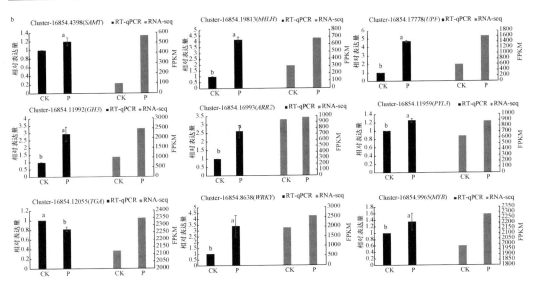

图 11-13　差异 miRNA 及其靶基因的 RT-qPCR 分析
a. miRNA；b. 靶基因。不同小写字母表示处理之间存在显著性差异；CK. 对照；P. 寄生

2012）。此外，*miR398* 在欧洲山杨受到盐胁迫和脱落酸胁迫时，表现出动态的表达趋势（Jia *et al.*，2009b）。这些研究表明 miRNA 在不同植物应对各种胁迫时表现出复杂的调控模式。*TGA* 转录因子隶属于 bZIP 家族，在植物次生代谢产物、水杨酸、茉莉酸和乙烯信号途径及内质网相关的非原生质体防御中发挥着重要作用（Wang and Fobert，2013；Tian *et al.*，2016；Han *et al.*，2020）。由此，我们推断 *trr-miR398b* 及其靶基因 *TGA* 在白车轴草响应菟丝子寄生中具有重要的作用（图 11-13，图 11-14）。

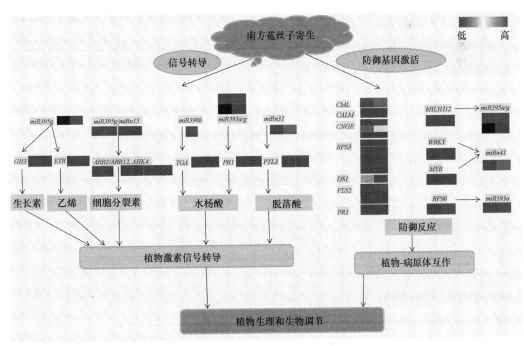

图 11-14　白车轴草响应菟丝子寄生的 miRNA-mRNA 互作图（彩图见封底二维码）

许多植物的 *GH3* 基因通过调节水杨酸、茉莉酸和吲哚乙酸的稳态在植物与病原体互作过程中发挥作用。研究发现，在水稻中，*GH3.3*、*GH3.5*、*GH3.6* 和 *GH3.12* 通过调节茉莉酸稳态和茉莉酸应答基因的转录模式来调控对病原体的抗性（Hui *et al.*，2019）。在本研究中，*trr-miR395g* 靶向 *GH3*（Cluster-16854.11992）在南方菟丝子寄生的叶片中下调表达（图 11-13，图 11-14）。

本研究中，*trr-miRn41* 在南方菟丝子寄生的叶片中下调表达，其靶基因 Cluster-16854.8638 和 Cluster-16854.9965 分别注释为 *WRKY* 和 *MYB* 转录因子。研究表明，*WRKY* 和 *MYB* 转录因子家族可以响应多种生物和非生物胁迫。在向日葵（*Helianthus annuus*）中，*han-miR396* 靶向 *HaWRKY6* 在响应高温胁迫中具有重要作用（Giacomelli *et al.*，2012）。过表达 *TaWRKY2* 可以提高小麦（*Triticum aestivum*）对干旱胁迫的耐受性（Gao *et al.*，2018）。在花生中，*WRKY* 转录因子（*Aradu.S7YD6* 和 *Araip.RC4R7*）在黄曲霉生长后上调表达（Zhao *et al.*，2020）。在甘蔗（*Saccharum officinarum*）受到短期盐胁迫和聚乙二醇（PEG）胁迫后，*sof-miR159* 及其靶基因 *SoMYB* 呈相反的表达趋势（Patade and Suprasanna，2010）。由此，我们推断 *trr-miRn41* 靶向 *WRKY* 和 *MYB*，在白车轴草叶片响应菟丝子寄生中具有重要的作用（图 11-14）。

11.4　小　　结

南方菟丝子寄生于拟南芥，对寄主的光合能力有显著的负面影响，而相对较少的胁迫相关蛋白上调表达。同时，参与寄主细胞壁通透性降低和细胞壁疏松的蛋白质被发现上调表达。

南方菟丝子寄生于白车轴草后，引起白车轴草叶片和根中大量基因差异表达。在白车轴草叶片中，共有 1601 个基因差异表达，包括 945 个上调表达基因、656 个下调表达基因，这些差异表达基因主要参与氮化合物代谢过程、生物合成过程、调节氧化还原酶活性及蛋白质结合、蛋白磷酸化等生物过程。下调的差异表达基因显著富集到植物-病原体互作途径。白车轴草叶片通过下调 *CML*、*CAML*、*CNGF*、*RPM1*（*RPS3*）、*EDS1*、*FLS2* 和 *PR1* 等基因的表达，响应菟丝子的寄生。

在白车轴草根中，有 3271 个基因差异表达，包括 1089 个上调表达基因、2182 个下调表达基因，功能注释最多的为抗性相关的基因和根瘤形态发生基因，且根瘤形态发生相关的基因多表现为下调表达，表明白车轴草根通过特异性表达与抗性相关的基因及减少根瘤的形成，积极抵御和适应菟丝子的寄生。

南方菟丝子寄生于白车轴草，使白车轴草 1601 个基因和 8 个 miRNA 特异性表达，这些差异表达的基因主要参与植物激素信号转导通路、核糖体通路和植物-病原体互作通路。差异表达 miRNA 及其靶 mRNA 在响应菟丝子寄生的过程中发挥重要作用，包括 *trr-miR393a-RPS6*、*trr-miR398b-TGA*、*trr-miR395a/g-bHLH112*、*trr-miR395g-GH3* 和 *trr-miRn41-WRKY/MYB*。

主要参考文献

施永彬, 李钧敏, 金则新. 2012. 生态基因组学研究进展. 生态学报, 32(18): 5846-5858

Addo-Quaye C, Miller W, Axtell M J. 2009. CleaveLand: a pipeline for using degradome data to find cleaved small RNA targets. Bioinformatics, 25(1): 130-131

Alakonya A, Kumar R, Koenig D, et al. 2012. Interspecific RNA interference of SHOOT MERISTEMLESS-like disrupts *Cuscuta pentagona* plant parasitism. Plant Cell, 24(7): 3153-3166

Albert M, Xana B M, Ralf K. 2006. An attack of the plant parasite *Cuscuta reflexa* induces the expression of attAGP, an attachment protein of the host tomato. The Plant Journal, 48(4): 548-556

Bartel D P. 2004. MicroRNAs: genomics, biogenesis, mechanism, and function. Cell, 116(2): 281-297

Baum J A, Bogaeert T, Clinton W, et al. 2007. Control of coleopteran insect pests through RNA interference. Nature Biotechnology, 25(11): 1322-1326

Benvenuti S, Dinelli G, Bonetti A, et al. 2005. Germination ecology, emergence and host detection in *Cuscuta campestris*. Weed Research, 45(4): 270-278

Bhuiyan N H, Selvaraj G, Wei Y, et al. 2009. Role of lignification in plant defense. Plant Signaling and Behavior, 4(2): 158-159

Birschwilks M, Haupt S, Hofius D, et al. 2006. Transfer of phloem-mobile substances from the host plants to the holoparasite *Cuscuta* sp. Journal of Experimental Botany, 57(4): 911-921

Birschwilks M, Sauer N, Scheel D, et al. 2007. *Arabidopsis thaliana* is a susceptible host plant for the holoparasite *Cuscuta* spec. Planta, 226(5): 1231-1241

Bleischwitz M, Albert M, Fuchsbauer H L, et al. 2010. Significance of Cuscutain, a cysteine protease from *Cuscuta reflexa*, in host-parasite interactions. BMC Plant Biolog, 10(1): 227

Boerjan W, Ralph J, Baucher M. 2003. Lignin biosynthesis. Annual Review of Plant Biology, 54(1): 519-546

Bonfig K B, Schreiber U, Gabler A, et al. 2006. Infection with virulent and avirulent *P. syringae* strains differentially affects photosynthesis and sink metabolism in *Arabidopsis* leaves. Planta, 225(1): 1-12

Borsics T, Lados M. 2002. Dodder infection induces the expression of a pathogenesis-related gene of the family PR-10 in alfalfa. Journal of Experimental Botany, 53(375): 1831-1832

Boukar O, Kong L, Singh B B, et al. 2004. AFLP and AFLP-derived SCAR markers associated with *Striga* gesnerioides resistence in cowpea. Crop Science, 44(4): 1259-1264

Chen H, Shen H, Ye W, et al. 2011. Involvement of ABA in reduced photosynthesis and stomatal conductance in *Cuscuta campestris-Mikania micrantha* association. Biologia Plantarum, 55(3): 545-548

Desbrosses G, Stougaard J. 2011. Root nodulation: a paradigm for how plant-microbe symbiosis influences host developmental pathways. Cell Host and Microbe, 10(4): 348-358

Dita M A, Die J V, Román B, et al. 2009. Gene expression profiling of *Medicago truncatula* roots in response to the parasitic plant *Orobanche crenata*. Weed Research, 49(S1): 66-80

Flexas J, Medrano H. 2002. Drought-inhibition of photosynthesis in C_3 plants: stomatal and non-stomatal limitations revisited. Annals of Botany, 89(2): 183-189

Folkes L, Moxon S, Woolfenden H C, et al. 2012. PAREsnip: a tool for rapid genome-wide discovery of small RNA/target interactions evidenced through degradome sequencing. Nucleic Acids Research, 40(13): e103

Furuhashi T, Fragner L, Furuhashi K, et al. 2012. Metabolite changes with induction of *Cuscuta haustorium* and translocation from host plants. Journal of Plant Interaction, 7(1): 84-93

Gao F, Che X, Yu F, et al. 2019. Cascading effects of nitrogen, rhizobia and parasitism via a host plant. Flora, 251: 62-67

Gao H, Wang Y, Xu P, et al. 2018. Overexpression of a WRKY transcription factor TaWRKY2 enhances drought stress tolerance in transgenic wheat. Frontiers in Plant Science, 9: 997

Garg V, Khan A W, Kudapa H, et al. 2019. Integrated transcriptome, small RNA and degradome sequencing approaches provide insights into ascochyta blight resistance in chickpea. Plant Biotechnology Journal, 17(5): 914-931

Giacomelli J I, Weigel D, Chan R L. 2012. Role of recently evolved miRNA regulation of sunflower HaWRKY6 in response to temperature damage. New Phytologist, 195(4): 766-773

Guan Q, Lu X, Zeng H, et al. 2013. Heat stress induction of miR398 triggers a regulatory loop that is critical for thermotolerance in *Arabidopsis*. Plant Journal, 74(5): 840-851

Gullner G, Komivoo T, Király L, *et al*. 2018. Glutathione *S*-transferase enzymes in plant-pathogen interactions. Frontiers in Plant Science, 9: 1836

Guo Y, Jia M A, Yang Y, *et al*. 2017. Integrated analysis of tobacco miRNA and mRNA expression profiles under PVY infection provides insight into tobacco-PVY interactions. Scientific Reports, 7(1): 4895

Han J, Liu H T, Wang S C, *et al*. 2020. A class I TGA transcription factor from *Tripterygium wilfordii* Hook. f. modulates the biosynthesis of secondary metabolites in both native and heterologous hosts. Plant Science, 290: 110293

Haupt S, Oparka K J, Sauer N, *et al*. 2001. Macromolecular trafficking between *Nicotiana tabacum* and the holoparasite *Cuscuta reflexa*. Journal of Experimental Botany, 52(354): 173-177

Hegenauer V, Fürst U, Kaiser B, *et al*. 2016. Detection of the plant parasite *Cuscuta reflexa* by a tomato cell surface receptor. Science, 353(6298): 478-481

Hibberd J M, Jeschke W D. 2001. Solute flux into parasitic plants. Journal of Experimental Botany, 52(363): 2043-2049

Huang G, Allen R, Davis E L, *et al*. 2006. Engineering broad root-knot resistance in transgenic plants by RNAi silencing of a conserved and essential root-knot nematode parasitism gene. Proceedings of the National Academic Science, 103(39): 14302-14306

Hui S G, Hao M Y, Liu H B, *et al*. 2019. The group I GH3 family genes encoding JA-Ile synthetase act as positive regulator in the resistance of rice to *Xanthomonas oryzae* pv. oryzae. Biochemical and Biophysical Research Communications, 508(4): 1062-1066

Jia X, Ren L, Chen Q J, *et al*. 2009a. UV-B-responsive microRNAs in *Populus tremula*. Journal of Plant Physiology, 166(18): 2046-2057

Jia X, Wang W X, Ren L, *et al*. 2009b. Differential and dynamic regulation of miR398 in response to ABA and salt stress in *Populus tremula* and *Arabidopsis thaliana*. Plant Molecular Biology, 71(1-2): 51-59

Jiang L, Qu F, Li Z, *et al*. 2013. Inter-species protein trafficking endows dodder (*Cuscuta pentagona*) with a host-specific herbicide-tolerant trait. New Phytologist, 198(4): 1017-1022

Jiang Y, Yang B, Deyholos M K. 2009. Functional characterization of the *Arabidopsis* bHLH92 transcription factor in abiotic stress. Molecular Genetics and Genomics, 282(5): 503-516

Johnsen H R, Striberny B, Olsen S, *et al*. 2015. Cell wall composition profiling of parasitic giant dodder (*Cuscuta reflexa*) and its hosts: a priori differences and induced changes. New Phytologist, 207(3): 805-816

Kaiser B, Vogg G, Fürst U B, *et al*. 2015. Parasitic plants of the genus *Cuscuta* and their interaction with susceptible and resistant host plants. Frontiers in Plant Science, 6: 45

Kim G, LeBlanc M L, Wafula E K, *et al*. 2014. Genomic-scale exchange of mRNA between a parasitic plant and its hosts. Science, 345(6198): 808-811

Koch A M, Binder C, Sanders I R. 2004. Does the generalist parasitic plant *Cuscuta campestris* selectively forage in heterogeneous plant communities? New Phytologist, 162(1): 147-155

Le Q V, Tennakoon K U, Metali F, *et al*. 2015. Impact of *Cuscuta australis* infection on the photosynthesis of the invasive host, *Mikania micrnahta*, under drought condition. Weed Biology and Management, 15(4): 138-146

Li J, Hettenhausen C, Sun G, *et al*. 2015. The parasitic plant *Cuscuta australis* is highly insensitive to abscisic acid-induced suppression of hypocotyl elongation and seed germination. PLoS One, 10(8): e0135197

Li Z, Huang J, Wang Z, *et al*. 2019. Overexpression of *Arabidopsis* nucleotide-binding and leucine-rich repeat genes RPS2 and RPM1 (D505V) confers broad-spectrum disease resistance in rice. Frontiers in Plant Science, 10: 417

Liu W, Zhang F, Zhang W, *et al*. 2013. *Arabidopsis* Di19 functions as a transcription factor and modulates PR1, PR2, and PR5 expression in response to drought stress. Molecular Plant, 6(5): 1487-1502

Love M I, Huber W, Anders S. 2014. Moderated estimation of fold change and dispersion for RNA-seq data with DESeq2. Genome Biology, 15(12): 550

Murakami R, Ifuku K, Takabayashi A, *et al*. 2005. Functional dissection of two *Arabidopsis* PsbO proteins:

PsbO1 and PsbO2. The FEBS Journal, 272(9): 2165-2175

Olsen S, Striberny B, Hollmann J, et al. 2016. Getting ready for host invasion: elevated expression and action of xyloglucan endotransglucosylases/hydrolases in developing haustoria of the holoparasitic angiosperm Cuscuta. Journal of Experimental Botany, 67(3): 695-708

Parker C. 2012. Parasitic weeds: a world challenge. Weed Science, 60(2): 269-276

Patade V Y, Suprasanna P. 2010. Short-term salt and PEG stresses regulate expression of MicroRNA, miR159 in sugarcane leaves. Journal of Crop Science and Biotechnology, 13(3): 177-182

Patricia E L C, Amani O A, Tracy L, et al. 2017. Arabidopsis CP12 mutants have reduced levels of phosphoribulokinase and impaired function of the Calvin-Benson cycle. Journal of Experimental Botany, 68(9): 2285-2298

Portis A R, Parry M A. 2007. Discoveries in Rubisco (Ribulose 1, 5-bisphosphate carboxylase/oxygenase): a historical perspective. Photosynthesis Research, 94(1): 121-143

Price G D, Evans J R, Von Caemmerer S, et al. 1995. Specific reduction of chloroplast glyceraldehyde-3-phosphate dehydrogenase activity by antisense RNA reduces CO_2 assimilation via a reduction in ribulose bisphosphate regeneration in transgenic tobacco plants. Planta, 195(3): 369-378

Runyon J B, Mescher M C, De Moraes C M. 2006. Volatile chemical cues guide host location and host selection by parasitic plants. Science, 313(5795): 1964-1967

Runyon J B, Mescher M C, Felton G W, et al. 2010. Parasitism by Cuscuta pentagona sequentially induces JA and SA defence pathways in tomato. Plant, Cell and Environment, 33(2): 290-303

Sarkar D, Maji R K, Dey S, et al. 2017. Integrated miRNA and mRNA expression profiling reveals the response regulators of a susceptible tomato cultivar to early blight disease. DNA Research, 24(3): 235-250

Shahid S, Kim G, Johnson N R, et al. 2018. MicroRNAs from the parasitic plant Cuscuta campestris target host messenger RNAs. Nature, 553(7686): 82-85

Shen H, Hong L, Ye W, et al. 2007. The influence of the holoparasitic plant Cuscuta campestris on the growth and photosynthesis of its host Mikania micrantha. Journal of Experimental Botany, 58(11): 2929-2937

Smith J D, Woldemariam M G, Mescher M C, et al. 2016. Glucosinolates from host plants influence growth of the parasitic plant Cuscuta gronovii and its susceptibility to aphid feeding. Plant Physiology, 172(1): 181-197

Sunkar R, Li Y F, Jagadeeswaran G. 2012. Functions of microRNAs in plant stress responses. Trends in Plant Scince, 17(4): 196-203

Tian Y, Zhang C, Kang G, et al. 2016. Progress on TGA transcription factors in plant. Scientia Agriculture Sinica, 49(4): 632-642

Trindade I, Capitao C, Dalmay T, et al. 2010. miR398 and miR408 are up-regulated in response to water deficit in Medicago truncatula. Planta, 231(3): 705-716

Wang L, Fobert P R. 2013. Arabidopsis clade I TGA factors regulate apoplastic defences against the bacterial pathogen Pseudomonas syringae through endoplasmic reticulum-based processes. PLoS One, 8(9): e77378

Weiberg A, Wang M, Lin F M, et al. 2013. Fungal small RNAs suppress plant immunity by hijacking host RNA interference pathway. Science, 342(6154): 118-123

Xiang L, Jian D, Zhang F, et al. 2019. The cold-induced transcription factor bHLH112 promotes artemisinin biosynthesis indirectly via ERF1 in Artemisia annua. Journal of Experimental Botany, 70(18): 4835-4848

Yang B, Li J, Zhang J, et al. 2015. Effects of nutrients on interaction between the invasive Bidens pilosa and the parasitic Cuscuta australis. Pakistan Journal of Botany, 47(5): 1693-1699

Yang Z Z, Wafula E K, Kim G, et al. 2019. Convergent horizontal gene transfer and cross-talk of mobile nucleic acids in parasitic plants. Nature Plants, 5(45): 991-1001

Zagorchev L, Albanova I, Tosheva A, et al. 2018. Salinity effect on Cuscuta campestris Yunck. Parasitism on Arabidopsis thaliana L. Plant Physiology and Biochemistry, 132: 408-414

Zagorchev L, Traianova A, Teofanova D, et al. 2020. Influence of Cuscuta campestris Yunck. on the photosynthetic activity of Ipomoea tricolor Cav. in vivo chlorophyll a fluorescence assessment.

Photosynthetica, 58(S1): 237-247

Zhao C, Li T, Zhao Y, *et al.* 2020. Integrated small RNA and mRNA expression profiles reveal miRNAs and their target genes in response to *Aspergillus flavus* growth in peanut seeds. BMC Plant Biology, 20(1): 215

Zhou X, Wang G, Zhang W. 2007. UV-B responsive microRNA genes in *Arabidopsis thaliana*. Molecular Systems Biology, 3(1): 103

第 12 章　菟丝子属植物寄生对植物群落的影响

菟丝子属植物往往对群落中的物种表现出寄生选择性，通过抑制寄主植物的生长，促进其他植物的生长，从而改变植物群落的结构。本章以入侵植物群落及异质生境的人工草地群落为研究对象，探讨菟丝子属植物寄生对植物群落的影响。

12.1　南方菟丝子寄生对喜旱莲子草入侵群落的影响

喜旱莲子草主要入侵农田（包括水田和旱田）、空地、鱼塘、河道、湿地等生境。本研究中，喜旱莲子草盖度为 80%～98%，形成了单优群落，在个别样地中还出现群落被喜旱莲子草完全覆盖的现象，危害极为严重。本节采用群落调查的方法，对比分析南方菟丝子寄生对入侵植物喜旱莲子草的生长及入侵群落多样性的影响，其研究结果可为探讨南方菟丝子是否可用于防治喜旱莲子草提供理论依据。

12.1.1　南方菟丝子寄生对喜旱莲子草群落中植物的影响

建立 3m×3m 的样方，对样方内的所有植物进行每株调查，记录样方内植物种类，根据统计，在无南方菟丝子寄生的喜旱莲子草群落中，除喜旱莲子草外，共有 10 科 14 属 14 种植物；而在南方菟丝子寄生的喜旱莲子草群落中，除南方菟丝子和喜旱莲子草外，共有 16 科 27 属 28 种植物，南方菟丝子能产生吸器而寄生生长的植物共有 19 种，占样地植物种数的 67.86%。

参考咎启杰等（2002）的方法，根据植株是否被南方菟丝子侵染产生吸器、被南方菟丝子覆盖的盖度、植株生长受南方菟丝子的影响程度等确定受南方菟丝子对寄主的影响程度，具体等级见表 12-1。

表 12-1　南方菟丝子对寄主影响的评价

等级	评价	特征描述
0	无影响	不受南方菟丝子侵染寄生（不缠绕，无吸盘）
I	轻度影响	有少量南方菟丝子侵染寄生，覆盖盖度<20%，但寄主生长未受到明显影响，长势正常
II	中度影响	有较多的南方菟丝子侵染寄生，覆盖盖度达 20%～60%，寄主生长受到明显影响，长势较差，但不致死
III	重度影响	有大量南方菟丝子侵染寄生，覆盖盖度>60%，寄主生长受阻或基本停滞生长，部分枝叶有枯死现象，可能致死
IV	极重度影响	被南方菟丝子 100%侵染寄生，个体死亡或濒临死亡或大部分植株构件枯死

南方菟丝子对各样方植物的影响见表 12-2。在这些植物中，未受南方菟丝子影响的是蔊菜（*Rorippa indica*）、马唐（*Digitaria sanguinalis*）、阿拉伯婆婆纳（*Veronica persica*）、细风轮菜（*Clinopodium gracile*）和早熟禾（*Poa annua*）5 种，占样地植物总种类的 17.86%；

受南方菟丝子影响等级为III的有喜旱莲子草和杠板归（*Polygonum perfoliatum*）两种；未见受南方菟丝子影响等级为IV的植物存在。

表 12-2　各样地中南方菟丝子对喜旱莲子草群落植物的影响等级及数量　（单位：个）

样地	受南方菟丝子影响的等级					总和
	0	I	II	III	IV	
1	5	3	5	1	0	14
2	2	7	3	1	0	13
3	4	4	3	1	0	12

注：0~IV各等级特性见表 12-1

本研究显示南方菟丝子寄生可抑制喜旱莲子草个体的生长，使喜旱莲子草的根生物量、叶生物量、茎生物量和总生物量下降，仅分别为对照的 73%、58%、45%和57%，但与未被寄生群落中的植株相比不存在显著性差异。这可能是由于天然群落中喜旱莲子草的生长发育时期前后不一致，不同发育时期个体的生物量存在较大的差异。由于南方菟丝子寄生可使喜旱莲子草单位面积的株数显著性下降，因此仍可估计南方菟丝子寄生可使单位面积喜旱莲子草的生物量显著下降，具有抑制喜旱莲子草生长的作用。相关的实验研究或野外群落调查均表明菟丝子属植物可以显著抑制入侵植物的生长。韩诗畴等（2002）报道入侵植物微甘菊被菟丝子寄生后茎节生长长度明显下降，菟丝子吸器与微甘菊接触处出现坏死斑点，韧皮部干枯，输导组织破坏，微甘菊最终死亡。Shen 等（2007）发现原野菟丝子寄生于入侵植物微甘菊，使其净光合速率下降，叶面积、茎长度、叶片数量、生物量均明显下降。

昝启杰等（2002）发现原野菟丝子能寄生并致死微甘菊，使样地群落中微甘菊的盖度由 75%~95%降低到 18%~25%，较好地控制住微甘菊的危害，并使受害群落的物种多样性明显增加，不会致死样地内其他植物。Yu 等（2011）通过野外调查研究发现南方菟丝子寄生可使群落中微甘菊和南美蟛蜞菊的盖度显著下降。本研究表明南方菟丝子寄生可以显著降低喜旱莲子草的多度，也可使喜旱莲子草的盖度和高度下降，但与对照相比没有显著性差异。据调查，南方菟丝子寄生于喜旱莲子草群落的时间约为 3 年。较短的寄生时间使寄生产生的生态学效应与对照相比并未达到显著性差异。另外，这可能与南方菟丝子对喜旱莲子草的影响程度较轻有关。本研究调查显示南方菟丝子对喜旱莲子草的影响达到III级，群落中并没有出现南方菟丝子明显致死喜旱莲子草的现象。然而由于南方菟丝子寄生使群落中的物种数目显著上升，因此导致喜旱莲子草在群落中的相对盖度、相对高度和相对多度均显著性下降，从而显著降低喜旱莲子草在群落中的重要值。

12.1.2　南方菟丝子寄生对喜旱莲子草入侵群落特性的影响

南方菟丝子寄生对喜旱莲子草入侵群落特性的影响见表 12-3。南方菟丝子寄生可使群落物种丰富度显著性增加，也可使群落辛普森（Simpson）多样性指数、香农-维纳（Shannon-Wiener）指数、麦金托什（McIntosh）指数和均匀度指数增加，但是与对照之间不存在显著性差异。南方菟丝子寄生使喜旱莲子草的多度显著性下降，使喜旱莲子草的盖度和高度下降，但与未寄生的喜旱莲子草群落相比不存在显著性差异（表 12-3）。南方菟丝子寄生可使喜旱莲子草在群落上的相对盖度、相对高度和相对多度均显著性下降，从而导致群落中喜旱莲子草的重要值显著性下降（表 12-4）。

表 12-3　南方菟丝子寄生对喜旱莲子草群落特性及多样性的影响

处理	寄生	对照	F 值	P 值
盖度/%	87.6667±9.2916	92.6667±6.8069	0.565	0.494
高度/cm	31.6667±7.5719	41.6667±2.8868	3.089	0.154
多度	26.3333±17.3877	62.0000±4.3589	11.877	0.026
物种丰富度	5.9166±0.2640	2.5805±0.4005	48.4	0.002
Simpson 多样性指数	0.1102±0.0343	0.0367±0.0221	3.24	0.146
Shannon-Wiener 指数	0.4796±0.1357	0.1581±0.0867	3.987	0.117
McIntosh 指数	0.0588±0.0191	0.0191±0.0116	3.163	0.15
均匀度	0.1285±0.0344	0.0640±0.0323	1.868	0.244

表 12-4　南方菟丝子寄生对喜旱莲子草重要值的影响

处理	寄生	对照	F 值	P 值
相对盖度/%	42.8382±4.3110	75.3744±7.5619	13.972	0.020
相对高度/%	5.5377±0.7018	16.2250±2.9992	12.038	0.026
相对多度/%	20.9164±2.0521	43.5185±6.4815	11.052	0.029
重要值/%	23.0975±1.8884	45.0393±5.6367	13.624	0.021

本研究显示南方菟丝子寄生可以明显地增加喜旱莲子草入侵地的物种丰富度，促进本地植物群落的恢复。Lian 等（2006）利用原野菟丝子控制微甘菊，使群落中的物种数量从微甘菊被寄生前的 7 种增加至 14 种，物种多样性从 1.8 增加至 5.6。这些均与本研究结果相符。在本研究中，南方菟丝子寄生虽然使群落的 Simpson 多样性指数、Shannon-Wiener 指数、McIntosh 指数和均匀度指数增加，但是与对照之间的差异未能达到显著水平。这可能与喜旱莲子草群落被南方菟丝子寄生的时间较短有关。较短的寄生时间使群落的物种多样性有所增加，但与对照之间尚未形成显著性差异。我们推测，随着南方菟丝子寄生时间的增加，喜旱莲子草受抑制的现象会加剧，本地物种的生长明显改善，物种多样性会明显增加。因此，对采用南方菟丝子控制喜旱莲子草的大面积实验和野外应用需要深入、全面、长期的跟踪研究。

12.2　原野菟丝子寄生对微甘菊入侵群落的影响

外来入侵种微甘菊改变了被入侵的生态系统与群落结构，影响系统内的营养循环和能量流动，导致生态系统结构与功能的紊乱（Daehler，2003）。对于外来入侵种的控制策略，需要考虑环境影响与评价，不仅要有利于本地受损生态系统的修复，还要预防外来种的重新入侵（Fridley et al.，2007）。微甘菊在我国华南地区造成严重危害，其中重要原因之一就是我国缺乏它的原产地天敌（李鸣光和张炜银，2000），并且传统的生物防治均不能有效缓解微甘菊造成的危害（王伯荪等，2004）。然而，昝启杰等（2002）

和廖文波等（2002）发现原野菟丝子在自然生境中能够寄生且抑制微甘菊生长，被认为是治理微甘菊的有效措施（王伯荪等，2004）。虽然，很多控制实验表明菟丝子能够有效抑制微甘菊的生长和入侵危害（Zhang et al.，2004；Shen et al.，2005），但是需要在自然生境中论证菟丝子防治微甘菊的作用效果。

在我国华南地区，2000年发现原野菟丝子能够自然寄生于微甘菊（王伯荪等，2004）。很多研究发现菟丝子能够有效抑制微甘菊的危害（Shen et al.，2005，2007），且对本地种尚无显著负面影响。因此，原野菟丝子被认为是治理微甘菊的有效措施（王伯荪等，2004）。

12.2.1 人工引入原野菟丝子的效应

内伶仃岛位于内伶仃洋东岸与广东省珠江之畔，属于亚热带海洋性气候，光照充足，潮湿多雨。植被类型是亚热带常绿阔叶林（王伯荪等，2004）。微甘菊传播到内伶仃岛始于1984年（Li et al.，2000）。如今，岛上80%的林地和农用耕地被微甘菊侵占与覆盖（Li et al.，2006）。从2002年到2005年的每年1月，研究人员将10kg原野菟丝子引种到内伶仃岛微甘菊入侵的群落（表12-5），散布在群落中心3m×3m的样方内。被引入的原野菟丝子生长旺盛、扩散迅速（王伯荪等，2004）。在2006年1月，调查内伶仃岛的4块样地（微甘菊入侵群落引入原野菟丝子后经过1~4年的处理）。

表12-5 人工引入原野菟丝子的样地

样地	引种年份	样地类型	地理位置	海拔/m	优势物种
内伶仃岛	2005	林地	22°24′6″ N，113°48′54″ E	38	多枝臂形草，微甘菊
内伶仃岛	2004	林地	22°24′11″ N，113°48′43″ E	41	淡竹叶，微甘菊，芦苇
内伶仃岛	2003	林地	22°24′10″ N，113°48′44″ E	35	多枝臂形草，微甘菊，芦苇
内伶仃岛	2002	林地	22°24′49″ N，113°48′41″ E	25	马缨丹，野葛，芦苇

人工引入的原野菟丝子在微甘菊与本地种之间的侵染率表现出显著差异（图12-1），原野菟丝子对微甘菊的侵染率随着处理时间的延长而提高，从第一年的33.4%增加到第四年的73.3%，而它对本地种的侵染率始终保持较低（<10%）（图12-1）。原野菟丝子对外来入侵种微甘菊显示出寄生偏好性。

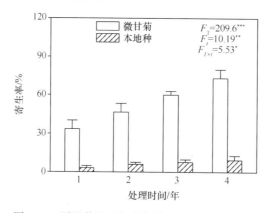

图12-1 原野菟丝子在微甘菊和本地种的寄生率

数据是平均值±标准误（n=3），T指原野菟丝子处理，t指处理时间；*** $P<0.001$，表示差异十分显著；** $P<0.01$，表示差异极显著；* $P<0.05$ 表示差异显著

人工引入的原野菟丝子能够有效抑制微甘菊的生长（图 12-2）。具体表现在：随着原野菟丝子寄生时间的延长，微甘菊的生物量、叶片数、叶面积、果枝数和不定根数减少。除了不定根数之外，微甘菊的生物量、叶片数、叶面积和果枝数随着处理时间的延长而增加（图 12-2）。

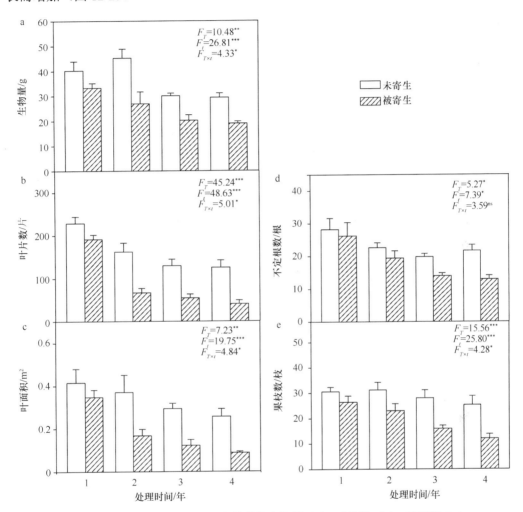

图 12-2　人工引入原野菟丝子对微甘菊的生物量（a）、叶片数（b）、叶面积（c）、
不定根数（d）、果枝数（e）的影响

数据是平均值±标准误（n=3），T 指原野菟丝子处理，t 指处理时间；*** $P<0.001$，表示差异十分显著；
** $P<0.01$，表示差异极显著；* $P<0.05$，表示差异显著；ns $P \geqslant 0.05$，表示差异不显著

人工引入原野菟丝子之后，对外来入侵种微甘菊和本地种产生不同的影响。原野菟丝子降低了微甘菊的盖度，使群落中本地种的盖度显著增加（图 12-3）。另外，原野菟丝子对微甘菊和本地种盖度的影响随着时间的延长而加强，但是其自身的盖度先增加，寄生两年之后达到峰值，之后开始下降（图 12-3）。

原野菟丝子表现出对外来入侵种微甘菊和本地种截然不同的作用效果。由于原野菟丝子的显著抑制作用，微甘菊的生物量下降，长势减弱且盖度降低，从而间接地促进本地种的生长，使本地种的长势增强，有利于本地种的群落恢复。

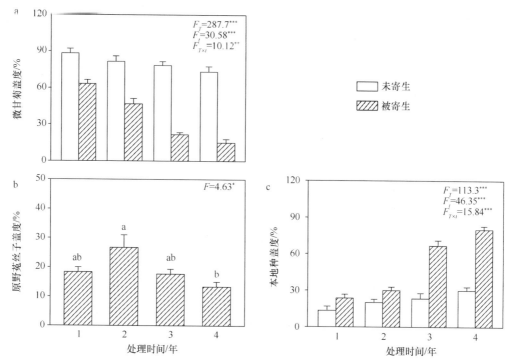

图 12-3 原野菟丝子治理对本地群落中微甘菊（a）、原野菟丝子（b），以及本地种
（c）盖度的影响

数据是平均值±标准误（$n=3$），T 指原野菟丝子处理，t 指处理时间；*** $P<0.001$，表示差异十分显著；** $P<0.01$，表示差异极显著；* $P<0.05$，表示差异显著

12.2.2 天然原野菟丝子寄生的效果

2006 年 1 月研究人员调查东莞、深圳和海丰 3 块样地（微甘菊入侵群落被原野菟丝子自然寄生 5 年以上）（表 12-6），每个样地的群落被分成两个亚群，即微甘菊入侵的亚群（有微甘菊无原野菟丝子）和原野菟丝子治理的亚群（有微甘菊和原野菟丝子）。在每个亚群设立 3 个 1.0m×1.0m 的样方，调查每种植物的盖度，并记录原野菟丝子的寄生情况，随机采集 5 个微甘菊个体，收获地上部分。对于原野菟丝子寄生的微甘菊，将原野菟丝子与微甘菊分开。将收获的微甘菊个体的茎、叶和繁殖器官进行分离，分别记录单株个体的叶片数、果枝数和不定根数，并测量叶面积，计算叶面积比。80℃干燥 48h 后称量生物量。

表 12-6 天然寄生原野菟丝子的样地

样地	年份	样地类型	地理位置	海拔/m	优势物种
东莞	2001	废弃地	22º58′17″ N，113º44′59″ E	23	微甘菊，野葛，蟛蜞菊
深圳	2001	废弃地	22º43′13″ N，113º47′59″ E	17	微甘菊，芦苇，蟛蜞菊
海丰	2000	废弃地	22º58′13″ N，115º25′54″ E	16	龙爪茅，微甘菊，地桃花

在自然寄生的生境中，原野菟丝子在微甘菊上的寄生率（>66.7%）显著高于它在本地种上的寄生率（<9.0%）（图 12-4）。另外，原野菟丝子在外来入侵种微甘菊上寄生率高的特征不受样地的影响，显示出原野菟丝子对外来入侵种微甘菊具有显著的寄生偏好性。

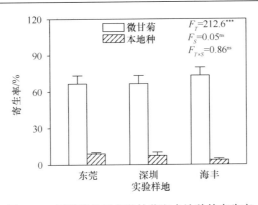

图 12-4　原野菟丝子在微甘菊和本地种的寄生率

数据是平均值±标准误（$n=3$），T 指原野菟丝子处理，S 指实验样地；*** $P<0.001$，表示差异十分显著；ns $P\geqslant 0.05$，表示差异不显著

在原野菟丝子自然寄生的生境中，原野菟丝子显著地抑制微甘菊的生长。例如，微甘菊的生物量、叶片数、叶面积、果枝数和不定根数极显著降低（图 12-5）。在原野菟丝子寄生与实验样地的交互影响下，除了不定根数表现出显著差异，其他生长特征的差异均不显著（图 12-5）。

在各自然生境样地，原野菟丝子寄生显著改变了植物群落中外来入侵种微甘菊和本地种的盖度（图 12-6），使得微甘菊的盖度显著降低，而群落中本地种的盖度显著增加，然而，原野菟丝子的盖度在各样地间无显著差异，保持在 23.2%～28.3%（图 12-6）。

野外自然生境与人工引入寄生控制实验的结果相似：原野菟丝子对外来入侵种微甘菊的寄生率高，且显著地抑制外来入侵寄主的生长，这种特性和趋势不受生境与引入寄主方式的影响。另外，原野菟丝子虽然对外来入侵种微甘菊具有显著的抑制效果，但是它对本地种的寄生率较低且对本地种的生长无显著影响。所以，原野菟丝子的生长并不会持续扩展和蔓延，在外来入侵寄主受到抑制且生长减弱之后，原野菟丝子的生长也表现出逐渐消退的趋势，显示出原野菟丝子防治策略对环境无显著影响的特征。

12.2.3　原野菟丝子寄生对微甘菊入侵群落的修复

原野菟丝子寄生外来入侵种的防治措施需要考虑对群落水平的影响。在人工引入原野菟丝子的实验中，原野菟丝子极显著增加了被入侵群落的物种丰富度和 Shannon-Wiener 指数（图 12-7），而且通过寄生与抑制外来入侵种微甘菊的生长，原野菟丝子对被入侵群落的本地种具有显著促进作用，且该作用与趋势会随着寄生时间的延长而加强。

原野菟丝子天然寄生于微甘菊的群落表现出与人工引入原野菟丝子群落类似的特征和规律：原野菟丝子寄生且抑制微甘菊之后，提高了本地群落的物种组成和生物多样性，使被入侵群落的物种丰富度和 Shannon-Wiener 指数极显著升高（图 12-8），显示出原野菟丝子寄生于外来入侵种微甘菊的防治措施对被入侵植物群落恢复的促进作用。

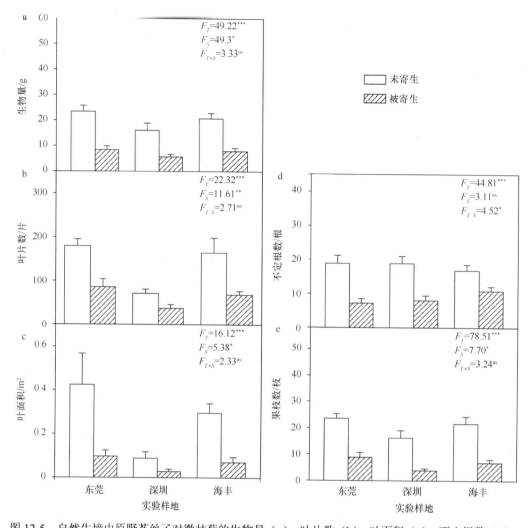

图 12-5 自然生境中原野菟丝子对微甘菊的生物量（a）、叶片数（b）、叶面积（c）、不定根数（d）、果枝数（e）的影响

数据是平均值±标准误（$n=3$），T 指原野菟丝子处理，S 指实验样地；*** $P<0.001$，表示差异十分显著；** $P<0.01$，表示差异极显著；* $P<0.05$，表示差异显著；ns $P\geqslant0.05$，表示差异不显著

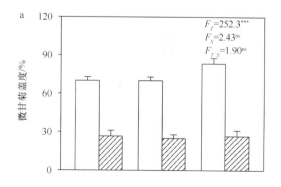

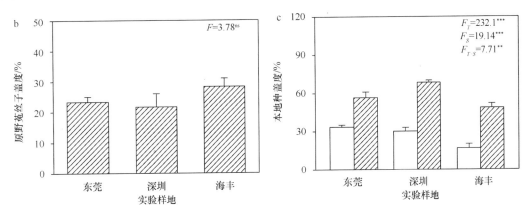

图 12-6 自然生境中原野菟丝子治理对本地群落中微甘菊（a）、原野菟丝子（b），以及本地种（c）盖度的影响

数据是平均值±标准误（$n=3$），T 指原野菟丝子处理，S 指实验样地；*** $P<0.001$，表示差异十分显著；** $P<0.01$，表示差异极显著；ns $P\geqslant0.05$，表示差异不显著

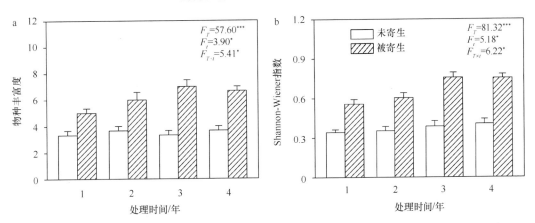

图 12-7 人工引入原野菟丝子对入侵群落物种丰富度（a）和 Shannon-Wiener 指数（b）的影响

数据是平均值±标准误（$n=3$），T 指原野菟丝子处理，t 指处理时间；*** $P<0.001$，表示差异十分显著；* $P<0.05$，表示差异显著

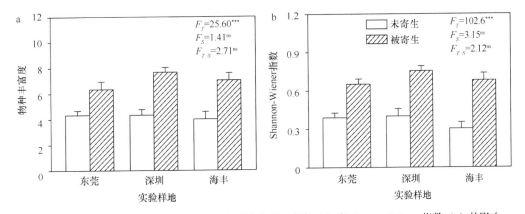

图 12-8 天然生境中原野菟丝子治理对入侵群落物种丰富度（a）和 Shannon-Wiener 指数（b）的影响

数据是平均值±标准误（$n=3$），T 指原野菟丝子处理，S 指实验样地；*** $P<0.001$，表示差异十分显著；ns $P\geqslant0.05$，表示差异不显著

衡量防治措施是否有效需要考虑群落水平对目标物种的影响（Lesica and Hanna，2004；Ogden and Rejmanek，2005；Richardson and Pyšek，2006；Schutzenhofer and Valone，2006）。本研究在调查的过程中发现，在经过原野菟丝子处理几年之后，本地种逐渐在群落中成为优势种。本地草本、藤本和灌木在入侵群落曾被微甘菊严重抑制，在引入原野菟丝子之后，本地种长势良好，甚至替代了入侵群落中微甘菊的地位成为群落优势种（Yu et al.，2008）。另外，在引入原野菟丝子之后，群落的物种丰富度和生物多样性一直处于增长的状态，显示本地种群落正处于恢复状态。因此，采用原野菟丝子防治微甘菊有利于促进本地种生长及其植被群落的恢复。

原野菟丝子倾向寄生于外来入侵种微甘菊。通过寄生于微甘菊上，原野菟丝子产生大量的种子，并通过土壤种子库萌发的种子感染新定植的微甘菊，从而能够达到长久防治微甘菊的效果，不仅防治效果好且成本低廉（郭凤根和李扬汉，2000；王伯荪等，2004）。虽然，原野菟丝子寄生的植物多是生长旺盛、水分含量高、枝叶较嫩且革质化程度低的植物，起初会在这些植物的嫩叶、嫩枝、嫩茎、嫩芽上产生吸器（Shen et al.，2006），但是随着灌木器官的木质化程度增高，原野菟丝子的吸器会逐渐死亡。野外监测发现原野菟丝子致死微甘菊后群落多样性逐渐增加（昝启杰等，2003）。原野菟丝子是微甘菊高效无污染的天敌，不会致死样地内其他植物，在野外调查尚未发现原野菟丝子对本地植物有显著副作用的现象，这一特性为其用于大面积控制微甘菊提供了生态安全依据。

总之，无论是人工引入还是天然寄生条件，原野菟丝子对外来入侵种微甘菊均具有寄生偏好性，通过抑制外来寄主的生长从而促进被防治群落的恢复（Yu et al.，2008，2009）。对于原野菟丝子促进群落恢复的具体机制存在争议。一种可能是由于原野菟丝子抑制了微甘菊，使得本地种从微甘菊的入侵危害中解脱出来，并且能够获得更多的光照资源和养分资源。另外一种是菟丝子通过影响微甘菊的养分状况和代谢平衡，从而对土壤微生物产生影响，使得微生物群落有利于本地种的生长与恢复，而不利于微甘菊的生长（Ni et al.，2006）。因此，以本地种菟丝子属植物的寄生作用致死微甘菊的防治方法被认为是最有潜力的方法（廖文波等，2002），是替代化学防除和引进昆虫或微生物等天敌的首选措施，是我国防治微甘菊的新方法。关于菟丝子属植物、微甘菊以及土壤微生物对本地植物群落重建的作用及其影响需要进行更深入的研究。

12.3 南方菟丝子抑制入侵植物生长和促进本地植物群落的恢复

寄主偏好性和寄主抵抗寄生的能力是影响寄生植物生长的重要因素（Marvier and Smith，1997）。虽然菟丝子属植物是一种全寄生植物，被认为能够同时寄生多种植物，但是在不同的寄主中，菟丝子属植物表现出寄生选择性，倾向于寄生那些偏好的寄主植物（Koskela et al.，2001；Yu et al.，2011）。此外，由于在被寄生后，寄主植物会通过调节生长和抵御平衡，降低生长和繁殖的损耗以抵御寄生逆境（Koricheva，2002），因此本研究提出假说，南方菟丝子有寄主偏好性，能够有效抑制外来入侵种，而外来入侵寄主通过调节生长以抵御南方菟丝子寄生,这种互作可以影响外来入侵寄主的生长和繁殖,从而促进本地种的恢复。

本研究探讨南方菟丝子寄生对外来入侵种(微甘菊、五爪金龙和南美蟛蜞菊)的生长和繁殖以及养分含量的影响,探讨南方菟丝子寄生作用对本地植被恢复的影响,以及利用被入侵生境的本地天敌防治外来入侵种的优势。

12.3.1　南方菟丝子寄生抑制入侵植物的生长

作为全寄生植物,南方菟丝子在不同程度上依靠吸收活体植物寄主的营养和水分来维持生命过程(Press and Phoenix,2005)。虽然南方菟丝子能够寄生于很多植物,但是它具有寄主选择性,在不同寄主上的寄生过程是有差异的。

南方菟丝子的寄生对外来入侵种微甘菊生长和繁殖的影响显著(表 12-7,图 12-9)。除了盖度和主枝长在入侵种间差异不显著,其他参数均随物种的不同而表现出显著差异(表 12-7)。而南方菟丝子的作用结合外来入侵种生长的差异,对除节间长和主枝长之外其他参数的影响显著(表 12-7,图 12-9)。

表 12-7　南方菟丝子处理对外来入侵种生长特征的影响

变量	南方菟丝子寄生		入侵种		交互作用	
	F 值	P 值	F 值	P 值	F 值	P 值
盖度	231.040	<0.001	2.080	0.147	11.680	<0.001
生物量	165.190	<0.001	54.865	<0.001	15.645	<0.001
总叶面积	126.731	<0.001	319.539	<0.001	18.531	<0.001
叶面积比	15.823	0.001	49.392	<0.001	20.684	<0.001
节间长	26.219	<0.001	64.421	<0.001	0.617	0.548
分枝率	29.795	<0.001	23.396	<0.001	12.066	<0.001
主枝长	75.318	<0.001	2.506	0.105	2.223	0.130
花序数	90.675	<0.001	127.910	<0.001	58.880	<0.001
不定根数	89.395	<0.001	105.512	<0.001	5.047	0.015

在被南方菟丝子寄生后,虽然五爪金龙的分枝率基本无变化,微甘菊和五爪金龙的叶面积比在被寄生后显著增加,但是南方菟丝子的寄生抑制了入侵种的生长,导致入侵寄主的盖度、生物量、总叶面积、节间长和主枝长显著下降(图 12-9)。另外,南方菟丝子还阻碍了入侵种的繁殖,使其花序数、不定根数和分枝率显著降低(除五爪金龙的分枝率外)(图 12-9)。

同时,南方菟丝子的寄生对入侵种的养分含量产生显著影响(表 12-8,图 12-10;$P<$ 0.05),这些影响又由于入侵种的不同而表现出显著差异,除氮磷比之外,南方菟丝子寄生与入侵种的相互作用产生的差异并不显著(表 12-8,图 12-10)。

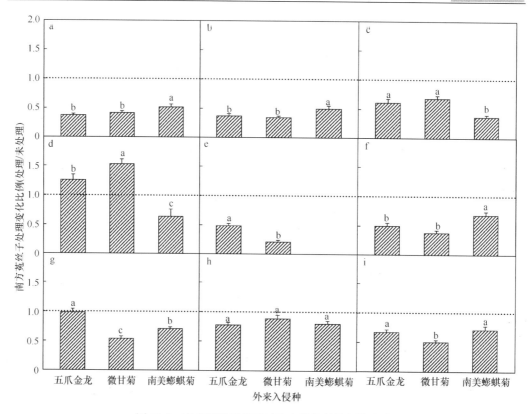

图 12-9　南方菟丝子处理对外来种生长特征的影响

a. 盖度；b. 生物量；c. 总叶面积；d. 叶面积比；e. 花序数；f. 不定根数；g. 分枝率；h. 节间长；i. 主枝长。

数据是平均值±标准误（*n*=5），不同小写字母表示处理间差异显著（*P*<0.05）

表 12-8　南方菟丝子处理对外来入侵种养分含量的影响

变量	南方菟丝子寄生		入侵种		交互作用	
	F 值	*P* 值	*F* 值	*P* 值	*F* 值	*P* 值
氮含量	11.092	0.006	18.374	<0.001	0.984	0.402
磷含量	13.096	0.004	60.192	<0.001	1.286	0.312
钾含量	7.788	0.016	10.053	0.003	0.897	0.434
氮磷比	6.238	0.028	30.358	<0.001	26.350	<0.001

　　外来入侵种具有生长迅速、养分含量高的特性（Alpert，2006；Liu *et al.*，2006），且具有比本地种更强的资源竞争与利用能力并威胁着本地种的生存（Funk and Vitousek，2007）。然而，与 Alcantara 等（2006）和 Brooker（2006）的研究结果相同，本研究的寄生植物南方菟丝子通过与寄主作用，改变了寄主的生长状况和养分资源分配，使得外来入侵种的生长与繁殖受到抑制，且养分含量降低。

12.3.2　南方菟丝子寄生与入侵植物特性的相关性

　　南方菟丝子作为全寄生植物，具有寄生植物的特征和共性，即寄生作用与影响在很

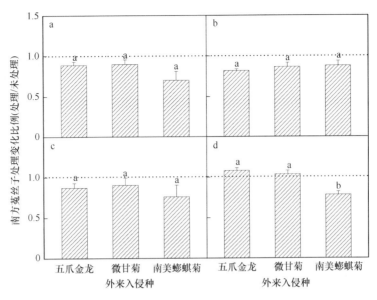

图 12-10　南方菟丝子治理对外来入侵种氮（a）、磷（b）、钾（c）含量和氮磷比（d）的影响
数据是平均值±标准误（n=3），不同小写字母表示处理间差异显著（P<0.05）

大程度上依靠偏好的寄主（Press and Phoenix，2005）。虽然很多寄生植物具有广谱的寄主，能够同时寄生多种不同的寄主（Pennings and Callaway，2002），但是大部分寄生植物都表现出很强的寄主偏好性。寄生于偏好的寄主能够促进寄生植物的生长和繁殖。

在入侵群落中，南方菟丝子主要寄生外来入侵种五爪金龙、微甘菊和南美蟛蜞菊，寄生效率都比较高（>75.3%）（图 12-11），以在南美蟛蜞菊的寄生率最高，而在微甘菊和五爪金龙的寄生率次之。然而，与寄生于外来入侵种相比，南方菟丝子在本地种的寄生效率显著降低（<24.7%），显示出南方菟丝子在不同寄主之间的寄生偏好。

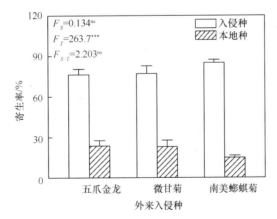

图 12-11　南方菟丝子在入侵种和本地种上的侵染率
数据是平均值±标准误（n=3），T 指南方菟丝子处理，S 指实验样地；
***P<0.001，表示差异十分显著；ns P≥0.05，表示差异不显著

主成分分析（PCA）结果显示，五爪金龙的主成分 PC1（56.97%）主要与花序数、分枝率和盖度有关，而 PC2（43.03%）主要与氮含量相关；微甘菊的 PC1（62.28%）主

要与花序数、不定根数和盖度有关，而 PC2（37.72%）主要与生物量相关；南美蟛蜞菊的 PC1（63.21%）与叶面积比和不定根数有关，而 PC2（36.79%）主要与钾和磷含量有关（图 12-12）。

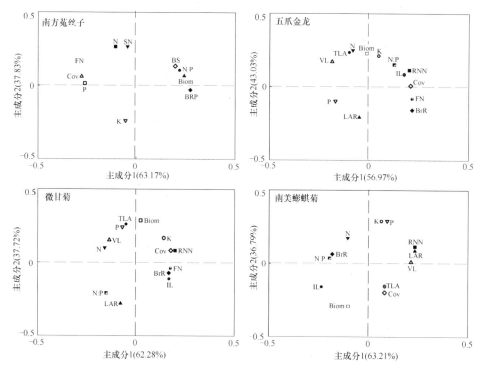

图 12-12　南方菟丝子和外来入侵种（微甘菊、五爪金龙和南美蟛蜞菊）的生长及养分的主成分分析结果

图中显示南方菟丝子的繁殖体生物量（BRP）、茎的生物量（BS）、种子数（SN）、外来入侵种的单株生物量（Biom）、总叶面积（TLA）、叶面积比（LAR）、不定根数（RNN）、分枝率（BrR）、节间长（IL）、主枝长（VL）、花序数（FN）、盖度（Cov），以及氮（N）、磷（P）、钾（K）的含量和氮磷比（N：P）

在入侵群落中，南方菟丝子在入侵种与本地种之间表现出显著差异，且主要寄生于外来入侵种（图 12-13）。对于不同的外来入侵种，南方菟丝子也表现出生长与繁殖的显著差异（图 12-13）。寄生于南美蟛蜞菊的南方菟丝子长势好，繁殖能力强，具有很高的生物量和盖度，以及大量的种子。此外，寄生于微甘菊的南方菟丝子也表现出良好的繁殖能力，具有很多花序。寄生于五爪金龙的南方菟丝子的生长与繁殖不及其在南美蟛蜞菊和微甘菊的长势。

南方菟丝子的养分含量变化与其长势的变化趋势不同（图 12-14）。寄生于微甘菊的南方菟丝子具有很高的氮和钾含量以及氮磷比，而寄生于五爪金龙的南方菟丝子具有很高的磷含量，寄生于南美蟛蜞菊的南方菟丝子的氮、磷、钾含量最低（图 12-14）。

通过将南方菟丝子的生长和养分参数进行主成分分析（PCA），提取出两个主效成分反映南方菟丝子在不同外来种上的寄生差异（图 12-12）。PC1（63.17%）主要与繁殖器官的生物量相关，而 PC2（37.83%）主要与氮含量和种子数有关。由于对南方菟丝子的繁殖器官、种子数、氮含量影响最显著的是南美蟛蜞菊和微甘菊，因此，南美蟛蜞菊最适合南方菟丝子的生长和繁殖，微甘菊次之，而寄生于五爪金龙的南方菟丝子长势最弱。

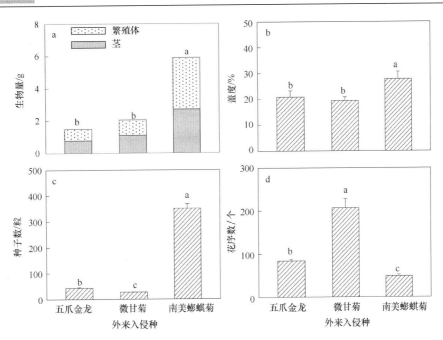

图 12-13　寄生在不同外来入侵种单株上的南方菟丝子的生物量（a）、盖度（b）、种子数（c）和花序数（d）

数据是平均值±标准误（$n=3$），不同字母表示处理间差异显著（$P<0.05$）

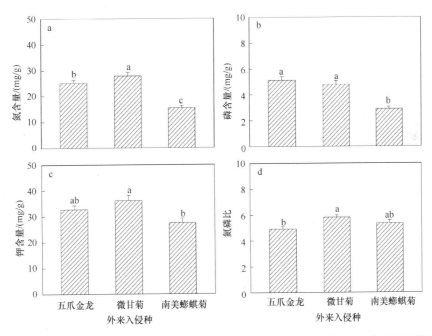

图 12-14　寄生在不同外来入侵种上的南方菟丝子的氮（a）、磷（b）、钾（c）含量和氮磷比（d）

数据是平均值±标准误（$n=3$），不同字母表示处理间差异显著（$P<0.05$）

　　南方菟丝子的生长与作用受偏好寄主的影响很大。本研究发现，相对于本地种，南方菟丝子偏向于寄生外来入侵种。寄生外来入侵种之后，长势良好，尤其是寄生于南美蟛蜞菊和微甘菊的南方菟丝子，生长旺盛、繁殖能力强。由此表明南方菟丝子对南美蟛蜞菊和微甘菊具有寄生偏好性（Yu *et al.*，2011）。

寄主偏好性能够使寄生植物聚集了偏好的寄主（Press and Phoenix，2005），而且寄生植物主要抑制偏好的寄主甚至导致寄主的消亡（Pennings and Callaway，2002）。如果偏好的寄主是群落优势种，寄生植物的作用将促进其他非寄主伴生种的生长和蔓延（Callaway and Pennings，1998）。在偏好寄主消亡之后，寄生植物的生长也将衰退，并不会对其他非寄主植物造成显著影响，从而促进其他物种的重建以及群落的恢复（Pennings and Callaway，2002；Yu *et al.*，2009）。因此，南方菟丝子能够有效地抑制外来入侵种，表明它对偏好寄主的抑制，但对其他非寄主植物无危害。所以，以本地南方菟丝子抵御外来入侵种的防治措施具有良好的生态安全性。

12.3.3　南方菟丝子寄生对本地植物群落的恢复

南方菟丝子寄生于入侵种，降低了入侵种的盖度，提高了本地种的盖度（表12-9，图12-15）。虽然外来种的入侵导致本地群落的生物多样性降低和物种丰富度下降，但是南方菟丝子寄生于入侵种之后，使本地种的盖度、群落的Shannon-Wiener指数、物种丰富度、Simpson多样性指数和均匀度指数均显著增加（表12-9，图12-15）。

南方菟丝子寄生对本地群落的结构和组成具有显著影响（表12-9）。除了本地种盖度和均匀度指数在外来种入侵的样地间差异不显著，Shannon-Wiener指数、物种丰富度和Simpson多样性指数均受外来种入侵群落的影响而产生显著差异，交互作用对物种丰富度和本地种盖度无显著影响（表12-9）。

表12-9　南方菟丝子处理对外来种入侵群落生物多样性的影响

变量	南方菟丝子寄生		入侵种		交互作用	
	F值	P值	F值	P值	F值	P值
Shannon-Wiener指数	121.5050	<0.001	7.110	0.009	6.049	0.015
物种丰富度	20.1670	0.001	4.667	0.032	0.667	0.531
Simpson多样性指数	121.6740	<0.001	6.323	0.013	10.164	0.003
均匀度指数	25.3380	<0.001	1.100	0.364	4.799	0.029
本地种盖度	16.9450	0.001	2.651	0.111	3.625	0.059

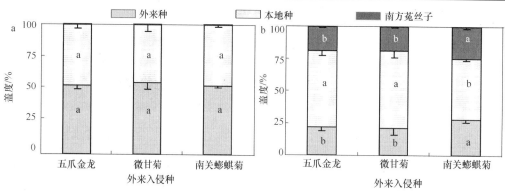

图12-15　被外来种入侵（a）和被南方菟丝子治理（b）的群落中，外来种、南方菟丝子和其他本地种的盖度

数据是平均值±标准误（*n*=3），不同字母表示处理间差异显著（*P*<0.05）

外来种的入侵导致本地群落的生物多样性降低和物种丰富度下降（图 12-16），但是南方菟丝子与外来入侵种相互作用显著影响 Shannon-Wiener 指数、Simpson 多样性指数和均匀度指数。在南方菟丝子作用于外来入侵种之后，本地种的盖度、群落的 Shannon-Wiener 指数、物种丰富度、Simpson 多样性指数和均匀度指数均显著增加（图 12-16），表明南方菟丝子寄生于外来入侵种对被入侵群落恢复的促进作用。

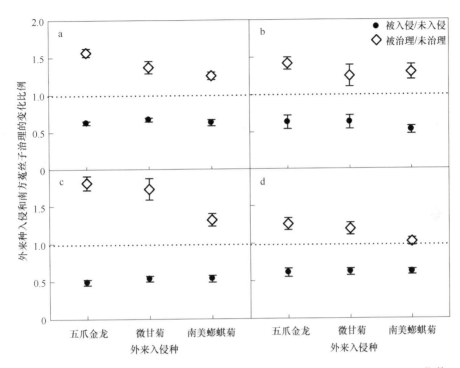

图 12-16　外来种入侵（●）和南方菟丝子治理（◇）对本地植被群落的 Shannon-Wiener 指数（a）、物种丰富度（b）、Simpson 多样性指数（c）和均匀度指数（d）的影响
数据是平均值±标准误（n=3）

本研究表明，南方菟丝子寄生使得外来入侵种的生长与繁殖受到抑制，且养分含量降低。另外，南方菟丝子通过抑制寄主植物、促进非寄主植物的生长与竞争，从而改变寄主与非寄主之间的竞争平衡（Pennings and Callaway，1996；Press and Phoenix，2005）。如果寄主是群落优势种，寄生植物的抑制作用将有利于其他非寄主植物的生长，使得群落的生物多样性提高（Callaway and Pennings，1998）。本研究中南方菟丝子的寄生作用使得本地群落的物种丰富度和生物多样性增加，表明南方菟丝子寄生于外来入侵种有利于本地非寄主植物与外来入侵种的竞争，并促进本地种的生长和本地群落的恢复。

然而，寄生植物的作用与影响很大程度上依赖于偏好的寄主（Pennings and Callaway，1996；Press and Phoenix，2005）。虽然很多寄生植物具有广谱的寄主且能够同时寄生于多种不同的寄主（Pennings and Callaway，2002），但是大部分寄生植物都表现出很强的寄主偏好性（Kelly，1992）。例如，南方菟丝子属的盐沼菟丝子（*Cuscuta salina*）倾向寄生于弗吉尼亚盐角草（*Salicornia virginica*），而原野菟丝子寄生于扭花车轴草（*Trifolium resupinatum*）之后长势良好（Callaway and Pennings，1998；Koch *et al.*，2004）。Yu 等（2008）认为偏好的寄主能够促进寄生植物的生长和繁殖。本研究中发现寄生于外来入侵种的南方菟丝子长势良好、生长旺盛、繁殖能力强，尤其是寄生于南美蟛蜞菊和微甘菊的南方菟丝子。由此表明，南方菟丝子对南美蟛蜞菊和微甘菊具有寄生偏好性。

12.4 植物寄生与土壤异质性对草地群落的影响

土壤资源的空间异质性在陆地生态系统中普遍存在，可以影响植物个体的生长、生理和生物量分配，同样也影响着植物群落的物种组成和生产力（Wijesinghe *et al.*，2005；Bardgett and Van Der Putten，2014；Xi *et al.*，2017）。这种影响的潜在机制是一些植物可以通过根系更好地利用异质性分布的土壤养分（Campbell *et al.*，1991；Fransen *et al.*，1998；Chen *et al.*，2017）。例如，植物根系可以在高养分斑块大量扩繁或植物将大多数分株放置在高养分斑块，以提高植物对养分的吸收（Fransen *et al.*，1998；Hodge，2004），进而促进植物个体的生长和提高植物群落的生产力（Eilts *et al.*，2011；García-Palacios *et al.*，2013）。物种对土壤资源的利用能力存在很大差异（Einsmann *et al.*，1999），因此土壤养分异质性可能改变种间竞争关系和物种的相对丰度，进而改变植物群落的物种组成（Fransen *et al.*，2001；Bliss *et al.*，2012）。

植物对资源的利用响应随着斑块的大小而变化（Mou *et al.*，2013；Wang *et al.*，2016），表现为植物在小斑块尺度上对异质性分布的资源响应敏感，而在大斑块尺度上则不敏感。例如，如果非克隆植物的根系面积大于资源斑块面积，则植物可以跨越斑块利用异质性分布的资源并从中获益；然而，如果其根系面积小于资源斑块面积，则植物存在无法从异质性分布的资源中获益的可能。因此，土壤养分异质性对植物群落的影响也可能随斑块大小不同而变化（Hutchings *et al.*，2003；Wijesinghe *et al.*，2005；Roiloa *et al.*，2014；Wang *et al.*，2016）。此外，斑块对比度（相邻斑块之间资源可利用性的差异程度）可能改变生长在不同营养斑块中的植物之间的资源转移模式以及植物的利用响应（Friedman and Alpert，1991；Hutchings and Wijesinghe，2008；Guo *et al.*，2011）。因此，土壤养分异质性对植物群落的影响也可能取决于土壤养分的差异程度。

植物寄生通常对寄主植物的生长和繁殖造成负面影响（Press and Phoenix，2005；Gao *et al.*，2019）。寄生植物通常表现出寄主偏好性（Kelly，1992；Cuevas-Reyes *et al.*，2011；Kaiser *et al.*，2015），由于寄生偏好性，植物寄生能够改变种间竞争（Koch *et al.*，2004），从而改变植物群落的物种组成（Yu *et al.*，2008；Mellado and Zamora，2017）。尽管土壤养分异质性和寄生植物普遍共存于同一生态系统中，并且都对植物群落产生深远的影响（Parker and Riches，1993；Press and Phoenix，2005；Bardgett *et al.*，2006；Zhou *et al.*，2012；Gao *et al.*，2019），但是目前尚无研究探讨土壤养分异质性和寄生植物寄生对植物群落的交互作用。

土壤养分异质性对植物生长的影响造成了植物个体养分状况的变异，从而可能引起植物群落内部寄生植物对寄主植物偏好选择的改变（Brooker，2006）。这种影响可能改变寄主植物的生长和群落的物种组成。例如，寄生植物可能对所有寄主植物的养分平衡造成选择压力（Albert *et al.*，2008；Dunn *et al.*，2012；Fisher *et al.*，2013）。这可能迫使寄主植物将其根系集中在高养分斑块，以补偿寄生造成的养分损失（Hutchings and De Kroon，1994；Eilts *et al.*，2011；García-Palacios *et al.*，2012），另外寄生植物可能向土壤输入高质量凋落物而影响土壤养分的分布（Fisher *et al.*，2013），上述这些过程可能进一步影响植物群落的组成和动态（Quested *et al.*，2005；Quested，2008）。大量研究表明，植物对养分的快速吸收能促进其快速再生，增强其对食草动物取食和寄生植物寄生的抵抗（Callaway，1995；Liu *et al.*，2017）。因此我们假设土壤养分异质性和植物寄生对植物群落的生产力有交互作用。植物群落中不同物种和不同功能群植物对土壤养分异质性（Fransen *et al.*，2001；Bliss *et al.*，2012；Xue *et al.*，2018；Liu *et al.*，2020）和寄生（Kelly，1992；Cameron *et al.*，2009；Kaiser *et al.*，2015）的响应不同，因此同样假设土壤养分异质性和寄生对不同物种或不同功能群植物生物量的交互影响存在显著差异，进一步改变群落的组成。

为了检验上述假设，本研究构建了包含 8 个草地物种的人工组合群落，并将该群落种植在养分同质生境或异质生境中。养分异质性生境包含不同斑块大小处理（小斑块与大斑块）和不同养分对比度处理（高对比度与低对比度）。南方菟丝子寄生或不寄生在以上群落中。

12.4.1　植物寄生和土壤异质性对植物群落生物量的影响

南方菟丝子寄生显著降低了植物群落的地上生物量（表 12-10，图 12-17）。土壤异质性、斑块大小对植物群落的地上生物量均无影响，土壤异质性、斑块大小和南方菟丝子寄生对植物群落地上生物量无交互影响（表 12-10，图 12-17）。高养分对比度显著提高了植物群落的地上生物量，然而养分异质性和南方菟丝子寄生对植物群落的地上生物量无交互影响（表 12-10，图 12-17）。

表 12-10　土壤养分异质性和南方菟丝子寄生及其交互作用对植物群落和不同功能群植物地上生物量影响的方差分析表

效应	df	群落地上生物量		杂类草地上生物量		豆科地上生物量		禾草地上生物量	
		F值	P值	F值	P值	F值	P值	F值	P值
寄生（C）	1	39.7	**<0.001**	36.4	**<0.001**	1.4	0.247	0.05	0.827
土壤养分处理（T）	4	1.8	0.139	1.0	0.407	1.9	0.130	2.41	*0.062*
同质 vs. 异质（H）	1	<0.1	0.959	0.1	0.754	<0.1	0.938	0.02	0.882
小斑块 vs. 大斑块（P）	1	0.6	0.436	0.2	0.663	0.6	0.439	4.84	**0.033**
低对比度 vs. 高对比度（Contrast）	1	6.3	**0.015**	3.4	*0.071*	6.6	**0.013**	0.02	0.896
C×T	4	0.3	0.845	0.1	0.981	1.1	0.360	1.34	0.268
C×H	1	<0.1	0.832	<0.1	0.913	1.6	0.208	0.45	0.506
C×P	1	<0.1	0.857	0.4	0.556	1.4	0.242	1.30	0.259
C×Contrast	1	1.2	0.285	<0.1	0.836	0.3	0.601	3.43	*0.070*
残差	49								

注：黑体表示 $P<0.05$；斜体表示 $0.05<P<0.1$。

南方菟丝子寄生显著降低了群落中杂类草地上生物量。土壤异质性、斑块大小、养分对比度对杂类草地上生物量均无影响，土壤异质性、斑块大小、养分对比度和南方菟丝子寄生对杂类草地上生物量无交互影响（表 12-10，图 12-18a）。南方菟丝子寄生对豆科植物和禾草地上生物量均无影响（表 12-10，图 12-18b，图 12-18c）。高养分对比度显著提高了豆科植物地上生物量（表 12-10，图 12-18b）；小斑块显著促进了禾草地上生物量的积累（表 12-10，图 12-18c）。

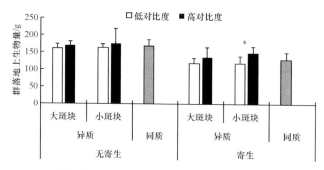

图 12-17 土壤异质性和南方菟丝子寄生对植物群落地上生物量的影响
*表示存在差异。后同

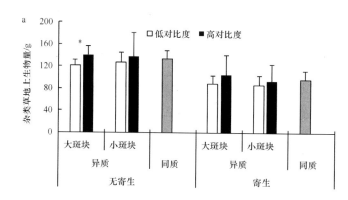

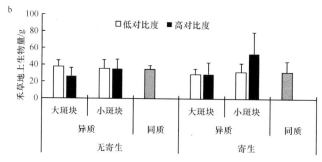

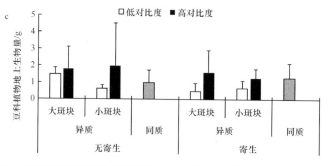

图 12-18 土壤异质性和南方菟丝子寄生对不同功能群植物地上生物量的影响

南方菟丝子寄生显著降低了植物群落的地上生物量，这和前人研究发现寄生可以抑制植物生长的结论一致（Kelly *et al*.，1988；Cameron *et al*.，2009；Hatcher and Dunn，2011；Yu *et al*.，2011；Kaiser *et al*.，2015）。南方菟丝子为全寄生植物，其生长和发育所需的有机碳、矿质元素和水完全来自寄主植物（Kaiser *et al*.，2015；Quang-Vuong *et al*.，2015；Yang *et al*.，2015）。寄生植物还可以向土壤中输入高质量凋落物而间接影响植物群落（Dunn *et al*.，2012；Fisher *et al*.，2013），但本研究中不涉及此机制，因为在整个实验过程中，寄生植物均处于存活状态。

本研究预期土壤异质性和植物寄生对植物群落初级生产力存在交互影响。这是由于大根系植物可以将其根系选择性放置在高养分斑块而促进其生长，提高了这些植物在土壤异质生境中的优势度（Birch and Hutchings，1994；Day *et al*.，2003；Dong *et al*.，2015）。这些优势物种养分含量高，易成为寄生植物的偏好寄主（Kelly，1992；Cuevas-Reyes *et al*.，2011；Kaiser *et al*.，2015）。然而，本研究结果表明，南方菟丝子的寄生同等程度地降低了同质和异质生境中植物群落的地上生物量。这可能是因为土壤异质性对 3 种功能群植物均未产生影响。本研究同样发现斑块大小、养分异质性和植物寄生对实验群落生物量的交互影响均不显著。这可能是由于高对比度对植物群落生物量的促进效应和植物寄生对植物群落生物量的抑制效应相互抵消。因此，土壤异质性的增加不一定有利于植物群落抵御南方菟丝子的寄生。然而，应该注意到，不同功能群之间的竞争层次和优势关系可能会随着时间的推移而变化，当植物群落长期受土壤异质性和植物寄生的影响时，可能会加速群落内部种间关系的变化，进而影响群落的结构和生产力。

12.4.2　植物寄生和土壤异质性对植物群落相对丰度的影响

实验群落中的优势物种为杂类草，其生物量占整个群落的 60%～85%（图 12-19）。总体来说，南方菟丝子寄生显著降低了杂类草的相对丰度（表 12-11，图 12-19a），显著提高了禾草的相对丰度（表 12-11，图 12-19c），对豆科植物的相对丰度无影响（表 12-11，图 12-19b）。土壤异质性对杂类草、禾草和豆科植物的相对丰度均无影响，土壤异质性和南方菟丝子寄生对杂类草、禾草和豆科植物的相对丰度均无交互影响（表 12-11，图 12-19）。

表 12-11　土壤异质性和南方菟丝子寄生及其交互作用对 3 种功能群植物相对丰度影响的方差分析表

效应	自由度	杂类草相对丰度		豆科植物相对丰度		禾草相对丰度	
		F 值	*P* 值	*F* 值	*P* 值	*F* 值	*P* 值
寄生（C）	1	8.1	**0.007**	0.29	0.592	5.9	**0.019**
土壤养分处理（T）	4	1.7	0.165	0.59	0.665	2.2	*0.080*
同质 vs. 异质（H）	1	0.5	0.492	0.24	0.621	<0.1	0.837
小斑块 vs. 大斑块（P）	1	3.4	*0.071*	0.01	0.911	3.7	*0.060*
低对比度 vs. 高对比度（Contrast）	1	<0.1	0.902	1.74	0.192	1.3	0.257
C×T	4	1.1	0.388	1.35	0.264	0.7	0.605
C×H	1	0.3	0.576	1.88	0.175	0.3	0.561
C×P	1	1.4	0.249	3.03	*0.087*	0.9	0.343
C×Contrast	1	2.5	0.122	0.16	0.688	1.5	0.232
残差	49						

注：黑体表示 *P*<0.05；斜体表示 0.05<*P*<0.1

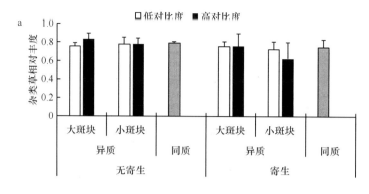

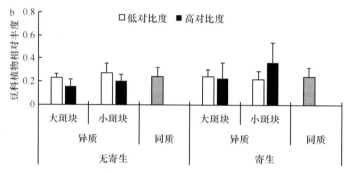

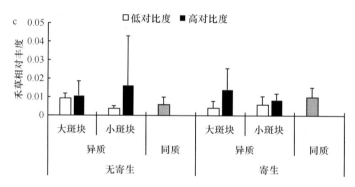

图 12-19 土壤异质性和南方菟丝子寄生对不同功能群植物相对丰度的影响
a. 杂类草；b. 豆科植物；c. 禾草

　　本研究没有发现土壤异质性对植物群落地上生物量的促进效应。这与以往理论和实验研究的结果不一致，以往发现土壤异质性对植物生长一般表现为促进效应（Hutchings et al.，2003；Wijesinghe et al.，2005）。土壤异质性对植物生长的中性效应，通常归因于斑块尺度小于植物根系的延伸范围（Wijesinghe and Hutchings，1997；Zhou et al.，2012）。小根系植物通常不能将其根系选择性放置在高养分斑块，因此土壤养分异质性没有影响小根系植物的生长（Campbell et al.，1991；Fransen et al.，1998）。本研究所用的实验植物群落优势物种是大根系的杂类草，杂类草能跨越斑块，整合利用异质性分布的资源。这可能使得植物群落在同质和异质土壤中对资源的利用相同，表现为土壤异质性对植物群落的地上生产力无影响（Wacker et al.，2008；Roiloa et al.，2014；Tsunoda et al.，2014；Wang et al.，2016；Xue et al.，2018）。此外，杂类草对不同斑块资源的整合利用，可能增强资源异质性生境中种间的竞争作用，导致资源异质性对植物生长的促进效应降低

（Ravenek et al.，2016）。例如，Fort 等（2014）研究发现，根系功能性状越多样的物种，其竞争能力越强。另外，比根长越大的物种其资源捕获能力越强（Mommer et al.，2011；McNickle et al.，2016）。Ravenek 等（2016）发现，杂类草将根系选择性放置在高养分斑块的能力强于禾草。即使在自然野外条件下，杂类草比禾本科植物也更具有竞争力。因此，本研究中所用物种根系性状之间存在显著差异，尤其是优势物种杂类草与竞争能力较弱的禾草和豆科植物之间。如果禾草和豆科植物生长于尺度较大的低资源斑块，其生长受到显著抑制，而杂类草根系可以跨越斑块，利用高养分斑块资源，其生长不会受到影响，在这种情况下，土壤资源异质分布或同质分布对群落生产力没有影响。

许多研究发现，大尺度和高对比度的土壤异质性对植物的生长存在促进效应。本研究发现高对比度的土壤养分异质性显著提高了植物群落的地上生物量，但斑块大小对植物群落地上生物量无影响。这可能是由于杂类草能整合利用异质性分布的资源，增强了种内竞争，进而削弱了斑块尺度的异质性效应，而不是对比度异质性效应（Wijesinghe and Hutchings，1999；Wilson，2000；Eilts et al.，2011；García-Palacios et al.，2013；Qian et al.，2014）。土壤异质性对杂类草、豆科植物和禾草的相对丰度无影响。本研究所用植物群落中杂类草占绝对优势，这可能改变了土壤异质性对 3 种不同功能群植物相对丰度的潜在影响。斑块大小倾向于影响杂类草和禾草的相对丰度。小斑块异质性土壤中杂类草的相对丰度比大斑块异质性土壤中杂类草的相对丰度小，禾草的相对丰度则相反。这可能是由于杂类草根系横向扩繁能力弱，导致其在小斑块异质性生境中受益较少（Humphrey and Pyke，1998；Ye et al.，2006）。相反，禾草根系可塑性更强（Einsmann et al.，1999），可以利用杂类草未利用的小斑块资源（Fransen et al.，1998；Hodge，2004；Hou et al.，2017），使得其在小斑块生境中具有更高的相对丰度。这些研究结果表明，养分斑块的大小可以调节不同功能群的相对丰度，进而改变植物群落结构。

南方菟丝子寄生对 3 个功能群相对丰度的影响存在差异。南方菟丝子的寄生显著降低了杂类草的相对丰度，提高了禾草的相对丰度（图 12-19）。一种可能的解释是南方菟丝子的寄生显著降低了优势功能群的生物量，因为在群落中优势功能群被寄生的概率最大（Press and Phoenix，2005）。另一种解释是寄生植物和寄主植物之间的相互作用与寄主植物养分含量存在正相关。许多研究表明，寄生植物更加偏好选择氮素含量高的植物作为其寄主植物，如本研究中的杂类草（Franche et al.，2009；Santi et al.，2013；Mahmud et al.，2020）。此外，研究普遍认为，禾草中硅含量高，这有利于帮助禾草抵御菟丝子的寄生（Trembath-Reichert et al.，2015；Yan et al.，2018；Katz，2019）。因此，南方菟丝子降低了实验群落中优势功能群杂类草的相对丰度，间接提高了竞争劣势功能群禾草的相对丰度。综上所述，菟丝子寄生能降低优势功能群的相对丰度，增强其他植物功能群的相对丰度从而提高植物群落的多样性，也能通过偏好性寄生改变植物群落中的功能群组成。

土壤异质性、斑块大小、斑块对比度和南方菟丝子寄生对 3 种功能群的相对丰度的交互影响均不显著。因此，南方菟丝子寄生和土壤异质性对植物群落结构的影响彼此独立，互不干扰。

12.5　小　　结

以南方菟丝子（*Cuscuta australis*）天然寄生的喜旱莲子草（*Alternanthera philoxeroides*）群落为研究对象。对比发现南方菟丝子寄生可使群落物种丰富度显著增加，也可使群落Simpson 多样性指数、Shannon-Wiener 指数、McIntosh 指数和均匀度指数增加，但是与对照之间不存在显著性差异。另外，南方菟丝子寄生可使喜空心子草在群落上的相对盖度、相对高度和相对多度均显著性下降，从而导致群落中喜旱莲子草的重要值显著性下降。本研究显示南方菟丝子寄生可以在一定程度上抑制入侵植物喜旱莲子草的生长，促使群落多样性增加，促进本地群落的恢复。

研究通过追踪原野菟丝子寄生于微甘菊不同时间的土壤性质、群落组成、生长和养分含量，发现原野菟丝子显著降低了微甘菊的盖度、生物量和养分，有效地抑制了微甘菊的生长和入侵，显著提高了本地植物的盖度、物种丰富度和生物多样性，促进了本地群落的恢复。南方菟丝子在微甘菊入侵群落主要寄生于外来入侵种，表明其具有良好的寄主选择性且非靶标效应很小。在自然寄生样地（深圳、东莞、海丰）验证了以上结果，且随着南方菟丝子寄生时间的延长，对外来入侵种微甘菊的抑制效果越显著。结果表明，南方菟丝子寄生的防治措施有利于本地群落的恢复，是防治微甘菊的有潜力的措施。

野外调查了南方菟丝子对 3 种外来入侵植物（即五爪金龙、微甘菊和南美蟛蜞菊）和入侵地本地植物群落的影响。研究发现南方菟丝子对外来入侵寄主的寄生率较高，而对本地种的寄生率较低。另外，在微甘菊和南美蟛蜞菊上生长时，南方菟丝子表现出更旺盛的长势和更好的繁殖能力，表明这些外来入侵植物比本地植物更适于寄生植物菟丝子的生长和繁殖。南方菟丝子寄生显著降低了外来入侵寄主的生长和养分含量，南方菟丝子和外来入侵植物之间的寄主-寄生植物的相互作用有利于增加本地群落的物种丰富度和生物多样性，促进被入侵的本地植物群落的恢复，展示以本地寄生植物抵御外来入侵种的良好生态安全性与巨大的应用潜能。

研究构建了由 8 个物种组成的草地植物群落，这 8 个物种隶属于 3 个功能群，将该群落种植于同质或异质土壤养分生境中。异质的土壤养分是由两个斑块大小处理（大斑块或小斑块）和两个斑块对比度处理（高对比度和低对比度）交叉组合而成。所有植物群落接受或不接受南方菟丝子寄生处理。寄生持续 7 周后，收获植物群落的地上生物量。研究发现，南方菟丝子寄生虽然没有影响禾草和豆科植物的生物量，但是显著降低了杂类草的地上生物量，因此降低了整个植物群落的地上生物量。整个植物群落或不同功能群植物地上生物量在同质和异质的土壤养分处理中均无差异。然而，养分异质性处理中，高对比度显著提高植物群落和豆科植物地上生物量，但没有影响杂类草和禾草地上生物量。斑块的大小对植物群落地上生物量和 3 个植物功能群生物量均没有影响。禾草在小斑块异质性生境比大斑块生境产生更多的地上生物量。南方菟丝子寄生对杂类草的相对丰度有负面影响，对禾草的相对丰度有正面影响，而对豆科植物的相对丰度无影响。寄生和斑块大小、斑块对比度对植物的生长和功能群组成没有任何交互作用。研究说明，寄生植物通过改变功能群的表现而影响植物群落，植物寄生和土壤养分异质性对植物群落的影响互不干扰。

主要参考文献

郭凤根, 李扬汉. 2000. 检疫杂草菟丝子生物防治研究的进展. 植物检疫, 14(1): 29-31

韩诗畴, 李开煌, 罗莉芬, 等. 2002. 菟丝子致死薇甘菊. 昆虫天敌, 24(1): 7-14

李鸣光, 张炜银. 2000. 薇甘菊研究历史与现状. 生态科学, 19(3): 41-45

廖文波, 凡强, 王伯荪, 等. 2002. 侵染薇甘菊的菟丝子属植物及其分类学鉴定. 中山大学学报(自然科学版), 41(6): 54-56

王伯荪, 王勇军, 廖文波, 等. 2004. 外来杂草薇甘菊的入侵生态及其治理. 北京: 科学出版社

昝启杰, 王伯荪, 王勇军, 等. 2002. 田野菟丝子控制薇甘菊的生态评价. 中山大学学报(自然科学版), 41(6): 60-63

昝启杰, 王伯荪, 王勇军, 等. 2003. 薇甘菊的危害与田野菟丝子的防除作用. 植物生态学报, 27(6): 822-828

昝启杰, 王勇军, 王伯荪, 等. 2000. 外来杂草薇甘菊的分布与危害. 生态学杂志, 19(6): 58-61

Albert M, Belastegui-Macadam X M, Bleischwitz M, *et al*. 2008. *Cuscuta* spp: parasitic plants in the spotlight of plant physiology, economy and ecology. *In*: Lüttge U, Beyschlag W, Murata J. Progress in Botany. Berlin, Heidelberg: Springer: 267-277

Alcantara E, Morales-García M, Diaz-Sánchez J. 2006. Effects of broomrape parasitism on sunflower plants: growth, development, and mineral nutrition. Journal of Plant Nutrition, 29(7): 1199-1206

Alpert P. 2006. The advantages and disadvantages of being introduced. Biological Invasions, 8(7): 1523-1534

Bardgett R D, Smith R S, Shiel R S, *et al*. 2006. Parasitic plants indirectly regulate below-ground properties in grassland ecosystems. Nature, 439(7079): 969-972

Bardgett R D, Van Der Putten W H. 2014. Belowground biodiversity and ecosystem functioning. Nature, 515(7528): 505-511

Birch C P D, Hutchings M J. 1994. Exploitation of patchily distributed soil resources by the clonal herb *Glechoma hederacea*. Journal of Ecology, 82(3): 653-664

Bliss K M, Jones R H, Mitchell R J, *et al*. 2012. Are competitive interactions influenced by spatial nutrient heterogeneity and root foraging behavior? New Phytologist, 154(2): 409-417

Brooker R W. 2006. Plant-plant interactions and environmental change. New Phytologist, 171(2): 271-289

Callaway R M, Pennings S C. 1998. Impact of a parasitic plant on the zonation of two salt marsh perennials. Oecologia, 114(1): 100-105

Callaway R M. 1995. Positive interactions among plants. Botanical Review, 61(4): 306-349

Cameron D D, White A, Antonovics J. 2009. Parasite-grass-forb interactions and rock-paper-scissor dynamics: predicting the effects of the parasitic plant *Rhinanthus minor* on host plant communities. Journal of Ecology, 97(6): 1311-1319

Campbell B D, Grime J P, Mackey J M L. 1991. A trade-off between scale and precision in resource foraging. Oecologia, 87(4): 532-538

Chen J, Hu X, Cao T, *et al*. 2017. Root-foraging behavior ensures the integrated growth of *Vallisneria natans* in heterogeneous sediments. Environmental Science and Pollution Research, 24(9): 8108-8119

Cuevas-Reyes P, Fernandes G W, González-Rodríguez A, *et al*. 2011. Effects of generalist and specialist parasitic plants (Loranthaceae) on the fluctuating asymmetry patterns of rupestrian host plants. Basic Applied Ecology, 12(5): 449-455

Daehler C C. 2003. Performance comparisons of co-occurring native and alien invasive plants: implications for conservation and restoration. Annual Review of Ecology Evolution and Systematics, 34(1): 183-211

Day K J, Hutchings M J, John E A. 2003. The effects of spatial pattern of nutrient supply on the early stages of growth in plant populations. Journal of Ecology, 91(2): 305-315

Dong B C, Wang J Z, Liu R H, *et al*. 2015. Soil heterogeneity affects ramet placement of *Hydrocotyle vulgaris*. Journal of Plant Ecology, 8(1): 91-100

Dunn A M, Torchin M E, Hatcher M J, *et al*. 2012. Indirect effects of parasites in invasions. Functional Ecology, 26(6): 1262-1274

Eilts J, Mittelbach G, Reynolds H, et al. 2011. Resource heterogeneity, soil fertility, and species diversity: effects of clonal species on plant communities. American Naturalist, 177(5): 574-588

Einsmann J C, Jones R H, Mou P, et al. 1999. Nutrient foraging traits in 10 co-occurring plant species of contrasting life forms. Journal of Ecology, 87(4): 609-619

Fisher J P, Phoenix G K, Childs D Z, et al. 2013. Parasitic plant litter input: a novel indirect mechanism influencing plant community structure. New Phytologist, 198(1): 222-231

Fort F, Cruz P, Jouany C. 2014. Hierarchy of root functional trait values and plasticity drive early-stage competition for water and phosphorus among grasses. Functional Ecology, 28(4): 1030-1040

Franche C, Lindström K, Elmerich C. 2009. Nitrogen-fixing bacteria associated with leguminous and non-leguminous plants. Plant and Soil, 321(1-2): 35-59

Fransen B, De Kroon H, Berendse F. 1998. Root morphological plasticity and nutrient acquisition of perennial grass species from habitats of different nutrient availability. Oecologia, 115(3): 351-358

Fransen B, De Kroon H, Berendse F. 2001. Soil nutrient heterogeneity alters competition between two perennial grass species. Ecology, 82(9): 2534-2546

Fridley J D, Stachowicz J J, Naeem S, et al. 2007. The invasion paradox: reconciling pattern and process in species invasions. Ecology, 88(1): 3-17

Friedman D, Alpert P. 1991. Reciprocal transport between ramets increases growth of *Fragaria chiloensis* when light and nitrogen occur in separate patches but only if patches are rich. Oecologia, 86(1): 76-80

Funk J L, Vitousek P M. 2007. Resource-use efficiency and plant invasion in low-resource systems. Nature, 446(7139): 1079-1081

Gao F L, Che X X, Yu F H, et al. 2019. Cascading effects of nitrogen, rhizobia and parasitism via a host plant. Flora, 251: 62-67

García-Palacios P, Maestre F T, Bardgett R D, et al. 2012. Plant responses to soil heterogeneity and global environmental change. Journal of Ecology, 100(6): 1303-1314

García-Palacios P, Maestre F T, Milla R. 2013. Community-aggregated plant traits interact with soil nutrient heterogeneity to determine ecosystem functioning. Plant and Soil, 364(1-2): 119-129

Guo W, Song Y B, Yu F H. 2011. Heterogeneous light supply affects growth and biomass allocation of the understory fern *Diplopterygium glaucum* at high patch contrast. PLoS One, 6(11): e27998

Hatcher J M, Dunn A M. 2011. Parasites in Ecological Communities: From Interactions to Ecosystems. Cambridge: Cambridge University Press

Hodge A. 2004. The plastic plant: root responses to heterogeneous supplies of nutrients. New Phytologist, 162(1): 9-24

Hou X, Tigabu M, Zhang Y, et al. 2017. Root plasticity, whole plant biomass, and nutrient accumulation of *Neyraudia reynaudiana* in response to heterogeneous phosphorus supply. Journal of Soils Sediments, 17(1): 172-180

Humphrey L D, Pyke D A. 1998. Demographic and growth responses of a guerrilla and a phalanx perennial grass in competitive mixtures. Journal of Ecology, 86(5): 854-865

Hutchings M J, De Kroon H D. 1994. Foraging in plants: the role of morphological plasticity in resource acquisition. Advances in Ecological Research, 25: 159-238

Hutchings M J, John E A, Wijesinghe D K. 2003. Towards understanding the consequenses of soil heterogeneity for plant populations and communities. Ecology, 84(9): 2322-2334

Hutchings M J, Wijesinghe D. 2008. Performance of a clonal species in patchy environments: effects of environmental context on yield at local and whole-plant scales. Evolution and Ecology, 22(3): 313-324

Kaiser B, Vogg G, Fürst U B, et al. 2015. Parasitic plants of the genus *Cuscuta* and their interaction with susceptible and resistant host plants. Frontiers in Plant Science, 6(227): 1-9

Katz O. 2019. Silicon content is a plant functional trait: implications in a changing world. Flora, 254: 88-94

Kelly C K. 1992. Resource choice in *Cuscuta europaea*. Proceedings of the National Academy of Sciences of the United States of America, 89(24): 12194-12197

Kelly C K, Venable D L, Zimmerer K. 1988. Host specialization in *Cuscuta costaricensis*: an assessment of host use relative to host availability. Oikos, 53(3): 315-320

Koch A M, Binder C, Sanders I R. 2004. Does the generalist parasitic plant *Cuscuta campestris* selectively forage in heterogeneous plant communities? New Phytologist, 162(1): 147-155

Koricheva J. 2002. Meta-analysis of sources of variation in fitness costs of plant antiherbivore defenses. Ecology, 83(1): 176-190

Koskela T, Salonen V, Mutikainen P. 2001. Interaction of a host plant and its holoparasite: effects of previous selection by the parasite. Journal of Evolutionary Biology, 14(6): 910-917

Lesica P, Hanna D. 2004. Indirect effects of biological control on plant diversity vary across sites in Montana grasslands. Conservation Biology, 18(2): 444-454

Li M G, Zhang W Y, Liao W B. 2000. The history and status of the study on *Mikania micrantha*. Ecological Science, 19(1): 41-45

Li W H, Zhang C B, Jiang H B, et al. 2006. Changes in soil microbial community associated with invasion of the exotic weed, *Mikania micrantha* H.B.K. Plant and Soil, 281(1-2): 309-324

Lian J Y, Ye W H, Cao H L, et al. 2006. Influence of obligate parasite *Cuscuta campestris* on the community of its host *Mikania micrantha*. Weed Research, 46(6): 441-443

Liu J, Dong M, Miao S L, et al. 2006. Invasive alien plants in China: role of clonality and geographical origin. Biological Invasions, 8(7): 1461-1470

Liu L, Alpert P, Dong B C, et al. 2017. Combined effects of soil heterogeneity, herbivory and detritivory on growth of the clonal plant *Hydrocotyle vulgaris*. Plant and Soil, 421(1-2): 429-437

Liu L, Alpert P, Dong B C, et al. 2020. Modification by earthworms of effects of soil heterogeneity and root foraging in eight species of grass. Science of the Total Environment, 708: 134941

Mahmud K, Makaju S, Ibrahim R, et al. 2020. Current progress in nitrogen fixing plants and microbiome research. Plants, 9(1): 97

Marvier M, Smith D. 1997. Conservation implications of host use for rare parasitic plants. Conservation Biology, 11(4): 839-848

McNickle G G, Deyholos M K, Cahill Jr J F. 2016. Nutrient foraging behaviour of four co-occurring perennial grassland plant species alone does not predict behavior with neighbours. Functional Ecology, 30(3): 420-430

Mellado A, Zamora R. 2017. Parasites structuring ecological communities: the mistletoe footprint in Mediterranean pine forests. Functional Ecology, 31(11): 2167-2176

Mommer L, Dumbrell A J, Wagemaker C A M, et al. 2011. Belowground DNA-based techniques: untangling the network of plant root interactions. Plant and Soil, 348(1-2): 115-121

Mou P, Jones R H, Tan Z, et al. 2013. Morphological and physiological plasticity of plant roots when nutrients are both spatially and temporally heterogeneous. Plant and Soil, 364(1-2): 373-384

Ni G Y, Song L Y, Zhang J L, et al. 2006. Effects of root extracts of *Mikania micrantha* H.B.K on soil microbial community. Allelopathy Journal, 17(2): 247-254

Ogden J A E, Rejmanek M. 2005. Recovery of native plant communities after the control of a dominant invasive plant species, *Foeniculum vulgare*: implications for management. Biological Conservation, 125(4): 427-439

Parker C, Riches C R. 1993. Parasitic Weeds of the World: Biology and Control. Wallingford: CAB International

Pennings S C, Callaway R M. 1996. Impact of a parasitic plant on the structure and dynamics of salt marsh vegetation. Ecology, 77(5): 1410-1419

Pennings S C, Callaway R M. 2002. Parasitic plants: parallels and contrasts with herbivores. Oecologia, 131(4): 479-489

Press M C, Phoenix G K. 2005. Impacts of parasitic plants on natural communities. New Phytologist, 166(3): 737-751

Qian Y Q, Luo D, Gong G, et al. 2014. Effects of spatial scale of soil heterogeneity on the growth of a clonal plant producing both spreading and clumping ramets. Journal of Plant Growth Regulation, 33(2): 214-221

Quang-Vuong L, Tennakoon K U, Metali F, et al. 2015. Impact of *Cuscuta australis* infection on the photosynthesis of the invasive host, *Mikania micrantha*, under drought condition. Weed Biology and Management, 15(4): 138-146

Quested H M, Callaghan T V, Cornelissen J H C, et al. 2005. The impact of hemiparasitic plant litter on decomposition: direct, seasonal and litter mixing effects. Journal of Ecology, 93(1): 87-98

Quested H M. 2008. Parasitic plants: impacts on nutrient cycling. Plant and Soil, 311(1-2): 269-272

Ravenek J M, Mommer L, Visser E J W, et al. 2016. Linking root traits and competitive success in grassland species. Plant and Soil, 407(1-2): 39-53

Richardson D M, Pyšek P. 2006. Plant invasions: merging the concepts of species invasiveness and community invasibility. Progress in Physical Geography, 30(3): 409-431

Roiloa S R, Sánchez-Rodríguez P, Retuerto R. 2014. Heterogeneous distribution of soil nutrients increase intra-specific competition in the clonal plant Glechoma hederacea. Plant Ecology, 215(8): 863-873

Santi C, Bogusz D, Franche C. 2013. Biological nitrogen fixation in non-legume plants. Annals of Botany, 111: 743-767

Schutzenhofer M R, Valone T J. 2006. Positive and negative effects of exotic Erodium cicutarium on an arid ecosystem. Biological Conservation, 132(3): 376-381

Shen H, Hong L, Ye W H, et al. 2007. The influence of the holoparasitic plant Cuscuta campestris on the growth and photosynthesis of its host Mikania micrantha. Journal of Experimental Botany, 58(11): 2929-2937

Shen H, Ye W H, Hong L, et al. 2005. Influence of the obligate parasite Cuscuta campestris on growth and biomass allocation of its host Mikania micrantha. Journal of Experimental Botany, 56(415): 1277-1284

Shen H, Ye W, Hong L, et al. 2006. Progress in parasitic plant biology: host selection and nutrient transfer. Plant Biology, 8(2): 175-185

Trembath-Reichert E, Wilson J P, McGlynn S E, et al. 2015. Four hundred million years of silica biomineralization in land plants. Proceedings of the National Academy of Science, 112(17): 5449-5454

Tsunoda T, Kachi N, Suzuki J I. 2014. Interactive effects of soil nutrient heterogeneity and belowground herbivory on the growth of plants with different root foraging traits. Plant and Soil, 384(1-2): 327-334

Wacker L, Baudois O, Eichenberger-Glinz S, et al. 2008. Environmental heterogeneity increases complementarity in experimental grassland communities. Basic Applied Ecology, 9(5): 467-474

Wang Y J, Shi X P, Meng X F, et al. 2016. Effects of spatial patch arrangement and scale of covarying resources on growth and intraspecific competition of a clonal plant. Frontiers in Plant Science, 7(1657): 753.

Wijesinghe D K, Hutchings M J. 1997. The effects of spatial scale of environmental heterogeneity on the growth of a clonal plant: an experimental study with Glechoma hederacea. Journal of Ecology, 85(1): 17-28

Wijesinghe D K, Hutchings M J. 1999. The effects of environmental heterogeneity on the performance of Glechoma hederacea: the interactions between patch contrast and patch scale. Journal of Ecology, 87(5): 860-872

Wijesinghe D K, John E A, Hutchings M J. 2005. Does pattern of soil resource heterogeneity determine plant community structure? An experimental investigation. Journal of Ecology, 93(1): 99-112

Wilson S D. 2000. Heterogeneity, diversity and scale in plant communities. In: Hutchings M J, John E A, Stewart A J A. The Ecological Consequences of Environmental Heterogeneity. Oxford: Blackwell Science: 53-69

Xi N, Zhang C, Bloor J M G. 2017. Species richness alters spatial nutrient heterogeneity effects on above-ground plant biomass. Biology Letters, 13(12): 20170510

Xue W, Huang L, Yu F H, et al. 2018. Intraspecific aggregation and soil heterogeneity: competitive interactions of two clonal plants with contrasting spatial architecture. Plant and Soil, 425(1-2): 231-240

Yan G C, Nikolic M, Ye M J, et al. 2018. Silicon acquisition and accumulation in plant and its significance for agriculture. Journal of Integrative Agriculture, 17(10): 2138-2150

Yang B F, Du L S, Li J M. 2015. Effects of Cuscuta australis parasitism on the growth, reproduction and defense of Solidago canadensis. Journal of Applied Ecology, 26(11): 3309-3314

Ye X H, Yu F H, Dong M. 2006. A trade-off between guerrilla and phalanx growth forms in Leymus secalinus under different nutrient supplies. Annals of Botany, 98(1): 187-191

Yu H, He W M, Liu J, et al. 2009. Native Cuscuta campestris restrains exotic Mikania micrantha and enhances soil resources beneficial to natives in the invaded communities. Biological Invasions, 11(4): 835-844

Yu H, Liu J, He W M, *et al.* 2011. *Cuscuta australis* restrains three exotic invasive plants and benefits native species. Biological Invasions, 13(3): 747-756

Yu H, Yu F H, Miao S L, *et al.* 2008. Holoparasitic *Cuscuta campestris* suppresses invasive *Mikania micrantha* and contributes to native community recovery. Biological Conservation, 141(10): 2653-2661

Zhang L Y, Ye W H, Cao H L, *et al.* 2004. *Mikania micrantha* H.B.K in China: an overview. Weed Research, 44(1): 42-49

Zhou J, Dong B C, Alpert P, *et al.* 2012. Effects of soil nutrient heterogeneity on intraspecific competition in the invasive, clonal plant *Althernanthera pheloxeroides*. Annals of Botany, 109(4): 813-818

第13章 菟丝子属植物寄生对土壤特性及土壤微生物的影响

寄生植物作为一种特殊的植物类群，通过各种直接或间接的途径，对土壤的物理、化学性质，以及土壤微生物的结构和功能进行持续不断的影响（详见第6章），但有关菟丝子属全寄生植物对土壤特性及土壤微生物影响的相关研究并不多见。

13.1 原野菟丝子寄生对微甘菊入侵地土壤特性及土壤微生物的影响

外来植物入侵对土壤pH、碳、氮、水分等营养循环过程可带来不同的影响，包括增加、减少或没有影响3种效应（Ehrenfeld，2003；Saggar *et al.*，1999）。例如，Koutika等（2007）研究发现早生一枝黄花（*Solidago gigantea*）、野黑樱桃（*Prunus serotina*）和虎杖（*Fallopia japonica*）的入侵均可导致土壤有机碳增加。Scott等（2001）在新西兰研究杂草入侵对土壤生态系统过程的影响时发现，山柳菊属植物（*Hieracium* spp.）入侵的土壤中总氮含量显著增加。Hawkes等（2005）利用受控实验发现外来入侵植物可以增加氨态氮的含量，降低硝态氮的含量。

微甘菊广泛存在于我国南部广东等省份，严重威胁当地生态系统（Zhang *et al.*，2004）。昝启杰等（2002）发现原野菟丝子（*Cuscuta campestris*）可以寄生于微甘菊，能够缠绕在微甘菊的茎上夺取其所需的养分和水分，使微甘菊叶片变黄甚至整株枯死，因此可用于大面积控制微甘菊。

本节比较分析了广东省内伶仃岛微甘菊未入侵群落（WU）、微甘菊入侵群落（W）、原野菟丝子刚寄生的微甘菊入侵群落（TW1）和原野菟丝子寄生3年的微甘菊入侵群落（TW3）的土壤化学性质，微生物生物量碳、氮、磷，土壤酶活性及土壤微生物功能多样性的变化，旨在探讨微甘菊入侵如何改变土壤特性以及原野菟丝子的寄生如何改变微甘菊入侵地土壤特性。

13.1.1 原野菟丝子寄生对微甘菊入侵地土壤氮、磷含量的影响

微甘菊具有较高的叶片净光合速率，生长迅速，蔓延速度较快，被称为"一分钟一英里杂草"，相对于本地种来说，具有较高的生物量。4个样地的土壤化学性质见表13-1。与WU群落相比，W群落的土壤pH、有机碳、全氮、有机氮和氨态氮的含量显著增加，硝态氮含量显著降低，而土壤全磷和有效磷无差异，表明微甘菊入侵可以明显改变土壤氮与碳含量，对土壤磷的影响不明显。根据野外观察，微甘菊大量的藤茎与叶片均可腐

烂回归土壤，而藤茎的分解速率较慢。因此，微甘菊凋落物的数量与质量可能是导致入侵地土壤有机碳含量升高的主要原因。土壤氮的增加主要与土壤氮的矿化速率及氮的根周转率有关。Christian 和 Wilson（1999）认为冰草（*Agropyron cristatum*）入侵加拿大，由于其根系生物量低于土著种，从而减少了通过根周转向土壤输入的总氮量，导致其入侵地土壤氮含量显著下降。微甘菊具有发达的根系，匍匐生长，每一节均可生出不定根，因此，通过根周转输入土壤的总氮量高，导致入侵地土壤具有较高的全氮。另外，微甘菊根系分泌物的释放对于入侵地来说也是一种新的物质，可以通过影响土壤微生物的种类组成、微生物生物量及活性，改变土壤微生物分泌、释放和修饰酶的强度，从而使土壤营养循环也随之改变，最终引起土壤化学特性的改变。微甘菊入侵显著提高土壤微生物数量及活性，改变土壤的营养循环和土壤特性，这也可能是微甘菊入侵机制的一部分。

表 13-1　4 个样地的土壤化学性质

样地	WU	W	TW1	TW3
pH	5.593±0.015a	6.046±0.014b	5.634±0.021a	5.577±0.014a
有机碳/（g/kg）	29.512±0.680a	35.937±0.864b	27.225±1.147c	35.719±0.499b
全氮/（g/kg）	0.800±0.046a	2.449±0.130b	1.836±0.011c	2.356±0.088b
有机氮/（g/kg）	0.722±0.048a	2.383±0.129b	1.793±0.011c	2.304±0.089b
全磷/（g/kg）	0.277±0.050a	0.258±0.040a	0.330±0.021a	0.285±0.010a
有效磷/（g/kg）	0.056±0.002a	0.063±0.005a	0.062±0.009a	0.068±0.000a
硝态氮/（g/kg）	0.033±0.003a	0.015±0.002b	0.018±0.001b	0.012±0.002b
氨态氮/（g/kg）	0.043±0.001a	0.051±0.000b	0.024±0.000c	0.040±0.001a

注：同一行不同小写字母表示具有显著性差异，$P<0.05$；WU. 微甘菊未入侵群落；W. 微甘菊入侵群落；TW1. 原野菟丝子刚寄生的微甘菊入侵群落；TW3. 原野菟丝子寄生 3 年的微甘菊入侵群落

与 W 群落相比，TW1 群落的土壤 pH、有机碳、全氮、有机氮和氨态氮含量较低，而土壤全磷、有效磷和硝态氮无差异，这显示出原野菟丝子寄生可以明显改变土壤氮与碳含量；另外，与 WU 群落相比，TW1 群落的土壤有机碳、硝态氮和氨态氮显著降低，土壤全氮、有机氮则显著升高，而 pH、全磷与有效磷则无差异，这表明原野菟丝子寄生的微甘菊入侵群落与未受微甘菊入侵群落之间，在土壤碳、氮、磷方面仍具有一定的差异。与 TW1 群落相比，TW3 群落的土壤有机碳、全氮、有机氮和氨态氮的含量显著升高，而土壤 pH、全磷、有效磷和硝态氮无差异，这表明原野菟丝子寄生于微甘菊所持续的时间对其所在群落的土壤碳和氮含量影响较大。本研究发现原野菟丝子寄生达 3 年的微甘菊入侵地的土壤总有机碳、全氮、有机氮和氨态氮含量相对于寄生早期显著增加，有机碳、全氮、有机氮等恢复到微甘菊入侵地的水平，与未入侵地之间存在明显差异。

13.1.2　原野菟丝子寄生对微甘菊入侵地土壤酶活性的影响

土壤酶主要来源于土壤中动物、植物和微生物细胞的分泌物及其残体的分解物，其活性受到多种环境因素的影响。4 个样地土壤 3 种酶活性见图 13-1。与 WU 群落相比，微甘菊入侵后，W 群落土壤的脲酶和 β-D-葡萄糖苷酶活性显著增加，而酸性磷酸酶没

有明显变化。植物入侵对土壤酶活性的影响结果并不总是一致的，Caldwell（2006）发现金雀儿（*Cytisus scoparius*）入侵可以提高土壤酸性磷酸酶活性达 123%，提高 β-D-葡萄糖苷酶活性达 84%。Shen 等（2006）发现入侵植物日本小檗（*Berberis thunbergii*）和柔枝莠竹（*Microstegium vimineum*）可以提高土壤酸性磷酸酶、脲酶及 β-D-葡萄糖苷酶活性。

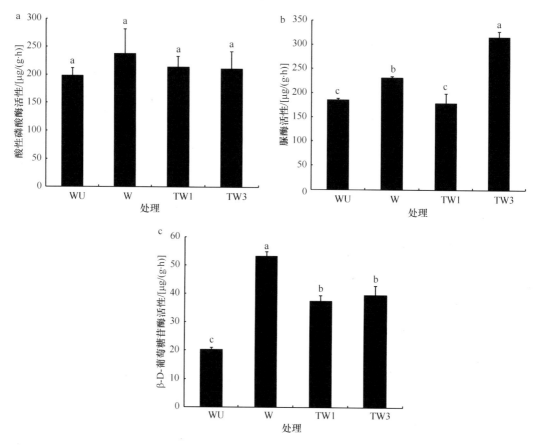

图 13-1　4 个样地土壤酸性磷酸酶（a）、脲酶（b）和 β-D-葡萄糖苷酶（c）活性
不同小写字母表示具有显著性差异，*P*<0.05；WU. 微甘菊未入侵群落；W. 微甘菊入侵群落；TW1. 原野菟丝子刚寄生的微甘菊入侵群落；TW3. 原野菟丝子寄生 3 年的微甘菊入侵群落

　　与 W 群落相比，原野菟丝子寄生后，TW1 群落土壤的脲酶和 β-D-葡萄糖苷酶活性显著降低，但酸性磷酸酶活性下降不明显。随着原野菟丝子寄生时间的增加，TW3 群落土壤的脲酶活性显著增加，甚至高于 W 群落土壤；而酸性磷酸酶与 β-D-葡萄糖苷酶活性并未表现出明显的变化；显示原野菟丝子寄生时间可以明显改变土壤脲酶活性，而对酸性磷酸酶及 β-D-葡萄糖苷酶活性影响不大。相关性分析显示 3 种酶活性之间不具有显著性相关，但酸性磷酸酶活性与土壤微生物生物量碳、氮、磷之间存在显著或极显著性相关，脲酶活性与微生物生物量碳之间存在极显著性相关，β-D-葡萄糖苷酶活性与微生物生物量磷与碳之间存在极显著性相关（表 13-2）。

表 13-2　土壤酶活性与土壤微生物生物量之间的相关性

土壤酶	微生物生物量氮	微生物生物量磷	微生物生物量碳
酸性磷酸酶	0.704*	0.687*	0.754**
脲酶	−0.130	0.027	0.803**
β-D-葡萄糖苷酶	0.564	0.781**	0.715**

注：*表示显著相关，**表示极显著相关

13.1.3　原野菟丝子寄生对微甘菊入侵地土壤微生物生物量（碳、氮、磷含量）的影响

4 个样地的土壤微生物生物量见图 13-2。与 WU 群落相比，W 群落土壤微生物生物量碳、氮、磷显著性增加，显示微甘菊入侵可以明显改变土壤微生物生物量碳、氮、磷。Saggar 等（1999）比较了入侵新西兰的外来植物绿毛山柳菊（*Hieracium pilosella*）与土著植物群落土壤中的微生物生物量，结果表明外来植物显著增加了土壤微生物生物量。

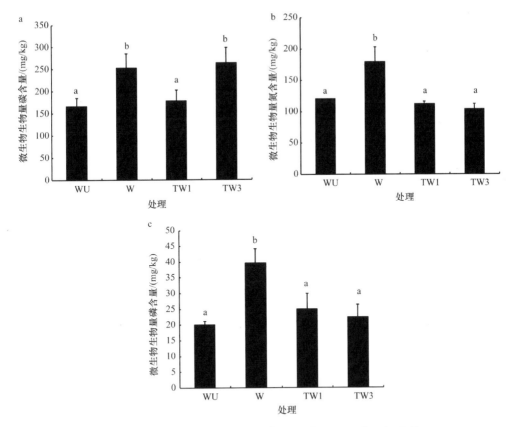

图 13-2　4 个样地微生物生物量碳（a）、氮（b）、磷（c）含量
不同小写字母表示具有显著性差异，$P<0.05$

与 W 群落相比，TW1 群落土壤微生物生物量碳、氮、磷显著性下降，但与 WU 群落

土壤微生物生物量碳、氮、磷之间均无显著性差异，显示原野菟丝子寄生可以明显改变土壤微生物生物量碳、氮、磷。TW3 群落土壤微生物生物量碳与 W 群落土壤之间不存在显著性差异，但与 TW1 群落土壤和 WU 群落土壤相比，其土壤微生物生物量碳显著性增加，显示原野菟丝子的寄生时间可以明显改变入侵地土壤微生物生物量碳。与 TW1 群落相比，TW3 群落土壤微生物生物量氮、磷没有显著性差异，显示原野菟丝子的寄生时间对土壤微生物生物量氮、磷没有明显影响。Stark 和 Hart（1997）发现土壤中的微生物群落可以与植物根竞争吸收 NH_4^+ 和 NO_3^-。原野菟丝子寄生后，根系吸收 NO_3^- 和 NH_4^+ 的速率加快，可以与微生物有效地竞争氮源，导致土壤中微生物生物量氮下降。

4 个样地的微生物生物量氮与磷之间极显著相关（表 13-3），而微生物生物量碳与微生物生物量氮和磷之间不存在显著性相关，这与 Wang 等（2004）报道的中国东南部毛竹林和杉木林红壤的结果相一致。微生物生物量碳与总有机碳及总氮含量极显著相关，微生物生物量磷与总氮含量存在显著相关（表 13-3），表明微生物生物量碳能较好地指示土壤肥力大小，而微生物对氮、磷的固持作用主要取决于土壤微生物自身的生物量，可能某些样地的土壤氮、磷含量远远超出或低于微生物对氮、磷的固持能力（彭佩钦等，2006）。

表 13-3　土壤微生物生物量碳、氮、磷含量之间以及与土壤总磷、总氮和总有机碳含量之间的相关性

	微生物生物量氮	微生物生物量磷	微生物生物量碳	总磷	总氮	总有机碳
微生物生物量氮	—	0.892**	0.387	−0.276	0.347	0.445
微生物生物量磷	—	—	0.516	−0.140	0.585*	0.503
微生物生物量碳	—	—	—	−0.067	0.799**	0.853**

注：*表示显著相关，**表示极显著相关

13.1.4　原野菟丝子寄生对土壤微生物功能多样性的影响

Biolog ECO 微平板技术可以用于土壤微生物群落代谢多样性和功能多样性的研究。不同的多样性指数从不同的角度反映了土壤微生物群落功能多样性。Shannon 多样性指数是反映群落物种及其个体数和分布均匀程度的综合指标，受群落物种丰富度影响较大；Simpson 多样性指数较多反映群落中最常见的物种的优势度；群落多样性和均匀度是间接反映群落结构和功能的重要特征，可以反映群落的稳定性和群落的组成结构（Atlus，1984；胡君利等，2007）。土壤中物种多样性与物种的丰富度及均匀度相关，群落内组成的物种越丰富、均匀度越大，则该群落的多样性越高。4 个不同群落的土壤微生物功能多样性指数见表 13-4。由表 13-4 可知，基于碳源利用能力的 4 个不同群落的功能多样性指数，包括 Shannon 多样性指数、均匀度指数、Simpson 多样性指数和丰富度指数的高低顺序均是 W 群落>TW1 群落>TW3 群落>WU 群落，显示微甘菊入侵群落土壤微生物功能多样性明显高于 WU 群落，原野菟丝子寄生可使土壤微生物功能多样性下降，但仍显著高于 WU 群落；随着寄生时间的延长，土壤微生物的 Shannon 多样性指数和 Simpson 多样性指数进一步下降，但对均匀度指数和丰富度指数没有显著性影响。

表 13-4　4 个不同群落的土壤微生物功能多样性

群落	Shannon 多样性指数	均匀度指数	Simpson 多样性指数	丰富度指数
WU	2.141±0.043a	0.756±0.039a	6.233±0.181a	17.333±3.5119a
W	3.044±0.001b	0.914±0.000b	18.812±0.010b	28.000±0.000b
TW1	2.798±0.071c	0.859±0.029c	13.680±0.735c	26.333±4.619b
TW3	2.603±0.022d	0.813±0.009c	9.887±0.187d	24.667±1.528ab

注：同一列不同小写字母表示具有显著性差异（P<0.05）。 WU. 微甘菊未入侵群落；W. 微甘菊入侵群落；TW1. 原野菟丝子刚寄生的微甘菊入侵群落；TW3. 原野菟丝子寄生 3 年的微甘菊入侵群落

　　土壤微生物功能多样性指数与土壤特性的相关性见表 13-5。由表 13-5 可知，4 个不同的功能多样性指数之间均极显著相关；4 个功能多样性指数均与微生物生物量碳之间存在极显著相关，而与微生物生物量磷之间均不存在显著性相关，除丰富度指数和 Shannon 多样性指数外，其余指数与微生物生物量氮之间显著相关；除丰富度指数外，其他指数与土壤 pH 极显著相关；4 个功能多样性指数与土壤总氮之间极显著相关；4 个功能多样性指数与 β-D-葡萄糖苷酶极显著正相关，与土壤酸性磷酸酶无显著性相关，而仅 Simpson 多样性指数与土壤脲酶存在显著性负相关。

表 13-5　土壤微生物功能多样性指数与土壤特性的相关性

指标	Shannon 多样性指数	均匀度指数	Simpson 多样性指数	丰富度指数
Shannon 多样性指数	—	—		
均匀度指数	0.895**	—		
Simpson 多样性指数	0.967**	0.923**	—	
丰富度指数	0.889**	0.595*	0.800**	—
微生物生物量碳	0.838**	0.740**	0.825**	0.745**
微生物生物量氮	0.546	0.613*	0.681*	0.341
微生物生物量磷	0.173	0.173	−0.006	0.106
pH	0.719**	0.788**	0.857**	0.477
总磷	0.000	−0.037	−0.090	0.080
总氮	0.848**	0.730**	0.734**	0.773**
总有机碳	0.381	0.318	0.354	0.342
酸性磷酸酶	0.424	0.442	0.454	0.270
脲酶	−0.433	−0.528	−0.631*	−0.228
β-D-葡萄糖苷酶	0.950**	0.876**	0.902**	0.810**

注：*表示显著相关，**表示极显著相关

　　Bardgett 等（2006）认为寄生植物可以通过改变植物群落输入到土壤的资源质量与数量来影响地下微生物的活性，间接地影响地下部分的土壤特性。全寄生植物通常会减少植物群落的总生物量。邓雄等（2003）研究发现原野菟丝子寄生后，微甘菊叶绿素含量下降，净光合速率、蒸腾速率和气孔导度下降，抑制微甘菊的生长，使微甘菊生物量下降。虽然寄生植物的生物量增加了，但总生物量还是减少了，导致输回至土壤的凋落物数量减少。然而本研究的微甘菊仅 30%被原野菟丝子覆盖，种群生长仍较正常，因此

数量的减少可能并不明显。另外，寄生植物从寄主中吸收生长所需的资源，包括水分和养料，因此寄生植物会比其寄主具有更多的营养（Pate，1995），如半寄生植物的 N 和 P 可比其寄主高出 2～4 倍（Quested *et al.*，2003）。原野菟丝子的寄生导致输回至土壤的凋落物的质量也发生改变，高营养的凋落物使土壤微生物群落活性提高（Press and Phoenix，2005），影响群落的功能。Bardgett 等（2006）发现根部的半寄生植物小鼻花会影响寄主禾本科植物的根际生态环境，使土壤内细菌相对于真菌的生物量、无机氮相对于有机氮的含量有所提高，从而加快根际生态系统的营养循环。结果表明，原野菟丝子寄生后，可以从微甘菊中吸收更多的营养物质，改变了土壤的营养循环，打破了土壤微生物生态系统的动态平衡，同时原野菟丝子寄生也可以改变凋落物的质量和数量，从而引起土壤微生物生物量的改变，酶活性的改变，最终又引起土壤化学特性的改变。

13.2 短期原野菟丝子寄生对土壤微生物群落功能多样性的影响

菟丝子属全寄生植物对土壤微生物的影响可能与凋落物质量与数量的变化、根碎片、根际分泌物等因素的综合作用有关，但对于这些因子的单独作用仍是未知的。本节通过短期（7 周）的盆栽试验，排除凋落物的效应，以观察原野菟丝子寄生所引起的根际分泌物变化对土壤特性的影响。我们假设：①短期的原野菟丝子寄生可以降低寄主的生物量，减少根际碳的输入，反过来减少土壤微生物生物量、土壤呼吸、土壤酶活性及功能多样性；②这种增加的幅度与寄生的强度有关（Li *et al.*，2014）。相关研究结果可以阐明寄生植物应用于入侵植物防治的机制。

13.2.1 原野菟丝子寄生对土壤微生物群落的影响

土壤微生物群落的 Shannon 多样性指数（$F_{3, 16}$=101.092，$P<0.001$）、Simpson 多样性指数（$F_{3, 16}$=46.078，$P<0.001$）和均匀度指数（$F_{3, 16}$=340.286，$P<0.001$）随原野菟丝子寄生强度的增加而显著降低（表 13-6）。不同处理间土壤微生物群落对各种碳源的利用没有差异（图 13-3），而低水平寄生显著降低了碳水化合物和胺/酰胺的利用率，重度寄生显著降低了多聚物、碳水化合物、胺/酰胺的利用率，以及土壤微生物群落中的羧酸（图 13-3）。中度寄生对不同碳源的利用没有显著影响，但在中度寄生水平上，多聚物、碳水化合物、胺/酰胺和羧酸的利用率显著高于低度和重度寄生（图 13-3）。

表 13-6 不同寄生处理下土壤微生物群落的功能多样性指标

处理	Shannon 多样性指数	均匀度指数	Simpson 多样性指数
对照	3.187 ± 0.010a	0.934 ± 0.003a	21.723 ± 0.200a
低度寄生	3.057 ± 0.173b	0.905 ± 0.009b	18.160 ± 0.266b
中度寄生	3.115 ± 0.012b	0.910 ± 0.003b	19.526 ± 0.204b
重度寄生	2.966 ± 0.022c	0.878 ± 0.007c	15.368 ± 0.312c

注：不同小写字母表示不同处理组之间存在显著差异（$P<0.05$）

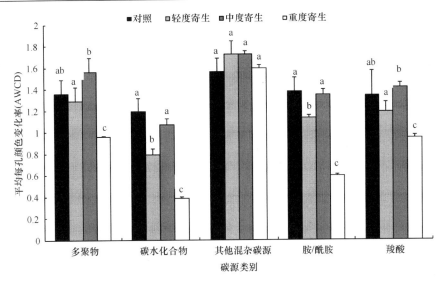

图 13-3　不同处理的土壤微生物群落的碳源利用能力
数值以平均值±标准差表示。不同小写字母表示不同处理组之间存在显著差异（$P<0.05$）

研究发现，原野菟丝子寄生显著改变了土壤微生物群落的功能多样性指数和土壤微生物群落对各种碳源的利用，这一结果再次表明植物寄生可以改变根际分泌物中的有效碳基质。使用 ^{14}C 标记化合物，Van Hees 等（2005）发现，60%～90%的有机酸，以及13%～30%的氨基酸在短期内被吸收，因此当有机酸是主要的根系分泌物时，代谢活性更高。低分子量有机酸的渗出通常随环境胁迫的增加而增加。因此，我们对重度寄生下土壤微生物代谢活性增加的观察可以解释为寄生引起的土壤微生物的应激反应所致。

13.2.2　原野菟丝子寄生对土壤微生物生物量、土壤酶活性和土壤呼吸的影响

原野菟丝子寄生增加了土壤总有机碳（C-org）的浓度（$F_{3,16}=4.245$，$P=0.045$）（图 13-4），但降低了土壤微生物生物量碳（C-mic）（$F_{3,16}=30.882$，$P<0.05$）（图 13-4）。相应地，寄生植物降低了 C-mic 与 C-org 的比值（$F_{3,16}=24.081$，$P<0.05$），但不受寄生强度的影响（图 13-4）。土壤 β-D-葡萄糖苷酶活性随寄生强度的增加呈下降趋势，但只有当原野菟丝子重度寄生于微甘菊时，这种下降趋势才显著（图 13-5a）。

在我们的研究中，短期（7 周）原野菟丝子寄生入侵植物显著改变了土壤微生物群落的生物量、功能多样性和酶活性，表明地上消费者对地下分解者的自上而下的快速影响。这一研究结果与以往的长期野外研究发现一致，原野菟丝子寄生的微甘菊对入侵群落的土壤理化性质、酶活性、土壤微生物生物量和土壤养分有显著影响（李钧敏等，2008）。在天然草地生态系统中，Bardgett 等（2006）通过感染半寄生植物小鼻花观察到地下性质的显著变化。与植物寄生类似，在位于苏格兰的英国自然环境研究委员会（Natural Environment Research Council，NERC）土壤生物多样性野外样地（Grayston *et al.*，2001）和排水良好的北极苔原健康系统（Stark and Grellmann，2002）中，研究也发现食草动物对土壤分解者具有强烈的自上而下的影响。

以往的研究较少关注寄生对土壤微生物生物量的影响，而更多关注根寄生线虫与土壤微生物生物量的关系。例如，车轴草异皮线虫（*Heterodera trifolii*）的寄生对土壤微生物生物量碳没有影响（Treonis *et al.*，2007），但是普通肾形线虫（*Rotylenchulus reniformis*）对土壤微生物生物量碳有负面影响（Tu *et al.*，2003）。Denton 等（1999）的研究结果表明，车轴草异皮线虫轻度寄生增加了白车轴草群落的微生物数量，而重度寄

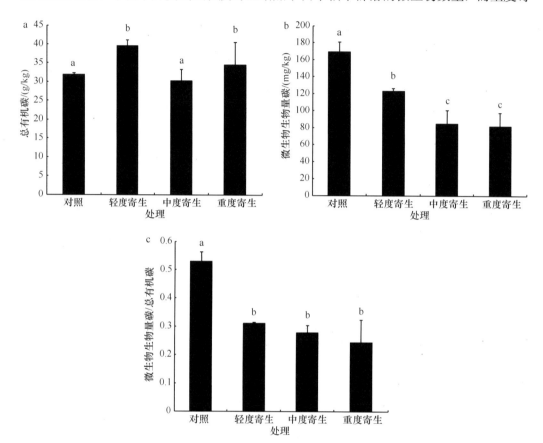

图 13-4　不同处理组间土壤总有机碳（C-org）（a）、微生物生物量碳（C-mic）（b）、C-mic /C-org 值（c）的差异

数据以平均数±标准差表示。不同小写字母表示不同处理组之间存在显著差异（*P*<0.05）

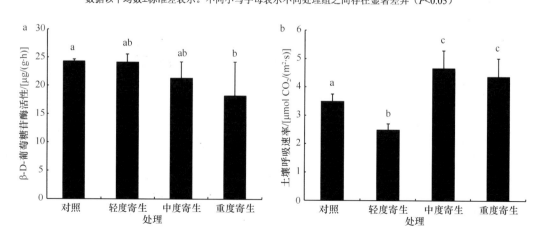

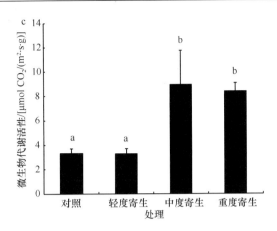

图 13-5　不同处理间的土壤 β-D-葡萄糖苷酶活性（a）、土壤呼吸速率（b）、土壤微生物代谢活性（c）
数值以平均值±标准差表示。不同小写字母表示不同处理组之间存在显著差异（$P<0.05$）

生降低了群落的微生物数量。本研究发现，全寄生植物原野菟丝子短期寄生显著降低了土壤微生物生物量碳，随着寄生程度的增加，微生物生物量碳降低，说明全寄生植物迅速减少了土壤微生物的碳供应。这种下降的可能原因是来自根部的碳输入较少。因为在我们短时间的实验期内，幼嫩植物没有来自地上叶片的凋落物输入，因此，碳输入仅来自地下系统。根系生物量和根系分泌物是土壤有机质和微生物种群的主要碳源（Schmidt et al.，2011）。寄生植物，特别是全寄生植物从寄主中吸收养分和水分。此外，寄生植物消耗寄主韧皮部的光合产物，从而减少供应给根部的碳量（Jeschke et al.，1994）。在本研究中，原野菟丝子寄生显著降低了微甘菊地下生物量，但对薏苡的生物量没有影响。皮尔逊（Pearson）相关分析表明，土壤微生物生物量的下降与微甘菊地下生物量的下降显著相关，表明原野菟丝子寄生所引起的微甘菊根系生物量的变化是引起土壤微生物生物量变化的主要原因。

与对照组相比，原野菟丝子低水平寄生显著降低了土壤呼吸速率，而中度和重度寄生显著增加了土壤呼吸速率（$F_{3,16}=12.161$，$P<0.05$；图 13-5）。原野菟丝子低度寄生对微生物代谢活性（土壤呼吸速率与土壤微生物生物量的比值）无明显影响（图 13-5），然而，中度和重度寄生使微生物代谢活性增加了 180%左右（图 13-5）。虽然原野菟丝子寄生提高了土壤呼吸速率以及土壤微生物代谢活性，但是原野菟丝子寄生后寄主植物地下部分生物量并没有增加，因此土壤呼吸速率的变化可能并不是由根呼吸引起的。虽然原野菟丝子寄生增加了土壤微生物代谢活动，但是却降低了土壤微生物生物量碳，这一结果说明整个系统中碳的流通速率加快了，原野菟丝子寄生提高了系统中碳的流通速率。

与微生物生物量相反，土壤呼吸速率在两个较高的寄生水平下均增加，因此，土壤微生物代谢活性、单位微生物生物量呼吸活性均显著增加。然而，利用野外测定的土壤呼吸总量计算代谢活性是至关重要的，因为土壤呼吸含有根的自养呼吸，理想情况下应该减去根的自养呼吸。在本研究系统中，根的自养呼吸对土壤呼吸速率的贡献尚不清楚，但由于植物寄生降低了根系生物量，根系呼吸的增加似乎并不是微生物代谢活性增加的原因。在没有相应增加微生物生物量的情况下提高碳代谢，表明地下碳流通量较高，呼吸碳损失较高（Manzoni et al.，2012），因此，土壤在重度寄生水平下固碳的可能性较小。

这一发现还表明，全寄生植物寄生了微甘菊改变了微生物群落中底物的有效性或者底物的质量。一个可能的原因是植物寄生不仅导致地下生物量减少，也可能导致根系分泌物发生了变化。根系分泌物是一种低分子量的化合物，由活根被动和主动释放。富含碳的基质，如糖（占总渗出物的 50%～70%）、羧酸（占总渗出物的 20%～30%）和氨基酸（占总渗出物的 13%～20%）构成了大部分渗出物（Hutsch et al., 2002），可为土壤微生物群落提供丰富的资源（Darrah, 1996）。这些根系分泌物对微生物来说是最重要的，因为它们很容易被吸收而不需要由胞外酶合成（Bremer and Kuikman, 1994）。

13.2.3 土壤性质的主成分分析

土壤性状的 PCA 排序在前两个轴上分别解释了 43.488% 与 34.994% 的变异，这两个轴解释了 78.482% 的变异。中度和重度寄生的土壤与轻度寄生土壤和对照土壤按 PC1 轴明显分离，而中度寄生土壤和对照土壤与轻度和重度寄生土壤按 PC2 轴明显分离（图 13-6）。

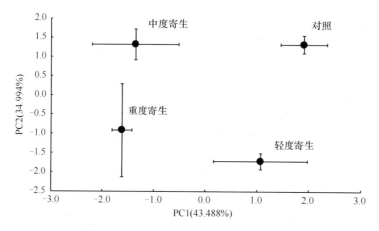

图 13-6　土壤碳相关特征的主成分分析结果
数值以平均值±标准差表示

外来植物可以迅速改变土壤微生物群落的结构和功能，从而改变生态系统水平的土壤性质（Ehrenfeld, 2003）和过程（Hawkes et al., 2006），这可能是入侵者成功的重要机制。在长达 3 年的实地考察中，李钧敏等（2008）的研究结果表明，入侵增加了土壤微生物量碳、氮、磷，土壤微生物生物量和功能多样性，从而提高了土壤养分的有效性，进而促进了土壤微生物的生长。研究表明，原野菟丝子短期（7 周）寄生显著降低了入侵寄主的地上和地下生物量，降低了土壤微生物生物量，改变了土壤微生物群落的功能多样性，但增加了土壤呼吸速率。我们的短期实验排除了地上凋落物的输入，发现微生物根系生物量与微生物生物量呈正相关，这表明原野菟丝子寄生对土壤微生物的负面影响是由入侵的微甘菊根系生物量和分泌物减少引起的。

13.3　南方菟丝子寄生对白车轴草土壤细菌群落的影响

目前已有较多的研究发现寄生植物寄生于寄主植物会对地下土壤微生物产生影响

（Treonis *et al.*，2007；Ferreira *et al.*，2018）。近期研究发现寄生植物可以间接地影响地下土壤的特性。例如，Bardgett 等（2006）发现根半寄生植物小鼻花的寄生可以间接地调控草地生态系统地下土壤化学与微生物特性。到目前为止，土壤微生物群落相关的特性研究局限于非根际土，而对根际土的研究很少。

早期的土壤微生物学研究常基于微生物的分离培养等技术，其局限性较高，对微生物的分辨率低。现代的基因测序方法应用于微生物生态研究，可以调查完整的微生物群落，发现微生物间的相互作用（Lou *et al.*，2014）。基于下一代测序技术的细菌 16S rDNA 和转录间隔区（internal transcribed spacer，ITS）序列已被广泛应用于环境样品的分类组成鉴定与系统发育多样性的研究（Langille *et al.*，2013；Nagano *et al.*，2010；Lu and Domingo，2008），可以全面且精确地了解微生物完整的群落结构，更真实地揭示微生物群落的多样性和复杂性，在微生物群落结构的研究中显示出优越性。16S rRNA 基因的下一代测序技术已较多应用于在非培养的条件下研究土壤细菌组成和多样性（Jenkins *et al.*，2017；Myer *et al.*，2016；Ranjan *et al.*，2016），但至今还未见有该方法应用于有关植物寄生对土壤微生物影响的研究中。

13.3.1　南方菟丝子寄生对白车轴草根际土壤细菌群落组成的影响

无南方菟丝子寄生的白车轴草根际土壤细菌群落和有南方菟丝子寄生的白车轴草根际土壤细菌群落的扩增子高通量测序分别获得 94 569 个和 97 172 个序列。从非寄生根际土壤细菌群落的扩增子中获得的总序列中，长度为 300～480bp 的片段占 97.4%。从寄生根际土壤细菌群落的扩增子中获得的总序列中，长度为 300～480bp 的片段占 96.8%。

维恩图显示基于 DNA 序列，细菌可以被分为 26 个门，南方菟丝子寄生的白车轴草的根际土比无寄生的根际土少 3 个门（图 13-7a）。在 426 个检测到的属中，维恩图显示 313 个属在寄生的白车轴草的根际土与无寄生的根际土之间是相同的，占 73.47%；寄生的白车轴草的根际土中有 57 个属是特异的，占 13.38%；而无寄生的白车轴草的根际土中有 56 个属是特异的，占 13.15%（图 13-7b）。

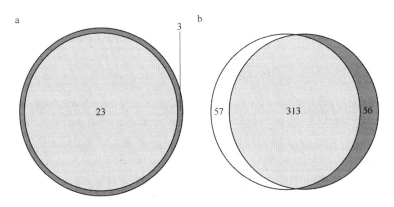

图 13-7　无南方菟丝子寄生的白车轴草根际土壤细菌群落（a）和有南方菟丝子寄生的白车轴草根际土壤细菌群落（b）运算分类单元（OTU）比较的维恩图
白色为南方菟丝子寄生，灰黑色为无南方菟丝子寄生，灰白色为共享 OTU

南方菟丝子寄生可以显著降低硝化螺旋菌门（Nitrospirae）的相对丰富度，显著增加疣微菌门（Verrucomicrobia）的相对丰富度（$P<0.05$）。这些结果表明寄生可以显著改变土壤细菌的组成。

由图13-8可知，南方菟丝子的寄生可以显著降低10个属细菌的相对丰富度，包括 *Lamia*、Armatimonadete_gp1、铁锈菌属（*Ferruginibacter*）、*Flavisolibacter*、固氮螺菌属（*Azospira*）、脱硫单胞菌属（*Desulfuromonas*）、*Enhygromyxa*、*Haliea*、*Ohtaekwangia* 和硝化螺旋菌属（*Nitrospira*）；显著增加 9 个属的相对丰富度，包括 *Angustibacter*、*Chlorophyta*、*Geminicoccus*、红芽生菌属（*Rhodoblastus*）、*Arenimonas*、新鞘脂菌属（*Novosphingobium*）、*Kofleria*、酸杆菌属（*Acidobacterium*）Gp5 和 Subdivision3_genera_incertae_sedis。在这些属中，一些属与土壤重要的生物地球化学循环有关。例如，硝化螺旋菌属是全球分布的亚硝酸盐氧化者，是微生物群落中氮循环相关的关键组分（Daims *et al.*，2015）。南方菟丝子寄生后，白车轴草根际土中硝化螺旋菌属相对丰富度的下降表明植物寄生可以自上而下地改变土壤的氮循环。

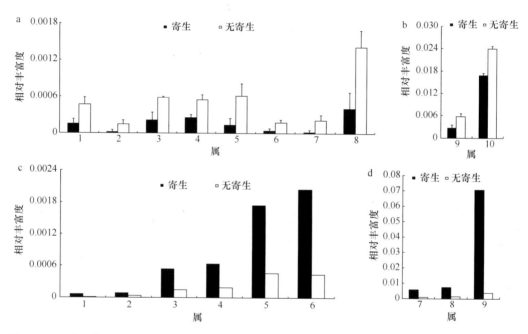

图13-8　无南方菟丝子寄生的白车轴草根际土壤细菌群落（a、b）与有南方菟丝子寄生的白车轴草根际土壤细菌群落（c、d）中相对丰富度差异显著的属

图 a 中 1～8 分别为 *Lamia*、Armatimonadete_gp1、铁锈菌属（*Ferruginibacter*）、*Flavisolibacter*、固氮螺菌属（*Azospira*）、脱硫单胞菌属（*Desulfuromonas*）、*Enhygromyxa* 和 *Haliea*；图 b 中 9 和 10 分别为 *Ohtaekwangia* 和硝化螺旋菌属（*Nitrospira*）；图 c 中 1～6 分别为 *Angustibacter*、*Chlorophyta*、*Geminicoccus*、红芽生菌属（*Rhodoblastus*）、*Arenimonas*、新鞘脂菌属（*Novosphingobium*）；图 d 中 7～9 分别为 *Kofleria*、酸杆菌属（*Acidobacterium*）Gp5 和 Subdivision3_genera_incertae_sedis

大部分与植物相关的细菌均是无营养的，并且对植物自身是无害的，但是也有大约100个属的细菌具有致病性，如伯克霍尔德菌属（Weinberg *et al.*，2007）、黄单胞菌属（Boch and Bonas，2010）、假单胞菌属（Catara，2010）。有关植物与寄生线虫之间，以及植物与土源性病原菌之间的相互作用已有一些研究（Mai and Abawi，1987；Riedel，1988）。线虫可以通过多种途径使植物发生细菌性疾病，如作为诱发剂，改变寄主的组

织生理，破坏寄主对细菌性病原菌的抗性；作为细菌性病原菌的载体，改变根际微生物区系（Riedel，1988）。本研究从 PHI-base 数据库搜索得到 18 个与致病菌相关的病原菌类群，但在寄生与未寄生处理之间不存在显著性差异（表 13-7）。

表 13-7 无南方菟丝子寄生的白车轴草根际土壤细菌群落与有南方菟丝子寄生的白车轴草根际土壤细菌群落中 18 个病原菌类群的相对丰富度

病原菌类群	无寄生组/%	寄生组/%	t 值	P 值
分枝杆菌属 *Mycobacterium*	0.058±0.003	0.053 ± 0.020	0.412	0.702
链霉菌属 *Streptomyces*	0.051±0.022	0.038 ± 0.030	0.610	0.575
黄杆菌属 *Flavobacterium*	0.859±0.118	0.887 ± 0.156	−0.246	0.818
新衣原体 *Neochlamydia*	0.007±0.007	0.015 ± 0.010	−1.249	0.280
副变异性衣原体 *Parachlamydia*	0.011±0.010	0.002 ± 0.003	1.480	0.213
芽孢杆菌属 *Bacillus*	0.319±0.199	0.172 ± 0.052	1.238	0.283
梭菌属 *Clostridium*	0.205±0.163	0.043 ± 0.036	1.681	0.168
伯克霍尔德菌属 *Burkholderia*	0.019±0.013	0.009 ± 0.007	1.230	0.296
甲酸弧菌属 *Formivibrio*	0.004±0.004	0.000 ± 0.000	1.997	0.116
色假高炳根氏菌属 *Pseudogulbenkiania*	0.007±0.007	0.015 ± 0.005	−1.772	0.151
福格斯氏菌属 *Vogesella*	0.005±0.008	0.000 ± 0.000	1.000	0.374
孢囊杆菌属 *Cystobacter*	0.064±0.011	0.058 ± 0.028	0.345	0.747
气单胞菌属 *Aeromonas*	0.009±0.016	0.018 ± 0.010	−0.796	0.471
阪崎肠杆菌属 *Cronobacter*	0.002±0.004	0.000 ± 0.000	1.000	0.374
考克斯体属 *Coxiella*	0.000±0.000	0.002 ± 0.003	−1.000	0.374
不动杆菌属 *Acinetobacter*	0.028±0.023	0.006 ± 0.006	1.628	0.179
黄单胞菌属 *Xanthomonas*	0.002±0.004	0.004 ± 0.004	−0.666	0.542
假单胞菌属 *Pseudomonas*	0.166±0.175	0.110 ± 0.022	0.557	0.607

注：相对丰富度用平均数±标准误表示（SE，n=3），t 值与 P 值来自独立样本 t 检验

13.3.2 南方菟丝子寄生对白车轴草根际土壤细菌群落多样性的影响

南方菟丝子寄生的白车轴草根际土壤细菌群落 Chao 1 指数显著低于未寄生的根际土壤（表 13-8）。

表 13-8 无南方菟丝子寄生的白车轴草根际土壤细菌群落与有南方菟丝子寄生的白车轴草根际土壤细菌群落的多样性指数

样品	运算分类单元	Chao1 指数	Shannon-Wiener 指数
无寄生组	4239.67±316.84a	7501.67±672.47a	10.45±0.16a
寄生组	4063.67±99.03a	7071.33±390.95b	10.29±0.15a

注：以平均数±标准误表示（SE，n=3），不同小写字母表示寄生处理与无寄生处理间存在显著差异

基于布雷·柯蒂斯（Bray-Curtis）距离的 PCoA 分析结果显示寄生与无寄生的白车轴草根际土壤细菌群落之间可以被明显区分为两个类群（图 13-9）。寄生的白车轴草根

际土壤细菌群落具有较高的 PCoA1 值与较低的 PCoA2 值，并且 PCoA1 可以解释 49%
的变异，而 PCoA2 可以解释 24.3% 的变异。相似性分析（analysis of similarities，ANOSIM）
分析显示大部分的变异存在于处理之间，表明南方菟丝子的寄生可以显著改变根际土壤
细菌的组成与分布（$P < 0.05$，图 13-10）。

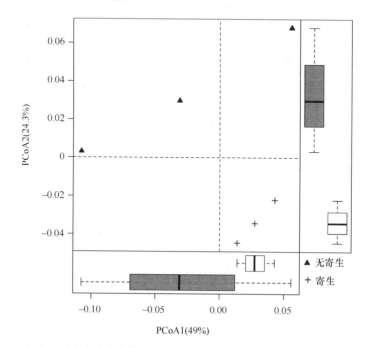

图 13-9　基于无南方菟丝子寄生的白车轴草根际土壤细菌群落（▲）与有南方菟丝子寄生的白车轴草
根际土壤细菌群落（+）属间 Bray-Curtis 距离的 PCoA 主坐标分析结果

箱线图表示无南方菟丝子寄生的白车轴草根际土壤细菌群落（黑色）与有南方菟丝子寄生的白车轴草根际土壤细菌群落（白
色）PCoA 值的中值与误差

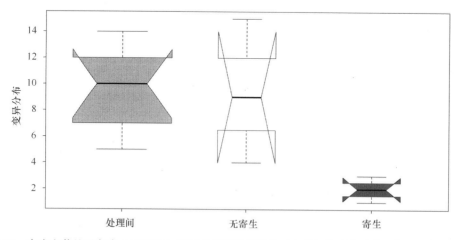

图 13-10　有南方菟丝子寄生（深灰色）与无南方菟丝子寄生（白色）处理内及处理间（浅灰色）相似
性分析结果

宽度代表样品的重复数。边框代表上下四分位数间距（interquartile range，IQR），横线代表中位值，上下横线分别代表上
下四分位以外的 1.5 倍 IQR 范围。如果各个箱线图的槽口互相不重合，说明各组中位数有差异

13.3.3　南方菟丝子寄生对根际土壤细菌群落基因功能的影响

基于 Bray-Curtis 距离的 PCA 分析结果显示有寄生的白车轴草与无寄生的白车轴草根际土壤细菌群落预测的基因功能可能被分为两个组，且轴 1 可以解释 72.2%的变异，而轴 2 可以解释 18.5%的变异（图 13-11）。有寄生的白车轴草的根际土壤细菌群落具有更高的 PCA1 值和较低的 PCA2 值。结果表明寄生前后，白车轴草根际土壤细菌群落组成发生了显著的变化。相关的研究在小鼻花对草地生态系统的影响中已被证实（Bardgett *et al.*，2006）。

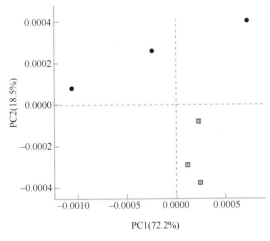

图 13-11　基于无南方菟丝子寄生的白车轴草根际土壤细菌群落（●）与有南方菟丝子寄生的白车轴草根际土壤细菌群落（▣）基因功能 Bray-Curtis 距离的主成分分析结果

寄生植物可以在寄主与其他生物之间起到中介的作用，可以影响生物的存活、生长、化学相互作用（Haan *et al.*，2017）。小鼻花的寄生可以促进寄主根的生长与增加根系分泌物，可以增强混合草地群落地下分解者的活性（Bardgett *et al.*，2006）。南方菟丝子寄生可以减少寄主微甘菊根的生长量和根系分泌物，从而降低土壤微生物生物量、活性及多样性（Li *et al.*，2014）。寄生植物对地下生态系统的间接效果在后续的生态学效应中发挥重要作用（Bais *et al.*，2006）。

13.4　南方菟丝子寄生对喜旱莲子草土壤微生物群落的影响

外来植物入侵可以显著改变土壤微生物群落组成与功能（Kourtev *et al.*，2002；Batten *et al.*，2006，2008；Gornish *et al.*，2016）。虽然目前关于寄生植物对土壤微生物的影响只有两个实例（Bardgett *et al.*，2006；Li *et al.*，2014），我们还是有理由相信寄生植物确实可以改变地下土壤微生物群落。例如，Bardgett 等（2006）发现典型的草地生态系统被根半寄生植物小鼻花寄生 3 年后，可以显著降低土壤真菌与细菌的比例。Li 等（2014）发现入侵植物微甘菊被原野菟丝子寄生后，土壤微生物生物量、土壤酶活性、土壤微生物群落功能多样性指数均发生了变化。本节利用扩增子测序技术检测南方菟丝子寄生后入侵植物喜旱莲子草根际土壤微生物的组成与多样性。

13.4.1　南方菟丝子寄生对 α 多样性的影响

根际土壤中共检测到 35 156 ± 87 个细菌 16S rRNA 基因，40 409±352 个真菌 ITS 序列。多样性指数对于分析不同土壤的微生物群落结构非常有效，多样性指数越高则微生物群落多样性越高。虽然在寄生与无寄生处理之间未检测到显著性差异，但是南方菟丝子寄生增加有效的 OTU 丰度、Chao1 指数和 Shannon 多样性指数（表 13-9）。南方菟丝子寄生增加了喜旱莲子草根际土壤细菌群落的多样性和真菌群落的多样性，且真菌群落多样性的变化要大于细菌群落。寄生植物可以从寄主植物中吸收大量的水分与养分，从而可以获取比寄主植物更多的营养，这些高营养的寄生植物死亡后，作为凋落物回到土壤，可以使土壤微生物群落活性提高，使土壤微生物群落结构发生改变，提高多样性。Bardgett 等（2006）发现，根部的半寄生植物——小鼻花会影响寄主禾本科植物的根际生态环境，使土壤内细菌相对于真菌的生物量及无机氮的含量有所提高，加快根际生态系统的营养循环。李钧敏等（2008）研究发现全寄生植物——原野菟丝子寄生于微甘菊可以显著增强土壤微生物活性和土壤呼吸速率。因此，全寄生植物可以通过增加寄主植物的根系分泌物及促进根的生长、增加凋落物的营养以及土壤营养，从而最终提高微生物群落的多样性。

表 13-9　寄生对细菌和真菌 α 多样性（OTU 丰度、Chao1 指数、Shannon 多样性指数）的影响

微生物类群	处理	净序列/条	OTU 丰度	Chao1 指数	Shannon 多样性指数
细菌	寄生	35 376±257a	4 138±155a	6 254±186a	7.49±0.10a
	无寄生	35 156±87a	4 005±200a	6 161±144a	7.44±0.09a
真菌	寄生	40 445±279a	1 825±51a	5 353±830a	4.59±0.93a
	无寄生	40 409±352a	1 614±199a	5 337±471a	4.21±0.46a

注：以平均数±标准误表示（SE，$n = 3$），小写字母相同表示寄生处理与非寄生处理无显著差异

13.4.2　南方菟丝子寄生对细菌与真菌群落结构的影响

寄生没有显著影响喜旱莲子草根际土壤细菌主要的门。相对丰富度大于 1%的细菌门见图 13-12。寄生显著增加了酸杆菌属（*Acidobacteria*）Gp4（0.03% ± 0.001% vs. 0.01%± 0.004%，$P < 0.05$）和酸杆菌属 Gp9（0.03% ± 0.005% vs. 0.01% ± 0.006%，$P < 0.05$）在目水平的相对丰富度以及未知科（unidentified family）在科水平的相对丰富度。另外，在科水平，黄色杆菌科（Xanthobacteraceae）显著性增加（0.02% ± 0.003% vs. 0.01% ± 0.002%，$P< 0.05$），而诺卡氏菌科（Nocardiaceae）显著性下降（0.02% ± 0.005% vs. 0.07%± 0.008%，$P < 0.05$）。寄生显著降低了 *Rhizocola*、假黄单胞菌属（*Pseudoxanthomonas*）和脆弱球菌属（*Craurococcus*）的相对丰富度，增加了红螺菌属（*Rhodospirillum*）、匿杆菌

门未鉴定菌属（Unidentified *Latescibacteria* genera）和未知菌属（Gp17）在属水平的相对丰富度（图 13-13）。

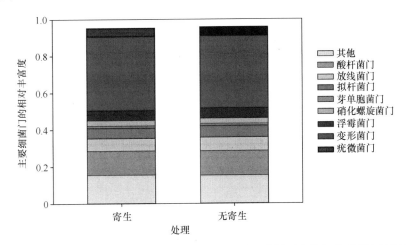

图 13-12　有南方菟丝子寄生与无南方菟丝子寄生的喜旱莲子草根际土壤细菌群落主要细菌门的相对丰富度（彩图见封底二维码）

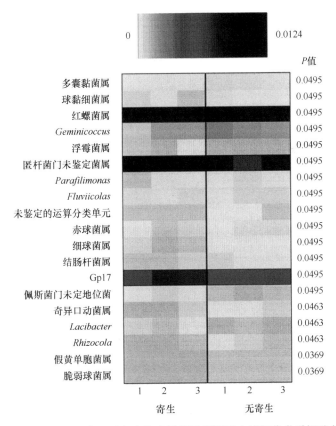

图 13-13　有南方菟丝子寄生与无南方菟丝子寄生的喜旱莲子草根际土壤细菌类群相对丰度在 $P < 0.05$ 水平上有显著差异的热图（彩图见封底二维码）

不同颜色表示不同 OTU 的相对丰度（%）。1，2，3 表示三个不同的生物学重复寄生没有显著影响喜旱莲子草根际土壤真菌主要门的相对丰富度。相对丰富度大于1%的真菌门见图13-14。寄生显著增加了假毛球壳目（Trichosphaeriales）（0.03%±0.001% vs. 0.01%±0.004%）在目水平的相对丰富度以及未知科在科水平的相对丰富度。

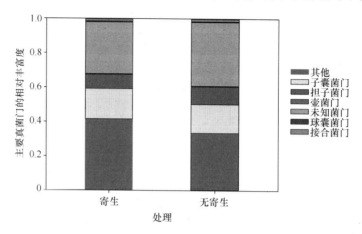

图13-14　有南方莵丝子寄生与无南方莵丝子寄生的喜旱莲子草根际土壤细菌群落主要真菌门的相对丰富度（彩图见封底二维码）

寄生显著降低真菌属水平 *Piriformospora*、圆盘菌科（Orbiliaceae）未鉴定菌属、*Xylomyces* 和德福霉属（*Devriesia*）的相对丰富度，增加了柔膜菌目（Helotiales）未鉴定菌属、*Preussia* 和 *Davidiella* 的相对丰富度（图13-15）。

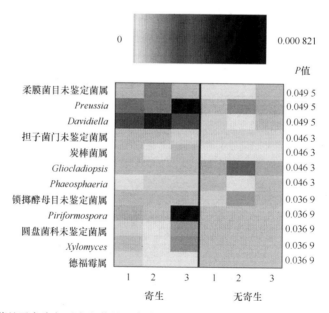

图13-15　有南方莵丝子寄生与无南方莵丝子寄生的喜旱莲子草根际土壤真菌类群相对丰度在 $P < 0.05$ 水平上有显著性差异的热图（彩图见封底二维码）

不同颜色表示不同 OTU 的相对丰度（%）。1，2，3 表示三个不同的生物学重复

使用下一代测序技术，我们发现南方莵丝子寄生虽然对喜旱莲子草根际土壤细菌和真菌在门和纲水平没有显著影响，但可以在目、科和属水平产生显著影响，表明南方莵

丝子寄生显著地改变了入侵植物喜旱莲子草根际土壤的组成和多样性。这支持了我们以前所发现的原野菟丝子短期寄生可以改变土壤微生物群落的功能多样性（Li *et al.*，2014），以及一个长期的野外采样实验发现的原野菟丝子寄生于微甘菊可以改变土壤理化性质、酶活性、土壤微生物生物量和土壤营养（李钧敏和董鸣，2011）。

基于 Bray-Curtis 距离的 PCoA 分析表明南方菟丝子寄生的根际土壤细菌群落与无寄生的根际土壤细菌群落可以被清晰地分开，其中固氮弧菌属（*Azoarcus*）、芽单胞菌属（*Gemmatimonas*）和固氮螺菌属（*Azospira*）起了重要作用（图 13-16a）。相似的结果表明南方菟丝子寄生的根际土壤真菌群落与无寄生的根际土壤真菌群落可以被清晰地分开，其中链格孢属（*Alternaria*）、镰刀菌属（*Fusarium*）和茎点霉属（*Phoma*）起了重要作用（图 13-16b）。PCoA 分析结果也表明植物寄生可以引起土壤微生物群落的显著性变化。植物寄生所引起的对土壤微生物群落组成与多样性的下行效应可能与植物寄生所引起的土壤营养成分与循环的变化有关（Li *et al.*，2014）。例如，寄生植物从寄主植物中吸收营养，从而导致植物体中富含营养物质（Press and Graves，1995），从而能为土壤提供营养丰富的凋落物，并进一步改变土壤碳循环和土壤微生物群落（Quested *et al.*，2005）。另外，寄生可以促进寄主的根生长和根系分泌物的产生，从而进一步增加地下分解者的活性（Bardgett *et al.*，2006）。寄生也可以改变根系分泌物的组成，从而影响土壤微生物群落的组成。

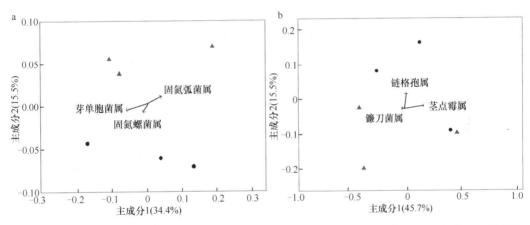

图 13-16　寄生（黑色圆圈）和无寄生（三角形）的喜旱莲子草根际土壤细菌（a）及真菌（b）群落之间 Bray-Curtis 距离的 PCoA 分析图

13.5　南方菟丝子寄生对入侵植物和本地植物根际土壤微生物群落的影响

根际微生物群不仅可以为植物提供营养（Hunter，2016），保护它们免受病原菌感染（Chialva *et al.*，2018），还可以通过产生植物激素刺激植物的生长，并提高植物对胁迫的抵抗力或耐受力，如温度、干旱和盐度的变化（Egamberdieva，2017）。因此，植物和微生物协同工作，可以通过改变微生物及其活动，从而增强植物与微生物的相互作用，使植物受益（Pii *et al.*，2015）。植物形成的微生物网络主要通过植物的根系分泌物来控制（López-Ráez *et al.*，2017；Gifford *et al.*，2018；Feng *et al.*，2019；）。然而，已有研究证明资源向寄生植物的重新分配严重影响了寄主植物根和根际微生物之间的碳（C）和氮（N）通量（Hibberd and Jeschke，2001）。之前的研究推测，寄生不仅可以强烈抑制根系呼吸（Jeschke *et al.*，1994），同时还可以诱导寄主根系的氮同化，并增加氮吸收（Jeschke and Hilpert，1997），而根系分泌物的化学成分也可能随寄生而改变。根际环境（水、碳、养分、信号分子输入）的变化增加了寄生对根际微生物群产生重要影响的可能性。然而，大多数研究寄主/寄生植物复合体的实验都是在人工条件下进行的，很少考虑寄生对根系分泌物和根际微生物群落的影响（Delavault *et al.*，2017）。

本研究探讨南方菟丝子寄生对 4 种与寄生植物共有本地范围及 3 种与寄生植物不共有本地范围的寄主植物根际微生物的影响（Brunel *et al.*，2020）。

13.5.1　根际微生物区系的分类概况

本研究共检测到 179 298 个细菌 16S rRNA 序列（7270 个类群），49 200 个真菌 ITS 序列（约 1280 个类群）。大部分细菌属于变形菌门（Proteobacteria，约占所有测序序列的 38%），酸杆菌门（Acidobacteria，约占所有测序序列的 17%）和浮霉菌门（Planctomycetes，约占所有测序序列的 12%）。真菌大部分是子囊菌门（Ascomycota，约占所有测序序列的 37%），担子菌门（Basidiomycota，约占所有测序序列的 19%）和被孢霉门（Mortierellomycota，约占所有测序序列的 9%）。

寄生及寄主来源都没有显著影响根际土壤微生物的 α 多样性指数。非度量多维尺度分析结果表明不同植物的根际土壤微生物细菌群落（图 13-17a）和真菌群落（图 13-17b）可以被清晰地分开。寄主植物物种解释了细菌群落组成的大部分变异（PERMANOVA，$r^2 = 0.381$，$P < 0.001$）和真菌群落组成的大部分变异（PERMANOVA，$r^2 = 0.341$，$P < 0.001$），表明根际土壤微生物区系与特殊的寄主物种强烈相关。PERMANOVA 分析表明寄主来源对根际土壤微生物区系具有显著影响（细菌：$r^2 = 0.081$，$P = 0.018$；真菌：$r^2 = 0.066$，$P = 0.009$），而寄生对根际土壤微生物的区系也有

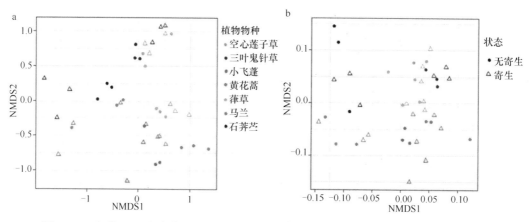

图 13-17　细菌（a）和真菌（b）群落结构的非度量多维尺度分析（彩图见封底二维码）
不同颜色代表不同的寄主植物，红色和蓝色分别代表入侵植物和本地植物；实心和空心分别代表无寄生和被寄生的植物；
NMDS 表示非度量多维尺度分析

显著影响（细菌：r^2 =0.025，P=0.012；真菌：r^2 =0.029，P=0.002）。另外，本地植物与入侵植物的根际土壤真菌区系对寄生的响应是不同的（交互作用显著，PERMANOVA，r^2 =0.027，P=0.0151）。

尽管植物种特性在形成根际微生物组中起着主导作用，但寄主来源和寄生作用仍然是影响微生物群落及其功能的重要因素。细菌群落受寄主植物来源的影响比真菌群落大，而真菌群落受寄生的影响略大于细菌群落。另外，我们也发现了一些真菌群落和细菌群落对寄生的不同反应取决于寄主植物来源的证据。

13.5.2　寄生对根际土壤微生物组成的影响

丰度差异测试表明，6802 个被测细菌类群中有 521 个（约占类群总数的 7.6%，占 16S 序列总数的 14.0%，图 13-18a）对寄生处理比较敏感，1216 个被测真菌分类群中有

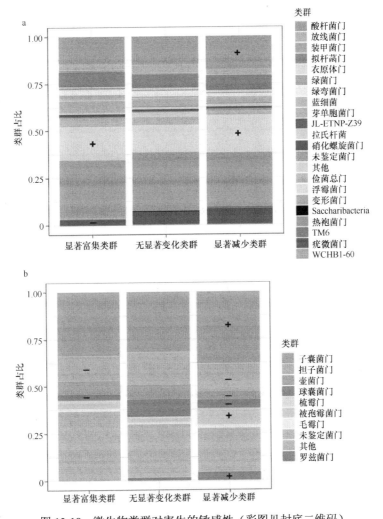

图 13-18　微生物类群对寄生的敏感性（彩图见封底二维码）

图中显示细菌（a）和真菌（b）显著富集类群、无显著变化类群和显著减少类群的占比。颜色是指不同门；与不敏感类群相比，增加或减少超过 2.5% 的类群分别用（+）和（−）标注。不敏感的门被注释为"其他"

136 个（约占系统类群总数的 11.2%，占 ITS 序列总数的 37.2%，图 13-18b）对寄生处理比较敏感。大多数细菌门和真菌门在被寄生和未被寄生的寄主植物的根际土壤微生物之间没有显示出显著性差异，除了在被寄生植物寄生的寄主植物根际土壤微生物中含量较少的疣状芽孢菌（F=11.39，P=0.002）和 SHA-109，相比之下，在被寄生植物寄生的寄主植物的根际土壤微生物中更为丰富（F=15.81，P<0.001）。根际微生物的细菌门或真菌门有被寄生植物寄生偏好的，也有被寄生植物寄生抑制的，最终使细菌与真菌的多样性没有受到影响。

然而，浮霉菌门类群对寄主植物寄生特别敏感。寄生导致疣微菌门类群减少了 3.4%，表明寄生不利于疣微菌门的生长；寄生促进了酸杆菌门类群增加 2.7%，表明寄生有利于酸杆菌门类群的生长。关于真菌，球囊菌门（Glomeromycota）和担子菌门（Basidiomycota）类群对寄主植物响应寄生的敏感性较低。

子囊菌门（Ascomycota）、被孢霉门（Mortierellomycota）和罗兹菌门（Rozellomycota）等真菌门对寄主植物寄生特别敏感。相反，壶菌门类群受寄生植物的影响较少。在真菌数据库中，31 个已鉴定的壶菌门类群（在门级鉴定的 95 个壶菌门类群中）中，共有 28 个在 FUNGuild 数据库中被记录为植物病原体。

真菌生活型，如 AMF、内生菌和植物病原菌等类群，占系统发育类型的 51.2%，其丰富约占总丰富度的 53.0%。结果表明，植物寄生对病原菌和内生菌的总致病率均无影响，但显著降低了约 18% 的 AMF 丰度（F=4.39，P=0.04）。

寄生可以引起至少 20 个细菌门与 8 个真菌门的微生物群落的变化，在这些细菌中，植物寄生引起了浮霉菌门的分类学转变，有利于更多的酸杆菌门细菌产生，并降低了疣微菌门的总体流行率。这 3 个门已被确定为油菜根际吸收植物源碳最活跃的细菌门（Gkarmiri et al.，2017）。研究表明所观察到的微生物类群的变化可能证明了植物碳供应发生了深刻的变化，至少根际的碳循环已发生了深刻的变化。这些微生物对糖的吸收可能反映了寄主植物根际可获得碳源的变化。

研究结果表明，与细菌相比，真菌对寄生的敏感性更高。这是出乎意料的，因为许多研究报道细菌比真菌对根际土壤的化学、物理特性和地质特征的变化更敏感（Jansen et al.，1994；Germida et al.，1998；Grządziel and Gałązka，2018）。虽然本研究首次探讨植物寄生诱导的微生物群落的改变，但已有较多研究探讨了植物根部生理学如何影响土壤水分和碳迁移速率以及给根际微生物群落带来的影响（Savage et al.，2016）。

研究表明，细菌在有机物分解的早期阶段占优势（分解有机物的不稳定部分），真菌在后期阶段通过分解最难降解的化合物发挥关键作用（Romaní et al.，2006；Van Der Wal et al.，2013；Berg，2014）。真菌群落的更大变化可以部分解释为真菌对植物源碳代谢的贡献。在我们的研究中最丰富的门是子囊菌门，它们主要是纤维素分解菌或糖分解真菌（Schneider et al.，2012），而研究发现当植物被寄生时，显著减少了子囊菌门类群。

除了影响参与碳循环的微生物类群外，植物寄生还可以选择特定的微生物类群，因为它们能够面对特定的应激源。例如，我们发现寄生植物寄生可以减少壶菌门的微生物类群。当面临渗透压胁迫时，壶菌的游动孢子形式可能赋予它们优势（Brannelly et al.，2015），这可能是由植物寄生导致的根系水分分泌减少引起的。厌氧黏细菌属由黏细菌组成，能够利用许多氧化的有机和无机化合物作为电子受体，使它们能够面对严酷的环境条件（Sanford *et al.*，2002；Chao *et al.*，2010；Onley *et al.*，2018）。我们也发现了寄生植物寄生增加了厌氧黏细菌属微生物。

13.5.3　寄主来源对根际土壤微生物区系的影响

寄主植物的来源与某些微生物分类群之间存在特定的关联。特别是 37 种细菌（主要是变形菌门和放线菌门）和 12 种真菌（主要是担子菌门、被孢霉门和罗兹菌门）与外来植物有很强的相关性，23 种细菌（主要是酸杆菌门和绿弯菌门）和 19 种真菌（主要是球囊菌门和子囊菌门）与本地植物有很强的相关性。在与外来或本地植物物种相关的真菌类群中，没有与特定营养模式的优先关联（这些真菌类群都涉及腐生菌、共生菌和病原菌）。

尽管某些细菌门和真菌门似乎与本地植物或外来植物的关系更为密切，但在外来植物根际土壤微生物中，只有罗兹菌门的丰度差异稍大（$F=21.01$，$P=0.006$，调整后的 P 值 $P_{adj}=0.071$）。然而，指示土壤养分状况的变形菌门和放线菌门的占比在本地植物根际显著较低（$F=9.98$，$P=0.025$）。

差异丰度试验表明，6802 个供试细菌类群中有 17 个在本地和外来寄主之间的寄生反应上有显著差异，1216 个供试真菌类群中有 2 个在本地和外来寄主之间的寄生反应上有显著差异。这 2 个真菌类群都属于担子菌门。第一种为营腐生生活的鬼伞属（*Coprinopsis*），在寄生植物寄生的外来植物根际土壤微生物中丰度较低，在本地植物根际土壤微生物中不受影响。第二种为植物病原菌角担菌科（Ceratobasidiaceae）微生物，其丰度在寄生的外来植物根际土壤微生物中上调，而在本地植物根际土壤微生物中则下调。此外，对外来植物和本地植物的 PERMANOVA 分析显示，寄生和非寄生本地植物根际真菌组成存在显著差异（$F=1.15$，$r^2=0.051$，$P=0.02$），而寄生和非寄生本地植物根际真菌组成几乎没有显著差异（$F=1.30$，$r^2=0.075$，$P=0.052$）。

本地植物和外来植物根际微生物群落的组成存在显著差异（Anthony *et al.*，2017；Sielaff *et al.*，2018；Toju *et al.*，2019）。这些差异可能会对外来植物的入侵产生积极或消极的影响（Dawson and Schrama，2016）。我们发现适应高营养条件的酸杆菌与变形杆菌（Smit *et al.*，2001）的占比在入侵的外来寄主植物的根际中比本地寄主植物高。我们的结果可能表明外来物种为根际土壤微生物提供的营养比本地植物提供的营养更多，或者也可以表明外来入侵植物偏好生长在高营养斑块中。事实上，许多外来入侵植物是机会主义者，从而更好地利用在空间或时间上变化的营养（Dawson *et al.*，2012；Liu and Van Kleunen，2017；Parepa *et al.*，2013）。

Zhang 等（2019）的荟萃（meta）分析表明，入侵的外来植物的凋落物使分解者的丰度增加了 16%，促进养分释放。然而，他们也发现外来入侵植物的根际细菌生物量减少了 12%，而 AMF 生物量增加了 36%，表明外来入侵植物具有更大的营养获取能力。我们还发现寄生在本地植物的根际相比在外来植物的根际引起真菌群落更大的变化，这可能反映了外来植物更可能通过真菌菌根维持它们的营养获取能力。Zhang 等（2019）假设凋落物和根际循环通过刺激养分循环使外来植物对土壤系统产生正反馈，进而增加外来植物的适应性。然而，南方菟丝子寄生可能会严重影响寄主植物的养分释放，如外来植物葎草（*Humulus scandens*）被寄生后损失了 40%的生物量（Wu *et al*.，2019），因此可能会大大减少凋落物的供应，破坏外来寄主植物从周围微生物群中获益的机制。

13.5.4 寄生植物寄生对根际土壤细菌群落功能组成的影响

基于每个细菌群落的蛋白质编码基因，研究共获得 3620 个 KO 标签。其中，1348 个（37%）可以注释到一至多个功能类别。基于 KO 标签的 NMDS 作图表示植物物种对细菌群落的功能组成具有显著性影响（PERMANOVA，r^2=0.545，P<0.001）。寄生与寄主植物来源解释了少量但并不显著的变异[PERMANOVA，r^2=0.023，P=0.057（寄生）；r^2=0.092，P=0.066（物种来源）]。两者之间的交互作用不存在显著性意义（r^2=0.016，P=0.267）。有 26 个 KO 标签是本地寄主植物特有的，只有一个是入侵植物特有的。另外，有 9 个 KO 标签是有寄生的植物特有的，14 个是无寄生的植物特有的。

比较基因组学分析显示与植物生长促进作用相关的细菌特性，从 704 个 KO 标签中鉴定出 28 个受到植物寄生的显著影响（图 13-19）。我们观察到 11 个与 quorum 传感及信号转导有关的蛋白质编码基因的丰度减少了（*ciaR*、*comA*（*subfamily C*）、*comA*（*Narl*）、

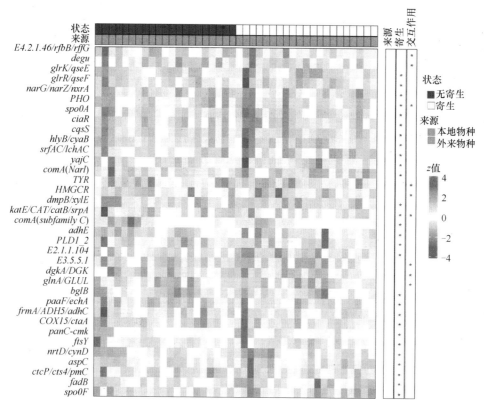

图 13-19　与植物生长潜在相关的不同细菌功能相关的基因（KO）丰度热图（彩图见封底二维码）
颜色渐变是指各基因在考虑了寄主植物物种效应后的比例相对丰度（z 值）。图上方的注释提供了寄生情况（黑色为未被寄生的寄主植物，白色为被寄生的寄主植物）和寄主来源（蓝色为本地植物，红色为外来植物）。右边的星号表示寄主来源、寄生以及它们之间的相互作用对基因丰度的影响调整后的显著性

cqsS、*glrK/qseE*、*glrR/qseF*、*hlyB/cyaB*、*narG/narZ/nxrA*、*spo0A*、*srfAC/lchAC* 和 *yajC*），还观察到 4 个其他基因的富集（*COX15/ctaA*、*ftsY*、*PLD1_2* 和 *spo0F*）。与外源物降解有关的基因（*dmpB/xylE*）和黄酮生物合成酶（E2.1.1.104）相关的基因在寄生后的根际土壤中丰度下降。另外，6 个与抗生素生物合成相关的基因（*adhE*、*aspC*、*cts4/prnC*、*fadB*、*frmA/ADH5/adhC* 和 *paaF/echA*），与硝酸盐/亚硝酸盐转运有关的 *nrtD/cynD* 基因，与 β-半乳糖苷酶有关的 *bglB* 基因在寄生的根际土壤中更多。

13.5.4.1　寄生来源对根际细菌群落功能组成的影响

差异丰度试验未发现本地和外来寄主植物根际细菌群落中潜在植物生长相关基因丰度的显著差异。然而，9 个 KO 受到寄生和寄主来源之间交互作用的显著影响（图13-19）。在 4 种情况下，基因丰度受寄主寄生的影响：*degU* 基因（参与群体感应）和 *PHO* 基因（参与无机磷同化）在寄生植物寄生的寄主植物中丰度较低，*dgkA/DGK* 和 *katE/CAT/catB/srpA* 基因（均参与信号转导）在寄生的外来植物中更为丰富。在其他 5 个案例中，多重比较分析显示，组内平均数之间的差异略为显著。

13.5.4.2　与氮代谢相关的 KO 标签

与氮代谢相关的 KO 标签被分配到 6 个不同的反应中（图 13-20）。这些反应中有 3 个是在寄生的根际土壤中下降的（图 13-20），分别是厌氧氨氧化（图 13-20d，$F = 7.52$，$P = 0.009$，$P_{adj} = 0.038$）、反硝化（图 13-20e，$F=5.59$，$P=0.024$，$P_{adj} =0.048$）和硝化（图 13-20a，$F=6.92$，$P= 0.012$，$P_{adj} = 0.038$）。不过，寄主物种来源、寄主物种来源与寄生的交互作用对氮代谢相关的反应均没有显著影响。

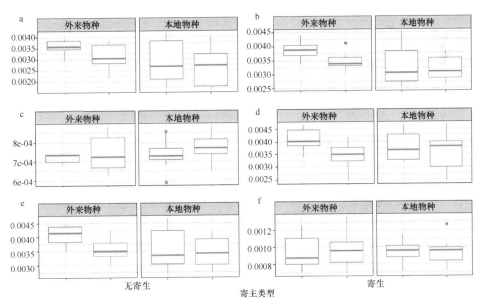

图 13-20　细菌氮代谢过程中涉及 N 转化的 6 个主要反应，即硝化作用（a）、异化硝酸盐还原作用（b）、同化硝酸盐还原作用（c）、厌氧氨氧化作用（d）、反硝化作用（e）、固氮作用（f）

（彩图见封底二维码）

y 轴上的值表示估计的基因丰度

我们发现参与群体感应和信号转导的十几个基因受到影响，其中 2/3 的基因表达水平下调。群体感应是一种依赖于细胞密度的群体行为，可通过产生特定小分子，以及检测与响应这些特定小分子来调节细菌的基因表达，这有利于协调和优化微生物代谢（Evans et al.，2018）。群体感应的变化对微生物和植物-微生物的相互作用都有重要的意义，因为它控制着重要的过程，如毒力特性表达、产孢、生物膜形成、胞外酶产生和胞外多糖产生（Loh et al.，2002；DeAngelis et al.，2008；Shi et al.，2016；Jung et al.，2017）。

南方菟丝子寄生也影响细菌产孢的 3 个重要基因 Spo0A、Spo0F 和 ftsY 的丰度。反应调节子 Spo0A 是孢子形成的主蛋白，仅磷酸化形式具有活性（Predich et al.，1992）。磷酸化形式的积累受一个调节级联网络的控制，该网络涉及中继蛋白 Spo0F。第三个基因 ftsY 在孢子形态发生过程中，在将蛋白质组装到外壁层上起着关键作用（Kakeshita et al.，2001）。因此，尽管 Spo0A 基因表达水平下调，但观察到的 Spo0F 和 ftsY 表达水平的增加表明寄生的寄主植物的根际土壤中的产芽孢细菌可能会增加。通过形成孢子，细菌进入休眠状态，使孢子能够在恶劣的环境中生存（Hutchison et al.，2014）。因此，细菌产孢很可能是由植物寄生驱动的根系生长和细根周转的变化，以及根系分泌模式施加的环境胁迫导致的。

本研究还发现，寄生增加了抗生素生产相关基因的数量，尤其是编码四环素和星孢菌素生物合成相关酶的基因 cts4/prnC，以及在万古霉素、链霉素和缬草霉素的生产中起作用的 rfbB/rffG 基因。长期以来，人们一直认为抗生素通过直接抑制其竞争对手而给产生抗生素的细菌带来竞争优势，特别是在资源有限的环境中（Raaijmakers and Mazzola，2012）。然而，在亚抑制的浓度下，抗生素表现出多种其他作用，如参与多营养级间的相互作用（Raaijmakers and Mazzola，2012）。在与植物相关的微生物中，细菌产生的抗生素通常被证明能控制植物病原菌，尽管它们也能引起植物疾病（Scholz-Schroeder et al.，2001；Raaijmakers et al.，2006；Joshi et al.，2007）。在这里，我们没有观察到这种变化对寄生植物/寄主适应性的影响。总之，南方菟丝子寄生的潜在抑制作用和寄生植物根际抗生素产量的增加表明，南方菟丝子寄生有利于诱导产生竞争的细菌行为，而不是合作的细菌行为。

本研究还特别关注与氮代谢有关的微生物，因为氮的有效性是驱动植物生长的主要因素。寄生植物根际硝化作用、厌氧氨氧化和反硝化作用的减弱可能会导致氮（N_2）的减少，土壤中铵态氮和硝态氮库的增加。与 N_2 不同，硝酸盐和铵可被大多数植物直接吸收和代谢（Tegeder and Masclaux-Daubresse，2018）。在何首乌属中，反硝化抑制是一种生态位构建机制，使土壤硝态氮积累，进而增加植物生物量。Ranjan 等（2014）发现，在五角菟丝子吸器期，与硝酸盐和氨运输相关的基因表达水平增加。Jeschke 和 Hilpert（1997）发现菟丝子对植物的寄生同时抑制了寄主根系的硝酸盐同化和吸收。这说明根际功能修饰对菟丝子是有益的，而对寄主没有任何益处。这与 Gao 等（2019）的研究结果一致：向大豆土壤中添加 NH_4NO_3 会增加寄生在大豆上的南方菟丝子的生物量，但不会增加大豆的生物量。

13.6　小　　结

研究比较分析了广东省内伶仃岛微甘菊未入侵群落（WU 群落）、微甘菊入侵群落（W 群落）、原野菟丝子刚寄生的微甘菊入侵群落（TW1）和原野菟丝子寄生 3 年的微甘菊入侵群落（TW3）的土壤化学特性、土壤酶活性、土壤微生物生物量、土壤微生物的碳源利用格局的变化，发现原野菟丝子寄生可以明显改变土壤氮与碳含量，原野菟丝子寄生的微甘菊入侵群落与未受微甘菊入侵的群落之间，在土壤碳、氮、磷方面仍具有一定的差异。原野菟丝子寄生达 3 年的微甘菊入侵地的土壤总有机碳、全氮、有机氮和氨态氮含量相对于寄生早期显著增加，有机碳、全氮、有机氮等恢复到微甘菊入侵地的水平，与未入侵地之间存在明显差异。微甘菊入侵后，W 群落土壤的脲酶和 β-D-葡萄糖苷酶活性显著增加；原野菟丝子寄生后，土壤的脲酶和 β-D-葡萄糖苷酶活性显著降低。随着原野菟丝子寄生时间的增加，TW3 群落土壤的脲酶活性显著增加，而酸性磷酸酶与β-D-葡萄糖苷酶活性并未表现出明显的变化。微甘菊入侵群落土壤微生物功能多样性明显高于 WU 群落，原野菟丝子寄生可使土壤微生物功能多样性下降，但仍显著高于 WU 群落；随着寄生时间的延长，土壤微生物的 Shannon 多样性指数和 Simpson 多样性指数进一步下降，但对均匀度指数和丰富度指数没有显著性影响。

在入侵微甘菊和本地薏苡混种生长的盆栽试验中，4 种不同强度水平的原野菟丝子寄生侵染微甘菊 7 周后，发现原野菟丝子寄生显著降低了根系生物量，改变了土壤微生物群落。在两个较高的侵染水平下，土壤微生物生物量减少，土壤呼吸速率增加，表明土壤微生物代谢活性受到强烈刺激。此外，Biolog 分析表明，感染导致土壤微生物群落功能多样性指数发生显著变化。皮尔逊相关分析表明，随着根系生物量的降低，入侵植物微甘菊的土壤微生物生物量显著下降。土壤微生物功能多样性指数与土壤微生物生物量呈正相关。因此，7 周的植物寄生对生物量、土壤微生物群落活性和功能多样性的负面影响很可能是由于入侵植物根系生物量和根系分泌物的减少。

使用 16S rRNA 扩增子测序技术检测南方菟丝子寄生对寄主植物白车轴草细菌群落组成及多样性的影响，发现无南方菟丝子寄生的白车轴草根际土壤细菌群落和有南方菟丝子寄生的白车轴草根际土壤细菌群落的扩增子高通量测序分别获得 94 569 个和 97 172 个序列。南方菟丝子寄生可以显著降低硝化螺旋菌门（Nitrospirae）的相对丰度，显著增加疣微菌门（Verrucomicrobia）的相对丰富度。南方菟丝子的寄生可以显著降低 10 个属细菌的相对丰富度，显著增加 9 个属的相对丰富度。南方菟丝子寄生的白车轴草根际土壤细菌群落 Chao1 指数显著低于未寄生的根际土壤。寄生与无寄生的白车轴草根际土壤细菌群落之间可以被明显区分为两个类群，寄生的白车轴草与未寄生的白车轴草根际土壤细菌群落预测的基因功能可能被分为两个组。这些结果表明南方菟丝子的寄生可以显著改变根际土壤细菌的组成与分布。

使用细菌 16S rRNA 和真菌 ITS 测序技术检测南方菟丝子寄生对寄主入侵植物喜旱莲子草的细菌与真菌群落组成及多样性的影响，发现南方菟丝子寄生可以增加喜旱莲子草的 α 多样性、改变细菌与真菌的微生物群落组成，且真菌群落多样性的变化要大于细菌群落。寄生显著降低了细菌 *Rhizocola*、假黄单胞菌属（*Pseudoxanthomonas*）和脆弱球菌属（*Craurococcus*）的相对丰富度，增加了红螺菌属（*Rhodospirillum*）、拉氏杆菌属和未知属（unidentified genera）在属水平的相对丰富度。寄生显著降低了真菌*Piriformospora*、圆盘菌科（Orbiliaceae）未鉴定菌属、*Xylomyces*和德福霉属（*Devriesia*）的相对丰富度，增加了柔膜菌目（Helotiales）未鉴定菌属、*Preussia*和*Davidiella*的相对丰富度。南方菟丝子寄生的根际土壤细菌群落与无寄生的根际土壤细菌群落可以被清晰地分开，其中固氮弧菌属、芽单胞菌属和固氮螺菌属起了重要作用；南方菟丝子寄生的根际土壤真菌群落与无寄生的根际土壤真菌群落可以被清晰地分开，其中链格孢属、镰刀菌属和茎点霉属起了重要作用。

通过野外探讨菟丝子寄生对4种与寄生植物共有本地范围及3种与寄生植物不共有本地范围的寄主植物根际微生物群落的影响，发现根际微生物的细菌门或真菌门有被寄生植物寄生偏好的，也有被寄生植物寄生抑制的，最终导致细菌与真菌的多样性没有受到影响。寄生可以引起至少20个细菌门与8个真菌门微生物群落的变化，在这些细菌中，植物寄生引起了浮霉菌门的分类学转变，有利于更多的酸杆菌门细菌产生，并降低了疣微菌门的总体流行率。与细菌相比，真菌对寄生的敏感性更高。11个与quorum传感及信号转导有关的蛋白质编码基因的丰富度降低了，4个其他基因（*COX15*、*ftsY*、*PLD1_2*和*spo0F*）则富集。与外源物降解有关的基因（*dmpB/xylE*）和黄酮生物合成酶（E2.1.1.104）相关的基因在寄生后的根际土壤中丰度下降。6个与抗生素生物合成相关的基因，与硝酸盐/亚硝酸盐转运有关的基因，与β-半乳糖苷酶有关的基因在寄生的根际土壤中更多。

主要参考文献

邓雄, 冯惠玲, 叶万辉, 等. 2003. 寄生植物菟丝子防治外来种薇甘菊研究初探. 热带亚热带植物学报, 11(2): 117-122

胡君利, 林先贵, 褚海燕, 等. 2007. 种植水稻对古水稻土与现代水稻土微生物功能多样性的影响. 土壤学报, 44(2): 280-287

李钧敏, 董鸣. 2011. 植物寄生对生态系统结构与功能的影响. 生态学报, 31(4): 1174-1184

李钧敏, 钟章成, 董鸣. 2008. 田野菟丝子(*Cuscuta campestris*)寄生对薇甘菊(*Mikania micrantha*)入侵群落土壤微生物生物量和酶活性的影响. 生态学报, 28(2): 868-876

彭佩钦, 吴金水, 黄道友, 等. 2006. 洞庭湖区不同利用方式对土壤微生物生物量碳氮磷的影响. 生态学, 26(7): 22621-2267

昝启杰, 王伯荪, 王勇军, 等. 2002. 田野菟丝子控制薇甘菊的生态评价. 中山大学学报(自然科学版), 41(6): 60-63

昝启杰, 王勇军. 2000. 外来杂草薇甘菊的分布及危害. 生态学杂志, 19(6): 58-61

Anthony M A, Frey S D, Stinson K A. 2017. Fungal community homogenization, shift in dominant trophic guild, and appearance of novel taxa with biotic invasion. Ecosphere, 8(9): e01951

Atlus R M. 1984. Diversity of microbial community. Advanced Microbiology Ecology, 7(1): 1-47

Bais H P, Weir T L, Perry L G, et al. 2006. The role of root exudates in rhizosphere interactions with plants and outer organisms. Annual Review of Plant Biology, 57(1): 233-266

Bardgett R D, Smith R S, Shiel R S, et al. 2006. Parasitic plants indirectly regulate below-ground properties in grassland ecosystems. Nature, 439(7079): 969-972

Batten K M, Scow K M, Davies K F, et al. 2006. Two invasive plants alter soil microbial community composition in Serpentine grasslands. Biological Invasions, 8(2): 217-230

Batten K M, Scow K M, Espeland E K. 2008. Soil microbial community associated with an invasive grass differentially impacts native plant performance. Microbial Ecology, 55(2): 220-228

Benjamini Y, Hochberg Y. 1995. Controlling the false discovery rate: a practical and powerful approach tomultiple testing. Journal of the Royal Statistical Society: Series B, 57(1): 289-300

Berg B. 2014. Decomposition patterns for foliar litter: a theory for influencing factors. Soil Biology and Biochemistry, 78(2): 222-232

Boch J, Bonas U. 2010. *Xanthomonas* AvrBs3 family-Type III effectors: discovery and function. Annuals Reviews of Phytopathology, 48(1): 419-436

Brannelly L A, Berger L, Marrantelli G, et al. 2015. Low humidity is a failed treatment option for chytridiomycosis in the critically endangered southern corroboree frog. Wildlife Research, 42(1): 44-49

Bremer E, Kuikman P. 1994. Microbial utilization of C-14[U] glucose in soil is affected by the amount and timing of glucose additions. Soil Biology and Biochemistry, 26(4): 511-517

Brunel C, Yang B F, Pouteau R, et al. 2020. Responses of rhizospheric microbial communities of native and alien plant species to *Cuscuta* parasitism. Microbial Ecology, 79(5): 617-630

Caldwell B A. 2006. Effects of invasive scotch broom on soil properties in a Pacific coastal prairie soil. Appllied Soil Ecology, 32(1): 149-152

Catara V. 2010. Pseudomonas corrugata: plant pathogen and/or biological resource? Molecular Plant Pathology, 8(3): 233-244

Chao T C, Kalinowski J, Nyalwidhe J, et al. 2010. Comprehensive proteome profiling of the Fe(III)-reducing myxobacterium *Anaeromyxobacter dehalogenans* 2CP-C during growth with fumarate and ferric citrate. Proteomics, 10(8): 1673-1684

Chialva M, Zhou Y, Spadaro D, et al. 2018. Not only priming: soil microbiota may protect tomato from root pathogens. Plant Signal and Behavior, 13(8): e1464855

Christian J M, Wilson S D. 1999. Long-term ecosystem impacts of an introduced grass in the northern Great Plains. Ecology, 80(7): 2397-2407

Daims H, Lebedeva E V, Pjevac P, et al. 2015. Complete nitrification by *Nitrospira bacteria*. Nature, 528(7583): 504-509

Darrah P R. 1996. Rhizodeposition under ambient and elevated CO_2 levels. Plant and Soil, 187(2): 265-275

Dawson W, Fischer M, Van Kleunen M. 2012. Common and rare plant species respond differently to fertilisation and competition, whether they are alien or native. Ecology Letters, 15(8): 873-880

Dawson W, Schrama M. 2016. Identifying the role of soil microbes in plant invasions. Journal of Ecology, 104(5): 1211-1218

DeAngelis K M, Lindow S E, Firestone M K. 2008. Bacterial quorum sensing and nitrogen cycling in rhizosphere soil. FEMS Microbiology Ecology, 66(2): 197-207

Delavault P, Montiel G, Brun G, et al. 2017. Communication between host plants and parasitic plants. *In*: Becard G. Advances in Botanical Research. London: Academic Press: 55-82

Denton C S, Badgett R D, Cook R, et al. 1999. Low amounts of root herbivory positively influence the rhizosphere microbial community in a temperate grassland soil. Soil Biology and Biochemistry, 31(1): 155-165

Egamberdieva D, Wirth S J, Alqarawi A A, et al. 2017. Phytohormones and beneficial microbes: essential components for plants to balance stress and fitness. Frontiers in Microbiology, 8: 2104

Ehrenfeld J G. 2003. Effects of exotic plant invasions on soil nutrient cycling processes. Ecosystems, 6(6): 6503-6523

Evans K C, Benomar S, Camuy-Vélez L A, et al. 2018. Quorum-sensing control of antibiotic resistance stabilizes cooperation in *Chromobacterium violaceum*. ISME Journal, 12(5): 1263-1272

Feng H, Zhang N, Fu R, et al. 2019. Recognition of dominant attractants by key chemoreceptors mediates recruitment of plant growth-promoting rhizobacteria. Environmental Microbiology, 21(1): 402-415

Ferreira B S, Santana M V, Macedo R S, et al. 2018. Co-occurrence patterns between plant-parasitic nematodes and arbuscular mycorrhizal fungi are driven by environmental factors. Agriculture, Ecosystem and Environment, 265: 54-61

Gao F L, Che X X, Yu F H, et al. 2019. Cascading effects of nitrogen, rhizobia and parasitism via a host plant. Flora, 251: 62-67

Germida J J, Siciliano S D, De Freitas R J, et al. 1998. Diversity of root-associated bacteria associated with field-grown canola (*Brassica napus* L.) and wheat (*Triticum aestivum* L.). FEMS Microbiology Ecology, 26(1): 43-50

Gifford I, Battenberg K, Vaniya A, et al. 2018. Distinctive patterns of flavonoid biosynthesis in roots and nodules of *Datisca glomerata* and *Medicago* spp. revealed by metabolomic and gene expression profiles. Frontiers in Plant Science, 9: 1463

Gkarmiri K, Mahmood S, Ekblad A, et al. 2017. Identifying the active microbiome associated with roots and rhizosphere soil of oilseed rape. Applied Environment Microbiology, 83(22): e01938

Gornish E S, Fierer N, Barberán A. 2016. Associations between an invasive plant (*Taeniatherum caput-medusae*, Medusahead) and soil microbial communities. PLoS One, 11(9): e0163930

Grayston S J, Dawson L A, Treonis A M, et al. 2001. Impact of root herbivory by insect larvae on soil microbial communities. European Journal of Soil Biology, 37(4): 277-280

Grządziel J, Gałązka A. 2018. Microplot long-term experiment reveals strong soil type influence on bacteria composition and its functional diversity. Applied Soil Ecology, 124: 117-123

Haan N L, Bakker J D, Bowers M D. 2017. Hemiparasites can transmit indirect effects from their host plants to herbivores. Ecology, 99(2): 399-410

Hawkes C V, Belnap J, D'Antonio C, et al. 2006. Arbuscular mycorrhizal assemblages in native plant roots change in the presence of invasive exotic grasses. Plant and Soil, 281(1-2): 369-380

Hawkes C V, Wren I F, Herman D J, et al. 2005. Plant invasion alters nitrogen cycling by modifying the soil nitrifying community. Ecology Letters, 8(9): 976-985

Hibberd J M, Jeschke W D. 2001. Solute flux into parasitic plants. Journal of Experimental Botany, 52(363): 2043-2049

Hunter P. 2016. Plant microbiomes and sustainable agriculture: deciphering the plant microbiome and its role in nutrient supply and plant immunity has great potential to reduce the use of fertilizers and biocides in agriculture. Embo Reports, 17(12): 1696-1699

Hutchison E A, Miller D A, Angert E R. 2014. Sporulation in bacteria: beyond the standard model. Microbiology Spectrum, 2(5): 1-15

Hutsch B W, Augustin J, Merbach W. 2002. Plant rhizodeposition: an important source for carbon turnover in soils. Journal of Plant Nutrition and Soil Science, 165(4): 397-407

Jansen E, Michels M, Van Til M, et al. 1994. Effects of heavy metals in soil on microbial diversity and activity as shown by the sensitivity-resistance index, an ecologically relevant parameter. Biology and Fertility of Soils, 17(3): 177-184

Jenkins J R, Viger M, Arnold E C, et al. 2017. Biochar alters the soil microbiome and soil function: results of next-generation amplicon sequencing across Europe. Global change Biology Bioenergy, 9(3): 591-612

Jeschke W D, Bäumel P, Räth N, et al. 1994. Modelling of the flows and partitioning of carbon and nitrogen in the holoparasite *Cuscuta reflexa* Roxb. and its host *Lupinus albus* L. II. Flows between host and parasite and within the parasitized host. Journal of Experimental Botany, 45(6): 801-812

Jeschke W D, Hilpert A. 1997. Sink-stimulated photosynthesis and sink-dependent increase in nitrate uptake: nitrogen and carbon relations of the parasitic association *Cuscuta reflexa-Ricinus communis*. Plant, Cell and Environment, 20(4): 47-56

Joshi M, Rong X, Moll S, et al. 2007. *Streptomyces turgidiscabies* secretes a novel virulence protein, Nec1, which facilitates infection. Mol Plant Microbe Interact, 20(6): 599-608

Jung B K, Khan A R, Hong S J, et al. 2017. Quorum sensing activity of the plant growth-promoting rhizobacterium *Serratia glossinae* GS2 isolated from the sesame (*Sesamum indicum* L.) rhizosphere. Ann Microbiol, 67(9): 623-632

Kakeshita H, Takamatsu H, Amikura R, et al. 2001. Effect of depletion of FtsY on spore morphology and the protein composition of the spore coat layer in *Bacillus subtilis*. FEMS Microbiology Letters, 195(1): 41-46

Kourtev P S, Ehrenfeld J G, Haggblom M. 2002. Exotic plant species alter the microbial community structure and function in the soil. Ecology, 83(11): 3152-3166

Koutika L S, Vanderhoeven S, Chapuis-Lardy L, et al. 2007. Assessment of changes in soil organic matter after invasion by exotic plant species. Biology and Fertility of Soils, 4(2): 331-341

Langille M G, Zaneveld J, Caporaso J G, et al. 2013. Predictive functional profiling of microbial communities using 16S rRNA marker gene sequences. Nature Biotechnology, 31(9): 814-821

Li J M, Jin Z X, Hagedorn F, et al. 2014. Short-term parasite-infection alters already the biomass, activity and function diversity of soil microbial communities. Scientific Reports, 4: 6895-6902

Liu Y, Van Kleunen M. 2017. Responses of common and rare aliens and natives to nutrient availability and fluctuations. Journal of Ecology, 105(4): 1111-1122

Locey K J, Lennon J T. 2016. Scaling laws predict global microbial diversity. Proceeding of the National Academy Sciences, 113(21): 5970-5975

Loh J, Pierson E A, Pierson L S, et al. 2002. Quorum sensing in plant-associated bacteria. Current Opinion in Plant Biology, 5(4): 285-290

López-Ráez J A, Shirasu K, Foo E. 2017. Strigolactones in plant interactions with beneficial and detrimental organism: The Ying and Yang. Trends in Plant Science, 22(6): 527-537

Lou Y, Clay S A, Davis A S, et al. 2014. An affinity-effect relationship for microbial communities in plant-soil feedback loops. Microbial Ecology, 67(4): 866-876

Lu J R, Domingo J S. 2008. Turkey fecal microbial community structure and functional gene diversity revealed by 16S rRNA gene and metagenomics sequences. Journal of Microbiology, 46(5): 469-477

Mai W F, Abawi G S. 1987. Interactions among root-knot nematodes and *Fusarium* wilt fungi on host plants. Annual Reviews of Phytopathology, 25(1): 317-338

Manzoni S, Taylor P, Richter A, et al. 2012. Environmental and stoichiometric controls on microbial carbon-use efficiency in soils. New Phytologist, 196(1): 79-91

Myer P R, Kim M S, Freetly H C, et al. 2016. Evaluation of 16S rRNA amplicon sequencing using two next-generation sequencing technologies for phylogenetic analysis of the rumen bacterial community in steers. Journal of Microbiological Methods, 127: 132-140

Nagano Y, Nagahama T, Hatada Y, et al. 2010. Fungal diversity in deep-sea sediments-the presence of novel fungal groups. Functional Ecology, 3(4): 316-325

Onley J R, Ahsan S, Sanford R A, et al. 2018. Denitrification by *Anaeromyxobacter dehalogenans*, a common soil bacterium lacking the nitrite reductase genes *nirS* and *nirK*. Appl Environ Microbiol, 84(4): e01985

Parepa M, Fischer M, Bossdorf O. 2013. Environmental variability promotes plant invasion. Nature Communication, 4: 1604

Pate J S. 1995. Mineral relationship of parasite and their hosts. *In*: Press M C, Graves J D. Parasitic Plant. London: Chapman and Hall: 80-102

Pii Y, Mimmo T, Tomasi N, et al. 2015. Microbial interactions in the rhizosphere: beneficial influences of plant growth-promoting rhizobacteria on nutrient acquisition process. A review. Biology and Fertility of Soils, 51(4): 403-415

Predich M, Nair G, Smith I. 1992. Bacillus subtilis early sporulation genes *kinA*, *spo0F*, and *spo0A* are transcribed by the RNA polymerase containing sigma H. Journal of Bacteriology, 174(9): 2771-2778

Press M C, Graves J D. 1995. Parasitic Plants. London: Chapman and Hall

Press M C, Phoenix G K. 2005. Impacts of parasitic plants on natural communities. New Phytologist, 166(3): 737-751

Quested H M, Callaghan T V, Cornelissen J, et al. 2005. The impact of hemiparasitic plant litter on decomposition: direct, seasonal and litter mixing effects. Journal of Ecology, 93(1): 107-115

Quested H M, Cornelissen J H C, Press M C, et al. 2003. Decomposition of sub-arctic plants with differing nitrogen economies: a functional role for hemiparasites. Ecology, 84(12): 3209-3221

Raaijmakers J M, De Bruijn I, De Kock M J D. 2006. Cyclic lipopeptide production by plant-associated *Pseudomonas* spp.: diversity, activity, biosynthesis, and regulation. Molecular Plant-Microbe Interaction, 19(7): 699-710

Raaijmakers J M, Mazzola M. 2012. Diversity and natural functions of antibiotics produced by beneficial and plant pathogenic Bacteria. Annual Review in Phytopathology, 50(1): 403-424

Ranjan A, Ichihashi Y, Farhi M, et al. 2014. *De novo* assembly and characterization of the transcriptome of the parasitic weed dodder identifies genes associated with plant parasitism. Plant Physiology, 166(3):

1186 1199

Ranjan R, Rani A, Metwally A, *et al.* 2016. Analysis of the microbiome: advantages of whole genome shotgun versus 16S amplicon sequencing. Biochemical and Biophysical Research Communication, 469(4): 967-977

Riedel R M. 1988. Interactions of plant-parasitic nematodes with soil-borne plant pathogens. Agriculture, Ecosystem and Environment, 24(1-3): 281-292

Romaní A M, Fischer H, Mille-Lindblom C, *et al.* 2006. Interactions of bacteria and fungi on decomposing litter: differential extracellular enzyme activities. Ecology, 87(10): 2559-2569

Saggar S, McIntosh P D, Hedley C B, *et al.* 1999. Changes in soil microbial biomass, metabolic quotient, and organic matter turnover under *Hieracium* (*H. pilosella* L.). Biological Fertility of Soils, 30(3): 232-238

Sanford R A, Cole J R, Tiedje J M. 2002. Characterization and description of *Anaeromyxobacter dehalogenans* gen. nov., sp. nov., an aryl-halorespiring facultative anaerobic myxobacterium. Appl Environ Microbiol, 68(2): 893-900

Savage J A, Clearwater M J, Haines D F, *et al.* 2016. Allocation, stress tolerance and carbon transport in plants: how does phloem physiology affect plant ecology? Plant Cell Environment, 39(4): 709-725

Schmidt M W I, Torn M S, Abiven S, *et al.* 2011. Persistence of soil organic matter as an ecosystem property. Nature, 478(7367): 49-56

Schneider T, Keiblinger K M, Schmid E, *et al.* 2012. Who is who in litter decomposition? Metaproteomics reveals major microbial players and their biogeochemical functions. ISME Journal, 6(9): 1749-1762

Scholz-Schroeder B K, Hutchison M L, Grgurina I, *et al.* 2001. The contribution of syringopeptin and syringomycin to virulence of *Pseudomonas syringae* pv. *syringae* strain B301D on the basis of sypA and syrB1 biosynthesis mutant analysis. Molecular Plant-Microbe Interaction, 14(3): 336-348

Scott N A, Saggar S, McIntosh P D. 2001. Biogeochemical impact of *Hieracium invasion* in New Zealand's grazed tussock grasslands: sustainability implications. Ecological Applications, 11(5): 1311-1322

Shen H, Ye W, Hong L, *et al.* 2006. Progress in parasitic plant biology: host selection and nutrient transfer. Plant Biology, 8(2): 175-185

Shi S, Nuccio E E, Shi Z J, *et al.* 2016. The interconnected rhizosphere: high network complexity dominates rhizosphere assemblages. Ecology Letters, 19(8): 926-936

Sielaff A C, Upton R N, Hofmockel K S, *et al.* 2018. Microbial community structure and functions differ between native and novel (exotic-dominated) grassland ecosystems in an 8-year experiment. Plant and Soil, 432(1-2): 359-372

Smit E, Leeflang P, Gommans S, *et al.* 2001. Diversity and seasonal fluctuations of the dominant members of the bacterial soil community in a wheat field as determined by cultivation and molecular methods. Appl Environ Microbiol, 67(5): 2284-2291

Stark S, Grellmann D. 2002. Soil microbial responses to herbivory in an arctic tundra heath at two levels of nutrient availability. Ecology, 83(10): 2736-2744

Stark J M, Hart S C. 1997. High rates of nitrification and nitrate turnover in undisturbed coniferous forests. Nature, 385(6611): 61-64

Stockinger H, Krüger M, Schüßler A. 2010. DNA barcoding of arbuscular mycorrhizal fungi. New Phytologist, 187(2): 461-474

Tegeder M, Masclaux-Daubresse C. 2018. Source and sink mechanisms of nitrogen transport and use. New Phytologist, 217(1): 35-53

Toju H, Kurokawa H, Kenta T. 2019. Factors influencing leaf and root-associated communities of bacteria and fungi across 33 plant orders in a grassland. Frontiers in Microbiology, 10(1): 214

Treonis A M, Cook R, Dawson L, *et al.* 2007. Effects of a plant parasitic nematode (*Heterodera trifolii*) on clover roots and soil microbial communities. Soil Biological Fertility, 43(5): 541-548

Tu C, Koenning S R, Hu S. 2003. Root-parasitic nematodes enhance soil microbial activities and nitrogen mineralization. Microbiol Ecology, 46(1): 134-144

Van Der Wal A, Geydan T D, Kuyper T W, *et al.* 2013. A thready affair: linking fungal diversity and community dynamics to terrestrial decomposition processes. FEMS Microbiology Review, 37(4): 477-494

Van Hees P A W, Jones D L, Finlay R, et al. 2005. The carbon we do not see: the impact of low molecular weight compounds on carbon dynamics and respiration in forest soils—A review. Soil Biology and Biochemistry, 37(1): 1-13

Wang F E, Chen Y X, Tian G M, et al. 2004. Microbial biomass carbon, nitrogen and phosphorus in the soil profiles of different vegetation covers established for soil rehabilitation in a red soil region of southeastern China. Nutrient Cycling in Agroecosystems, 68(2): 181-189

Weber E, Sun S G, Li B. 2008. Invasive alien plants in China: diversity and ecological insights. Biological Invasions, 10(8): 1411-1429

Weber S E, Diez J M, Andrews L V, et al. 2019. Responses of arbuscular mycorrhizal fungi to multiple coinciding global change drivers. Fungal Ecology, 40(1): 62-71

Weinberg Z, Barrick J E, Yao Z, et al. 2007. Identification of 22 candidate structured RNAs in bacteria using the CMfinder comparative genomics pipeline. Nucleic Acids Research, 35(14): 4809-4819

Wu A P, Zhong W, Yuan J R, et al. 2019. The factors affecting a native obligate parasite, *Cuscuta australis*, in selecting an exotic weed, *Humulus scandens*, as its host. Scientific Reports, 9(1): 511

Yang B F, Zhang X, Zagorchev L, et al. 2019. Parasitism changes rhizospheric soil microbial communities of invasive *Alternanthera philoxeroides*, benefitting the growth of neighboring plants. Applied Soil Ecology, 143: 1-9

Zhang L Y, Ye W H, Cao H L, et al. 2004. *Mikania micrantha* H.B.K. in China: an overview. Weed Research, 44(1): 42-49

Zhang P, Li B, Wu J, et al. 2019. Invasive plants differentially affect soil biota through litter and rhizosphere pathways: a meta-analysis. Ecology Letters, 22(1): 200-210

第14章 菟丝子属寄生植物与寄主植物的气候生态位及对全球变暖的响应

生态位模型（ecological niche model，ENM）是生态建模的标准，它将物种分布数据与环境数据结合起来，建立满足物种生态需求的特定环境条件的相关模型，从而预测物种栖息地的相对适宜性（Warren and Seifert，2011）。生态位模型使用环境信息和物种的层次，以及伪缺失点或缺失点来开发适生区域的概率图（Elith and Leathwick，2009）。生态位模型一般用于4个主要目标：①估计相对适宜性，评估日前物种的栖息地；②估计相对的区域生境适宜性，评估物种目前未知的存在；③估计潜在栖息地适宜性的变化；④估算物种的环境生态位（Merow et al.，2013）。生态位模型常见的算法有最大熵（maximum entropy，MaxEnt）算法、增强回归树（boosted regression tree，BRT）算法、随机森林（random forest，RF）算法、规则集生成的遗传算法（genetic algorithm for rule set production，GARP）、广义线性模型（generalized linear model，GLM）、广义加法模型（generalized additive model，GAM）、广义增强模型（generalized boosting model，GBM）等（Melo-merino et al.，2020）。

在现有的生态位模型算法中，MaxEnt 方法是应用最广泛的物种分布预测方法之一（Elith and Leathwick，2009；Merow et al.，2013）。MaxEnt 原理是以选择最符合客观条件的随机变量的统计特性为准则，也称为最大信息原理。随机量的支持度分布很难测量，一般来说，只能测量各种平均值（如数学期望、方差等）或某些特定条件下的值（如峰值、值的数量等）。这些值的分布可以用多种方法来测量，通常会有一个最大熵分布，然后选择该分布作为随机变量的分布，这是一种有效的处理方法和准则，MaxEnt 方法就是根据已知的知识建立一个具有最大熵的模型（Phillips et al.，2006；Phillips and Dudík，2008）。MaxEnt 模型需要所有的网格元素研究区域的分布空间尽可能最大，以已知物种分布的栅格单元作为样点，根据环境变量和约束条件获得的样点单元找到这个约束条件下的最大熵可能的分布（Phillips et al.，2006；Phillips and Dudík，2008）。它具有操作简单、计算速度快、预测结果好等特点（Liu et al.，2013；Merow and Silander，2014；胡忠俊等，2015）。近年来，MaxEnt 模型在国内外已应用于多个方面的研究。

近年来，关于生态位模型的研究越来越多。在当前物种分布格局方面，生态位模型已被用来调查加那利群岛巨大鞘丝藻（*Lyngbya majuscula*）的潜在分布（Martín-García et al.，2014），并研究环境变量对鱼类分布的影响（Beger and Possingham，2008；Chatfield et al.，2010）；闫东等（2020）利用两种生态位模型预测长爪沙鼠鼠疫疫源地动物间疫情的潜在风险，比较了两种常用的生态位模型，即 MaxEnt 模型和 GARP 模型在动物间鼠疫疫情潜在风险区预测中的应用效果，采用逻辑斯谛回归筛选长爪沙鼠动物间疫情与气候环境相关的风险因素，利用 MaxEnt 模型和 GARP 模型分别预测了长爪沙鼠动物间疫情的潜在分布。陈陆丹等（2019）预测了珍稀濒危植物野生莲的适生分布区，运用规则集生成的遗传算法（GARP）和最大熵（MaxEnt）两个生态位模型算法对它们在我国的适生分布区进行预测，研究结果可为有效保护中国野生莲资源提供有利依据。

近年来，关于濒危植物（武晓宇等，2018；陈陆丹等，2019；张文秀等，2020）及入侵植物（Padalia *et al.*，2015；Yan *et al.*，2020）的生态位模型研究较多，但是关于寄生植物生态位模型预测分布的研究较少。Liu 等（2019）应用随机森林（random forest，RF）模型来预测全寄生植物肉苁蓉及其寄主梭梭潜在的地理分布，并结合生物气候和土壤因素来开发一个综合的生境适应性模型，以评估它们在中国的适宜分布。Cotter 等（2012）利用地理信息系统（Geographic Information System，GIS）与 MaxEnt 的创新建模技术，辅以温室和野外研究，更好地了解黄独脚金（*Striga hermonthica*）半寄生杂草目前的地理分布，并预测这些危险杂草未来可能的扩展区域。张超等（2016）利用 GARP 和 MaxEnt 生态位模型算法，基于已报道的半寄生植物云杉矮槲寄生（*Arceuthobium sichuanense*）分布点的数据，对其在中国的分布区进行了预测和分析，研究结果有利于全面了解云杉矮槲寄生的分布范围，对于云杉矮槲寄生危害的调查与监测以及制定科学防治策略具有重要的理论指导意义。目前关于菟丝子属全寄生植物及其寄主植物生态位模型分析及全球分布预测的相关研究很少。

本章利用 MaxEnt 模型，探讨在环境因素以及土壤因素影响下，菟丝子属 5 个主要物种及豆科 2 个主要寄主植物在全球范围内的潜在分布，预测菟丝子属主要物种与寄主的共同分布适生区，预测菟丝子属物种会给寄主植物带来风险的主要区域，研究结果为菟丝子属植物的防控以及寄主植物的保护及管理提供重要理论依据。

14.1　菟丝子属寄生植物的气候生态位及对全球变暖的响应

14.1.1　南方菟丝子的气候生态位及对全球变暖的响应

经过相关分析和主成分分析（图 14-1），研究筛选了 20 个环境因子，探讨南方菟丝子对气候变化的反应。20 个环境因子包括 9 个生物气候变量以及 11 个土壤因子，分别为年平均温度（Bio1）、昼夜温差月均值（Bio2）、温度季节性（标准差×100）（Bio4）、最湿季平均温度（Bio8）、最干季平均温度（Bio9）、最热季平均温度（Bio10）、年降水量（Bio12）、最干月降水量（Bio14）、降水量季节性变化（Bio15）、土壤碎石体积百分比（T_GRAVEL）、土壤淤泥含量（T_SILT）、土壤质地分类（T_USDA_TEX）、土壤有机碳含量（T_OC）、土壤酸碱度（T_PH_H2O）、黏性层土壤的阳离子交换能力（T_CEC_CLAY）、土壤的阳离子交换能力（T_CEC_SOIL）、土壤交换性盐基（T_TEB）、土壤碳酸盐或石灰含量（T_CACO3）、土壤硫酸盐含量（T_CASO4）以及土壤可交换钠盐（T_ESP）。

MaxEnt 模型预测分布的运算结果为.acs 格式图层，利用 ArcGIS 10.2 软件将.asc 图层转为栅格图层，然后再通过 ArcGIS 10.2 软件的空间分析模块的重分类功能对栅格图

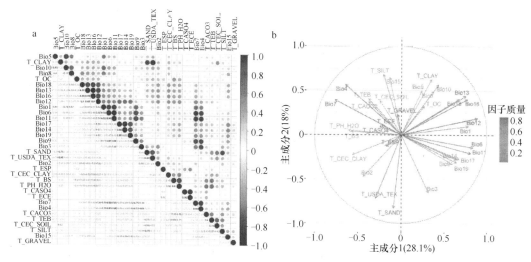

图 14-1　南方菟丝子环境变量的相关分析（a）与主成分分析（b）（彩图见封底二维码）

层按照之前划分的等级进行重新赋值，得到南方菟丝子在全球变暖情境下的潜在分布区预测面积并进行统计分析。由预测结果可知，在 2061～2080 年南方菟丝子主要分布在中国的东南部、西班牙、法国、意大利、罗马尼亚、乌克兰、波兰、德国、英国、爱尔兰、摩洛哥、美国、巴西、澳大利亚以及日本等国家。中国北部及西欧国家等在 RCP2.6 情境下，低适应区（0.25～0.5）的面积明显大于其他情景。在 4 个情景中，栖息地适宜性大于 0.75 的区域主要集中在中国中部和南部、澳大利亚东部沿海地区。在 RCP2.6、RCP4.5、RCP6.0 和 RCP8.5 情境下，南方菟丝子生存适宜性较高（0.5～1）的总面积最大的是 RCP2.6。在 RCP2.6 情景下，栖息地适宜性大于 0.5 的面积为 499.39 万 km^2，占全球面积的 3.36%。在 RCP4.5 情境下，栖息地适宜性大于 0.5 的面积为 489.28 万 km^2，占全球面积的 3.29%。在 RCP6.0 情境下，栖息地适宜性大于 0.5 的面积为 495.93 万 km^2，占全球面积的 3.33%。在 RCP8.5 情境下，栖息地适宜性大于 0.5 的面积为 484.39 万 km^2，占全球面积的 3.26%。在 RCP2.6、RCP4.5、RCP6.0 和 RCP8.5 情境下，南方菟丝子较高的栖息地适宜性（0.5～1）区域呈现先减少后增加再减少的趋势。相较于 RCP2.6 情境，RCP4.5 情境下南方菟丝子栖息地适宜性小于 0.25 的面积增加了 45.56 万 km^2；相较于 PCR4.5 情境，RCP6.0 情境下南方菟丝子栖息地适宜性小于 0.25 的面积增加了 211.49 万 km^2，相较于 RCP6.0 情境，RCP8.5 情境下南方菟丝子栖息地适宜性小于 0.25 的面积减少了 192.71 万 km^2（表 14-1）。

表 14-1　南方菟丝子在 2061～2080 年 4 种气候情景下的适宜性分布

栖息地适宜性	气候情景							
	RCP2.6		RCP4.5		RCP6.0		RCP8.5	
	面积/万 km^2	PCT/%	面积/万 km^2	PCT/%	面积/万 km^2	PCT/%	面积/万 km^2	PCT/%
0～0.25	13 785.19	92.58	13 830.75	92.89	14 042.24	94.31	13 849.53	93.01
0.25～0.5	605.42	4.06	569.97	3.83	351.83	2.36	556.09	3.73
0.5～0.75	261.35	1.76	260.55	1.75	263.01	1.77	257.04	1.73
0.75～1	238.04	1.60	228.73	1.54	232.92	1.56	227.35	1.53

注：PCT 指占全球面积的百分比

14.1.2 菟丝子的气候生态位及对全球变暖的响应

经过相关分析和主成分分析（图 14-2），研究筛选了 19 个环境因子，探讨菟丝子（*Cuscuta chinensis*）对气候变化的反应，19 个环境因子包括 7 个生物气候变量以及 12 个土壤因子，分别为年平均温度（Bio1）、昼夜温差月均值（Bio2）、等温性（Bio2/Bio7×100）（Bio3）、温度季节性（标准差×100）（Bio4）、降水量季节性变化（Bio15）、最热季降水量（Bio18）、最冷季降水量（Bio19）、土壤碎石体积百分比（T_GRAVEL）、土壤沙含量（T_SAND）、土壤淤泥含量（T_SILT）、土壤质地分类（T_USDA_TEX）、土壤有机碳含量（T_OC）、土壤酸碱度（T_PH_H2O）、黏性层土壤的阳离子交换能力（T_CEC_CLAY）、土壤的阳离子交换能力（T_CEC_SOIL）、土壤交换性盐基（T_TEB）、土壤碳酸盐或石灰含量（T_CACO3）、土壤可交换钠盐（T_ESP）以及土壤电导率（T_ECE）。

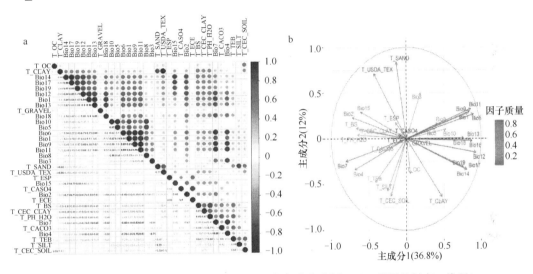

图 14-2 菟丝子环境变量的相关分析（a）与主成分分析（b）（彩图见封底二维码）

由预测结果可知，在 2061～2080 年菟丝子主要分布在中国的北部、中部、东部和南部，以及日本、朝鲜、韩国、越南、老挝、泰国等国家。南非以及澳大利亚等国家也预测到了其分布，但是分布概率较低。在 RCP2.6 情境下，栖息地适宜性大于 0.75 的面积明显大于其他情景。在 4 个情景中，栖息地适宜性大于 0.75 的区域主要集中在中国北部、中部、东部和南部，以及韩国和朝鲜等地区。在 RCP2.6、RCP4.5、RCP6.0 和 RCP8.5 情境下，菟丝子较高栖息地适宜性（0.5～1）的总面积最大的是 RCP2.6。在 RCP2.6 情境下，栖息地适宜性大于 0.5 的面积为 540.30 万 km²，占全球面积的 3.63%。在 RCP4.5 情境下，栖息地适宜性大于 0.5 的面积为 534.25 万 km²，占全球面积的 3.58%。在 RCP6.0 情境下，栖息地适宜性大于 0.5 的面积为 529.81 万 km²，占全球面积的 3.56%。在 RCP8.5 情境下，栖息地适宜性大于 0.5 的面积为 529.38 万 km²，占全球面积的 3.55%。在 RCP2.6、RCP4.5、RCP6.0 和 RCP8.5 情境下，菟丝子较高栖息地适宜性（0.5～1）的区域呈现逐渐减少的趋势。相较于 RCP2.6 情境，RCP4.5 情境下菟丝子栖息地适宜性小于 0.25 的面积增加了 23.5 万 km²，相较于 RCP4.5 情境，RCP6.0 情境下菟丝子栖息地适宜性小于 0.25 的面积增加了 13 万 km²，相较于 RCP6.0 情境，RCP8.5 情境下菟丝子栖息地适宜性小于 0.25 的面积减少了 10.82 万 km²（表 14-2）。

表 14-2　菟丝子在 2061～2080 年 4 种气候情景下的适宜性分布

栖息地适宜性	气候情景							
	RCP2.6		RCP4.5		RCP6.0		RCP8.5	
	面积/万 km²	PCT/%	面积/万 km²	PCT/%	面积/万 km²	PCT/%	面积/万 km²	PCT/%
0～0.25	13 997.35	94.01	14 020.85	94.16	14 033.85	94.25	14 023.03	94.18
0.25～0.5	352.34	2.37	334.90	2.25	326.34	2.19	337.59	2.27
0.5～0.75	227.66	1.53	226.89	1.52	218.65	1.47	217.45	1.46
0.75～1	312.64	2.10	307.36	2.06	311.16	2.09	311.93	2.09

注：PCT 指占全球面积的百分比

14.1.3　苜蓿菟丝子的气候生态位及对全球变暖的响应

经过相关分析和主成分分析（图 14-3），研究筛选了 21 个环境因子，探讨苜蓿菟丝子对气候变化的反应，21 个环境因子包括 10 个生物气候变量以及 11 个土壤因子，分别为年平均温度（Bio1）、等温性（Bio2/Bio7×100）（Bio3）、极端最高温（Bio5）、平均年温度变化范围（Bio5–Bio6）（Bio7）、最湿季平均温度（Bio8）、最干季平均温度（Bio9）、年降水量（Bio12）、最干月降水量（Bio14）、降水量季节性变化（Bio15）、最热季降水量（Bio18）、土壤碎石体积百分比（T_GRAVEL）、土壤淤泥含量（T_SILT）、土壤有机碳含量（T_OC）、土壤酸碱度（T_PH_H2O）、黏性层土壤的阳离子交换能力（T_CEC_CLAY）、土壤的阳离子交换能力（T_CEC_SOIL）、土壤交换性盐基（T_TEB）、土壤碳酸盐或石灰含量（T_CACO3）、土壤硫酸盐含量（T_CASO4）、土壤可交换钠盐（T_ESP）以及土壤电导率（T_ECE）。

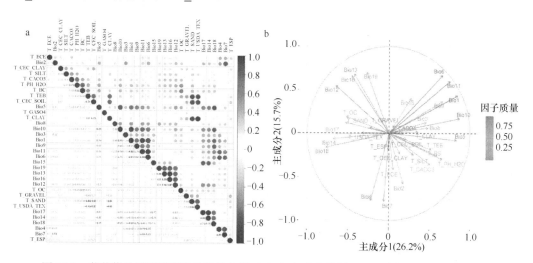

图 14-3　苜蓿菟丝子环境变量的相关分析（a）与主成分分析（b）（彩图见封底二维码）

由预测结果可知，在 2061～2080 年苜蓿菟丝子主要分布在葡萄牙、西班牙、法国、意大利、希腊、土耳其、伊朗、英国、爱尔兰、美国、摩洛哥及阿尔及利亚等国家。阿富汗、巴基斯坦、印度、加拿大西南部以及澳大利亚南部沿海地区也预测到了其分布，但是分布概率较低。在 RCP4.5 情境下，栖息地适宜性较低区域（0.25～0.5）的面积明显大于其他情景。在 4 个情景中，栖息地适宜性大于 0.75 的区域集中在葡萄牙、西班牙、摩洛哥、阿尔及利亚、意大利、希腊、土耳其及伊朗地区。在 RCP2.6、RCP4.5、RCP6.0 和 RCP8.5 情境下，苜蓿菟丝子栖息地适宜性大于 0.5 的总面积最大的是 RCP8.5。在 RCP2.6 情境下，栖息地适宜性大于 0.5 的面积为 225.65 万 km^2，占全球面积的 1.51%。在 RCP4.5 情境下，栖息地适宜性大于 0.5 的面积为 226.56 万 km^2，占全球面积的 1.52%。在 RCP6.0 情境下，栖息地适宜性大于 0.5 的面积为 233.78 万 km^2，占全球面积的 1.57%。在 RCP8.5 情境下，栖息地适宜性大于 0.5 的面积为 236.49 万 km^2，占全球面积的 1.59%。在 RCP2.6、RCP4.5、RCP6.0 和 RCP8.5 情境下，苜蓿菟丝子栖息地适宜性大于 0.5 的区域呈现逐渐增加的趋势。相较于 RCP2.6 情境，RCP4.5 情境下苜蓿菟丝子栖息地适宜性小于 0.25 的面积减少了 5.56 万 km^2；相较于 RCP4.5 情境，RCP6.0 情境下苜蓿菟丝子栖息地适宜性小于 0.25 的面积增加了 4.54 万 km^2；相较于 RCP6.0 情境，RCP8.5 情境下苜蓿菟丝子栖息地适宜性小于 0.25 的面积增加了 0.86 万 km^2（表 14-3）。

表 14-3　苜蓿菟丝子在 2061～2080 年 4 种气候情景下的适宜性分布

栖息地适宜性	气候情景							
	RCP2.6		RCP4.5		RCP6.0		RCP8.5	
	面积/万 km^2	PCT/%	面积/万 km^2	PCT/%	面积/万 km^2	PCT/%	面积/万 km^2	PCT/%
0～0.25	14 380.95	96.58	14 375.39	96.54	14 379.93	96.57	14 380.79	96.58
0.25～0.5	283.40	1.90	288.05	1.93	276.29	1.86	272.72	1.83
0.5～0.75	127.11	0.85	128.34	0.86	134.14	0.90	132.03	0.89
0.75～1	98.54	0.66	98.22	0.66	99.64	0.67	104.46	0.70

注：PCT 指占全球面积的百分比

14.1.4　欧洲菟丝子的气候生态位及对全球变暖的响应

经过相关分析和主成分分析（图 14-4），研究筛选了 19 个环境因子，探讨欧洲菟丝子对气候变化的反应，19 个环境因子包括 9 个生物气候变量以及 10 个土壤因子，分别为年平均温度（Bio1）、昼夜温差月均值（Bio2）、等温性（Bio2/Bio7×100）（Bio3）、温度季节性（标准差×100）（Bio4）、极端最高温（Bio5）、最湿季平均温度（Bio8）、年降水量（Bio12）、最湿月降水量（Bio13）、降水量季节性变化（Bio15）、土壤碎石体积百分比（T_GRAVEL）、土壤沙含量（T_SAND）、土壤有机碳含量（T_OC）、土壤酸碱度（T_PH_H2O）、黏性层土壤的阳离子交换能力（T_CEC_CLAY）、土壤交换性盐基（T_TEB）、土壤碳酸盐或石灰含量（T_CACO3）、土壤硫酸盐含量（T_CASO4）、土壤可交换钠盐（T_ESP）以及土壤电导率（T_ECE）。

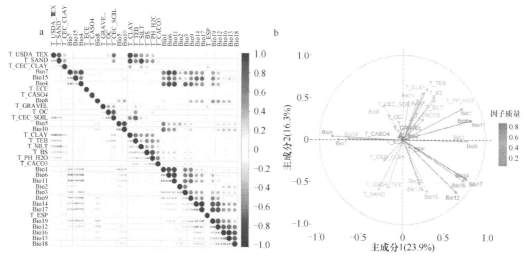

图 14-4　欧洲菟丝子环境变量的相关性分析（a）与主成分分析（b）（彩图见封底二维码）

由预测结果可知，在 2061～2080 年欧洲菟丝子主要分布在中国的中部、葡萄牙、西班牙、法国、英国、爱尔兰、德国、意大利、希腊、土耳其、波兰、罗马尼亚、乌克兰、俄罗斯、挪威、瑞典、芬兰、加拿大等国家。美国及日本也预测到了其分布，但是分布概率较低。在 RCP2.6 情境下，中适生区（0.5～0.75）的面积明显大于其他情景。欧洲菟丝子栖息地适宜性大于 0.75 的面积很小，在 4 个情景中，欧洲菟丝子栖息地适宜性大于 0.75 的区域集中在瑞典、德国以及波兰地区。在 RCP2.6、RCP4.5、RCP6.0 和 RCP8.5 情境下，欧洲菟丝子栖息地适宜性大于 0.5 的总面积最大的是 RCP2.6。在 RCP2.6 情境下，栖息地适宜性大于 0.5 的面积为 337.82 万 km^2，占全球面积的 2.27%。在 RCP4.5 情境下，栖息地适宜性大于 0.5 的面积为 328.79 万 km^2，占全球面积的 2.20%。在 RCP6.0 情境下，栖息地适宜性大于 0.5 的面积为 337.51 万 km^2，占全球面积的 2.27%。在 RCP8.5 情境下，栖息地适宜性大于 0.5 的面积为 317.37 万 km^2，占全球面积的 2.13%。在 RCP2.6、RCP4.5、RCP6.0 和 RCP8.5 情境下，欧洲菟丝子栖息地适宜性大于 0.5 的区域呈现先减少后增加再减少的趋势。相较于 RCP2.6 情境，RCP4.5 情境下欧洲菟丝子栖息地适宜性小于 0.25 的面积增加了 10.32 万 km^2；相较于 RCP4.5 情境，RCP6.0 情境下欧洲菟丝子栖息地适宜性小于 0.25 的面积减少了 6.76 万 km^2；相较于 RCP6.0 情境，RCP8.5 情境下欧洲菟丝子栖息地适宜性小于 0.25 的面积减少了 15.27 万 km^2（表 14-4）。

表 14-4　欧洲菟丝子在 2061～2080 年 4 种气候情景下的适宜性分布

栖息地适宜性	气候情景							
	RCP2.6		RCP4.5		RCP6.0		RCP8.5	
	面积/万 km^2	PCT/%	面积/万 km^2	PCT/%	面积/万 km^2	PCT/%	面积/万 km^2	PCT/%
0～0.25	13 817.22	92.79	13 827.54	92.86	13 820.78	92.82	13 805.51	92.72
0.25～0.5	734.96	4.94	733.66	4.93	731.71	4.91	767.13	5.15
0.5～0.75	336.87	2.26	326.77	2.19	331.63	2.23	309.38	2.08
0.75～1	0.95	0.01	2.02	0.01	5.88	0.04	7.99	0.05

注：PCT 指占全球面积的百分比

14.1.5　金灯藤的气候生态位及对全球变暖的响应

经过相关分析和主成分分析（图 14-5），研究筛选了 20 个环境因子，探讨金灯藤对气候变化的反应，20 个环境因子包括 9 个生物气候变量以及 11 个土壤因子，分别为年平均温度（Bio1）、昼夜温差月均值（Bio2）、等温性（Bio2/Bio7×100）（Bio3）、温度季节性（标准差×100）（Bio4）、极端最高温（Bio5）、最湿季平均温度（Bio8）、年降水量（Bio12）、降水量季节性变化（Bio15）、最冷季降水量（Bio19）、土壤碎石体积百分比（T_GRAVEL）、土壤沙含量（T_SAND）、土壤淤泥含量（T_SILT）、土壤黏土含量（T_CLAY）、土壤有机碳含量（T_OC）、土壤酸碱度（T_PH_H2O）、黏性层土壤的阳离子交换能力（T_CEC_CLAY）、土壤的阳离子交换能力（T_CEC_SOIL）、土壤碳酸盐或石灰含量（T_CACO3）、土壤可交换钠盐（T_ESP）以及土壤电导率（T_ECE）。

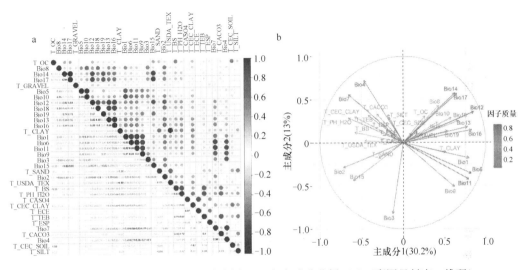

图 14-5　金灯藤环境变量的相关分析（a）与主成分分析（b）（彩图见封底二维码）

由预测结果可知，在 2061～2080 年金灯藤主要分布在中国的东部、南部、中部，以及日本、朝鲜、韩国等国家。土耳其、罗马、意大利、希腊以及美国等国家也预测到了其分布，但是分布概率较低。在 RCP8.5 情境下，金灯藤栖息地适宜性大于 0.75 的面积大于其他情景。在 4 个情景中，栖息地适宜性大于 0.75 的区域主要集中在中国中部、南部，以及日本、韩国、朝鲜地区。在 RCP2.6、RCP4.5、RCP6.0 和 RCP8.5 情境下，金灯藤栖息地适宜性大于 0.5 区域的总面积最大的是 RCP8.5。在 RCP2.6 情境下，栖息地适宜性大于 0.5 的面积为 362.74 万 km²，占全球面积的 2.43%。在 RCP4.5 情境下，栖息地适宜性大于 0.5 的面积为 362.29 万 km²，占全球面积的 2.43%。在 RCP6.0 情境下，栖息地适宜性大于 0.5 的面积为 364.26 万 km²，占全球面积的 2.44%。在 RCP8.5 情境下，栖息地适宜性大于 0.5 的面积为 366.45 万 km²，占全球面积的 2.45%。在 RCP2.6、RCP4.5、RCP6.0 和 RCP8.5 情境下，金灯藤栖息地适宜性大于 0.5 的区域呈现先减少后增加的趋势。相较于 RCP2.6 情境，RCP4.5 情境下金灯藤栖息地适宜性小于 0.25 的面积增加了 24.88 万 km²；相较于 RCP4.5 情境，RCP6.0 情境下金灯藤栖息地适宜性小于 0.25

的面积增加了 0.67 万 km²，相较于 RCP6.0 情境，RCP8.5 情境下金灯藤栖息地适宜性小于 0.25 的面积减少了 4.73 万 km²（表 14-5）。

表 14-5　金灯藤在 2061～2080 年 4 种气候情景下的适宜性分布

栖息地适宜性	气候情景							
	RCP2.6		RCP4.5		RCP6.0		RCP8.5	
	面积/万 km²	PCT/%	面积/万 km²	PCT/%	面积/万 km²	PCT/%	面积/万 km²	PCT/%
0～0.25	14 324.81	96.20	14 349.69	96.37	14 350.36	96.37	14 345.63	96.34
0.25～0.5	202.45	1.36	178.01	1.20	175.38	1.18	177.92	1.19
0.5～0.75	204.64	1.37	205.84	1.38	202.76	1.36	200.45	1.34
0.75～1	158.10	1.06	156.45	1.05	161.50	1.08	166.00	1.11

注：PCT 指占全球面积的百分比

14.2　寄主植物的气候生态位及对全球变暖的响应

14.2.1　大豆的气候生态位及对全球变暖的响应

经过相关分析和主成分分析（图 14-6），研究筛选了 22 个环境因子，探讨大豆对气候变化的反应，22 个环境因子包括 9 个生物气候变量以及 13 个土壤因子，分别为年平均温度（Bio1）、昼夜温差月均值（Bio2）、等温性（Bio2/Bio7×100）（Bio3）、极端最高温（Bio5）、平均年温度变化范围（Bio5–Bio6）（Bio7）、最湿季平均温度（Bio8）、最干月降水量（Bio14）、降水量季节性变化（Bio15）、最热季降水量（Bio18）、土壤碎石体积百分比（T_GRAVEL）、土壤沙含量（T_SAND）、土壤淤泥含量（T_SILT）、土壤黏土含量（T_CLAY）、土壤有机碳含量（T_OC）、土壤酸碱度（T_PH_H2O）、黏性层土壤的阳离子交换能力（T_CEC_CLAY）、土壤的阳离子交换能力（T_CEC_SOIL）、土壤交换性盐基（T_TEB）、土壤碳酸盐或石灰含量（T_CACO3）、土壤硫酸盐含量（T_CASO4）、土壤可交换钠盐（T_ESP）以及土壤电导率（T_ECE）。

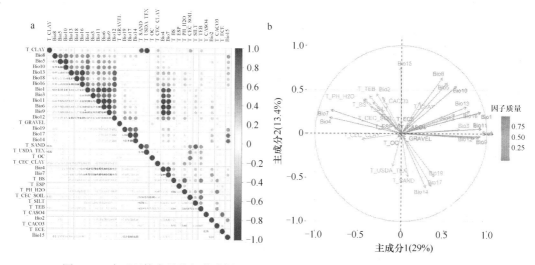

图 14-6　大豆环境变量的相关分析（a）与主成分分析（b）（彩图见封底二维码）

由预测结果可知，在 2061～2080 年大豆主要分布在中国北部、中部、东部及南部，以及西班牙、法国、意大利、德国、波兰、乌克兰、俄罗斯西南部、越南、老挝、柬埔寨、泰国、日本、印度尼西亚、印度、朝鲜、韩国、新西兰、美国等地区。非洲西部、南美洲东部沿海以及马达加斯加地区也预测到了其分布，但是分布概率较低。在 RCP8.5 情境下，低适生区（0.25～0.5）的面积明显大于其他情景。在 4 个情景中，栖息地适宜性大于 0.75 的区域集中在德国、缅甸、老挝、印度、朝鲜、韩国、日本，中国北部、中部、东部及南部地区。在 RCP2.6、RCP4.5、RCP6.0 和 RCP8.5 情境下，大豆栖息地适宜性较高（0.5～1）的总面积最大的是 RCP2.6 情境。在 RCP2.6 情境下，栖息地适宜性大于 0.5 的面积为 1078.41 万 km^2，占全球面积的 7.25%。在 RCP4.5 情境下，栖息地适宜性大于 0.5 的面积为 1071.27 万 km^2，占全球面积的 7.19%。在 RCP6.0 情境下，栖息地适宜性大于 0.5 的面积为 1066.82 万 km^2，占全球面积的 7.16%。在 RCP8.5 情境下，栖息地适宜性大于 0.5 的面积为 1050.28 万 km^2，占全球面积的 7.05%。在 RCP2.6、RCP4.5、RCP6.0 和 RCP8.5 情境下，大豆栖息地适宜性大于 0.5 的区域呈现逐渐减少的趋势。相较于 RCP2.6 情境，PCR4.5 情境下大豆栖息地适宜性小于 0.25 的面积增加了 4.32 万 km^2；相较于 RCP4.5 情境，RCP6.0 情境下大豆栖息地适宜性小于 0.25 的面积减少了 54.03 万 km^2；相较于 RCP6.0 情境，RCP8.5 情境下大豆栖息地适宜性小于 0.25 的面积减少了 0.41 万 km^2（表 14-6）。

表 14-6　大豆在 2061～2080 年 4 种气候情景下的适宜性分布

栖息地适宜性	气候情景							
	RCP2.6		RCP4.5		RCP6.0		RCP8.5	
	面积/万 km^2	PCT/%	面积/万 km^2	PCT/%	面积/万 km^2	PCT/%	面积/万 km^2	PCT/%
0～0.25	12 172.35	81.75	12 176.67	81.78	12 122.64	81.41	12 122.23	81.41
0.25～0.5	1 639.24	11.01	1 642.06	11.03	1 700.54	11.42	1 717.49	11.53
0.5～0.75	647.16	4.35	630.48	4.23	614.95	4.13	603.25	4.05
0.75～1	431.25	2.90	440.79	2.96	451.87	3.03	447.03	3.00

注：PCT 指占全球面积的百分比

14.2.2　紫花苜蓿的气候生态位及对全球变暖的响应

经过相关分析和主成分分析（图 14-7），研究筛选了 22 个环境因子，探讨紫花苜蓿对气候变化的反应，22 个环境因子包括 11 个生物气候变量以及 11 个土壤因子，分别为年平均温度（Bio1）、昼夜温差月均值（Bio2）、等温性（Bio2/Bio7×100）（Bio3）、温度季节性（标准差×100）（Bio4）、极端最高温（Bio5）、最湿季平均温度（Bio8）、最干季平均温度（Bio9）、年降水量（Bio12）、降水量季节性变化（Bio15）、最热季降水量（Bio18）、最冷季降水量（Bio19）、土壤碎石体积百分比（T_GRAVEL）、土壤沙含量（T_SAND）、土壤有机碳含量（T_OC）、土壤酸碱度（T_PH_H2O）、黏性层土壤的阳离子交换能力（T_CEC_CLAY）、土壤基本饱和度（T_BS）、土壤交换性盐基（T_TEB）、土壤碳酸盐或石灰含量（T_CACO3）、土壤硫酸盐含量（T_CASO4）、土壤可交换钠盐（T_ESP）以及土壤电导率（T_ECE）。

由预测结果可知，在 2061～2080 年紫花苜蓿主要分布在中国的中部、葡萄牙、西班牙、法国、英国、爱尔兰、德国、意大利、希腊、土耳其、波兰、罗马尼亚、乌克兰、俄罗斯、加拿大、美国、阿根廷、智利、新西兰、南非、澳大利亚等国家。哈萨克斯坦、乌兹别克斯坦、埃塞俄比亚、秘鲁、哥伦比亚、厄瓜多尔、朝鲜、韩国、日本也预测到了其分布，但是分布概率较低。在 RCP2.6 情境下，紫花苜蓿栖息地适宜性为 0.25～0.5 的面积明显大于其他情景。紫花苜蓿栖息地适宜性大于 0.75 的面积很小，在 4 个情景中，栖息地适宜性大于 0.75 的区域集中在英国、法国以及德国地区。在 RCP2.6、RCP4.5、RCP6.0 和 RCP8.5 情境下，紫花苜蓿栖息地适宜性大于 0.5 的总面积最大的是 RCP6.0 情境。在 RCP2.6 情境下，栖息地适宜性大于 0.5 的面积为 962.34 万 km²，占全球面积的 6.47%。在 RCP4.5 情境下，栖息地适宜性大于 0.5 的面积为 978.11 万 km²，占全球面积的 6.57%。在 RCP6.0 情境下，栖息地适宜性大于 0.5 的面积为 989.29 万 km²，占全球面积的 6.64%。在 RCP8.5 情境下，栖息地适宜性大于 0.5 的面积为 971.78 万 km²，占全球面积的 6.52%。在 RCP2.6、RCP4.5、RCP6.0 和 RCP8.5 情境下，紫花苜蓿栖息地适宜性大于 0.5 的区域呈现先增加后减少的趋势。相较于 RCP2.6 情境，RCP4.5 情境下紫花苜蓿栖息地适宜性小于 0.25 的面积减少了 11.41 万 km²；相较于 RCP4.5 情境，RCP6.0 情境下紫花苜蓿栖息地适宜性小于 0.25 的面积增加了 28.58 万 km²；相较于 RCP6.0 情境，RCP8.5 情境下紫花苜蓿栖息地适宜性小于 0.25 的面积增加了 24.78 万 km²（表 14-7）。

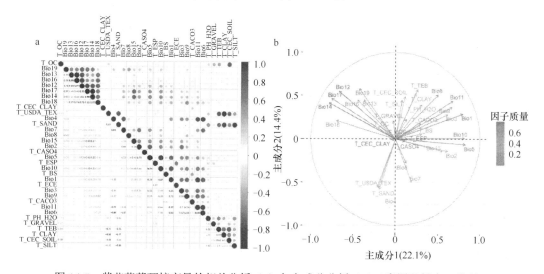

图 14-7　紫花苜蓿环境变量的相关分析（a）与主成分分析（b）（彩图见封底二维码）

表 14-7　紫花苜蓿在 2061～2080 年 4 种气候情景下的适宜性分布

栖息地适宜性	气候情景							
	RCP2.6		RCP4.5		RCP6.0		RCP8.5	
	面积/万 km²	PCT/%	面积/万 km²	PCT/%	面积/万 km²	PCT/%	面积/万 km²	PCT/%
0～0.25	11 563.78	77.66	11 552.37	77.58	11 580.95	77.78	11 605.73	77.94
0.25～0.5	2 363.87	15.88	2 359.52	15.85	2 319.77	15.58	2 312.49	15.53
0.5～0.75	955.45	6.42	970.43	6.52	984.63	6.61	965.54	6.48
0.75～1	6.89	0.05	7.68	0.05	4.66	0.03	6.24	0.04

注：PCT 指占全球面积的百分比

14.3　寄生植物与寄主植物的生态位重叠

空间叠合分析是在相同空间坐标系统下,将同一地区具有不同地理特征的空间和属性数据叠合相加,产生新的空间图形和属性数据的过程,或者用以建立地物之间的空间对应关系。根据叠合采用的数据结构的不同,可分为基于矢量数据和栅格数据的两种叠合分析类型,基于矢量数据的叠合分析只能在两个空间特征数据间进行,而基于栅格数据的叠合分析的叠合过程中可以包含一系列不同的算法,并且能够实现多个空间特征数据同时参与分析。虽然栅格数据存储数据量较大,但是栅格数据的叠合分析容易,逻辑代数运算简单,满足生态适宜性评价的需求,也有很多研究运用栅格数据的叠加分析(张娇,2016;叶亚平和刘鲁君,2000;左其亭等,2001;邸淑娴,2018)。

本研究利用 ArcGIS 10.2 软件栅格计算里面的"加"的方法,将在全球变暖的 4 种情况下菟丝子属 5 个主要物种及豆科植物 2 个物种潜在适生区域(0.25~1)的栅格图层分别相互叠加,得到菟丝子属与其寄主共同分布的适生区域。研究结果可为豆科植物大豆、紫花苜蓿的保护,以及菟丝子属的防治提供有效指导。

14.3.1　PCR2.6 情境下菟丝子属主要物种与寄主的生态位重叠预测

根据生态位叠加分析,研究得到 2061~2080 年 RCP2.6 情境下豆科植物大豆、紫花苜蓿与菟丝子属 5 个主要物种适生区的生态位重叠区域。由表 14-8 可知,在 2061~2080 年 RCP2.6 情境下,大豆与南方菟丝子的适生区重叠的区域主要集中在巴西、南非、尼泊尔、巴基斯坦、缅甸、老挝、越南、朝鲜、韩国、日本、印度尼西亚、新西兰、印度西北部、欧洲西部、澳大利亚东部沿海地区以及中国东部、南部等地区,美国以及马达加斯加也有小部分重叠区域,适生区的重叠面积达 791.88 万 km^2,占全球总面积的5.32%;大豆与金灯藤的适生区重叠的区域主要集中印度西北部、缅甸、韩国、朝鲜、日本、欧洲西部以及中国中部、南部和东部,在美国中部也有小部分重叠区域,适生区的重叠面积达 514.96 万 km^2,占全球总面积的 3.46%;大豆与菟丝子的适生区重叠的区域主要集中在尼泊尔、孟加拉国、缅甸、越南、老挝、日本、朝鲜、韩国、印度西北部及中国北部、中部、东部和南部,美国、墨西哥、赞比亚、马达加斯加以及澳大利亚西北部也有小部分重叠区域,适生区的重叠面积达 733.45 万 km^2,占全球总面积的 4.93%;大豆与欧洲菟丝子的适生区重叠的区域主要集中在欧洲西部以及俄罗斯东南部分区域,中国中部、印度、日本、美国东北部、加拿大西南部、澳大利亚东南部以及新西兰南部也有小部分重叠区域,适生区的重叠面积达 683.55 万 km^2,占全球总面积的 4.59%;大豆与苜蓿菟丝子的适生区重叠面积很小,重叠区域主要集中在欧洲西部国家,适生区的重叠面积达 174.72 万 km^2,占全球总面积的 1.17%。

由表 14-8 可知,在 2061~2080 年 RCP2.6 情境下,紫花苜蓿与南方菟丝子适生区重叠的区域主要集中尼泊尔、日本、韩国、新西兰、欧洲西部、澳大利亚南部以及中国中部和北部,美国、印度西北部以及巴西南部也有小部分重叠区域,适生区重叠面积

表 14-8　大豆、紫花苜蓿与菟丝子属 5 个物种在 2061～2080 年 RCP2.6 情景下的适生重叠区

菟丝子属	大豆		紫花苜蓿	
	面积/万 km²	占全球面积的百分比/%	面积/万 km²	占全球面积的百分比/%
南方菟丝子	791.88	5.32	759.57	5.10
金灯藤	514.96	3.46	339.38	2.28
菟丝子	733.45	4.93	278.34	1.87
欧洲菟丝子	683.55	4.59	1021.66	6.86
苜蓿菟丝子	174.72	1.17	508.50	3.42

达 759.57 万 km²，占全球总面积的 5.10%；紫花苜蓿与金灯藤适生区重叠的区域主要集中在尼泊尔、日本、韩国以及中国中部和南部，欧洲西部、印度北部、阿富汗东北部、摩洛哥北部、阿尔及利亚北部以及美国中部也有小部分重叠区域，适生区重叠面积达 339.38 万 km²，占全球总面积的 2.28%；紫花苜蓿与菟丝子适生区重叠的区域主要集中在尼泊尔、日本、韩国以及中国中部和南部，印度西北部及美国中部也有小部分重叠区域，适生区重叠面积达 278.34 万 km²，占全球总面积的 1.87%；紫花苜蓿与欧洲菟丝子的适生区重叠面积较大，适生区重叠面积达 1021.66 万 km²，占全球总面积的 6.86%，重叠区域主要集中在西欧各国，以及加拿大东南部和东北部以及中国中部，印度北部、巴基斯坦北部、阿富汗北部、美国西北部、日本北部、澳大利亚东南部以及新西兰南部也有小部分重叠区域；紫花苜蓿与苜蓿菟丝子适生区重叠的区域主要集中在欧洲西部、伊朗北部以及美国西北部，加拿大西南部、阿富汗北部、巴基斯坦北部、澳大利亚南部以及新西兰南部也有小部分重叠区域，适生区重叠面积达 508.50 万 km²，占全球总面积的 3.42%。

14.3.2　PCR4.5 情境下菟丝子属主要物种与寄主的生态位重叠预测

根据生态位叠加分析，研究得到 2061～2080 年 RCP4.5 情境下豆科植物大豆、紫花苜蓿与菟丝子属 5 个主要物种适生区的生态位重叠区域。由表 14-9 可知，在 2061～2080 年 RCP4.5 情境下，大豆与南方菟丝子的适生区重叠的区域主要集中在美国、巴西、南非、马达加斯加、尼泊尔、缅甸、老挝、越南、朝鲜、韩国、日本、印度尼西亚、新西兰、欧洲西部、印度西北部、澳大利亚东部沿海地区以及中国东部、南部等地区，适生区的重叠面积达 763.67 万 km²，占全球总面积的 5.13%；大豆与金灯藤的适生区重叠的区域主要集中在印度西北部、缅甸、韩国、朝鲜、日本、越南北部以及中国中部、南部和东部，在欧洲西部国家以及美国中部也有小部分重叠区域，适生区的重叠面积达 495.83 万 km²，占全球总面积的 3.33%；大豆与菟丝子适生区重叠的区域主要集中在尼泊尔、孟加拉国、缅甸、越南、老挝、日本、朝鲜、韩国、印度西北部及中国北部、中部、东部和南部、赞比亚、南非、墨西哥东部、阿根廷西北部，以及澳大利亚西北部也有小部分重叠区域，适生区的重叠面积达 722.88 万 km²，占全球总面积的 4.85%；大豆与欧洲菟丝子的适生区重叠的区域主要集中在欧洲西部国家，中国中部、印度北部、日本、美国东北部、加拿大西南部，澳大利亚东南部以及新西兰的南部也有小部分重叠区域，适生区的重叠面积达 677.73 万 km²，占全球总面积的 4.55%；大豆与苜蓿菟丝子的适生区重叠的区域主要集中在欧洲西部国家，印度北部、巴基斯坦北部以及美国西北部也有小部分重叠区域，适生区的重叠面积达 180.33 万 km²，占全球总面积的 1.21%。

表 14-9　大豆、紫花苜蓿与菟丝子属 5 个物种在 2061～2080 年 RCP4.5 情景下的适生重叠区

菟丝子属	大豆		紫花苜蓿	
	面积/万 km²	占全球面积的百分比/%	面积/万 km²	占全球面积的百分比/%
南方菟丝子	763.67	5.13	734.84	4.94
金灯藤	495.83	3.33	319.16	2.14
菟丝子	722.88	4.85	269.69	1.81
欧洲菟丝子	677.73	4.55	1007.67	6.77
苜蓿菟丝子	180.33	1.21	513.52	3.45

由表 14-9 可知，在 2061～2080 年 RCP4.5 情境下，紫花苜蓿与南方菟丝子适生区重叠的区域主要集中在日本、韩国、新西兰、土耳其北部、尼泊尔、欧洲西部、阿尔及利亚北部、澳大利亚南部以及中国中部和东部，美国南部和西北部、摩洛哥西部、印度西北部以及巴西南部也有小部分重叠区域，适生区的重叠面积达 734.84 万 km²，占全球总面积的 4.94%；紫花苜蓿与金灯藤适生区重叠的区域主要集中在尼泊尔、日本、韩国以及中国中部和东部，欧洲西部、叙利亚西部、印度北部、阿富汗东北部、巴基斯坦北部、非洲西北部以及美国中部和西部也有小部分重叠区域，适生区的重叠面积达 319.16 万 km²，占全球总面积的 2.14%；紫花苜蓿与菟丝子适生区重叠的面积主要集中在尼泊尔、日本、韩国以及中国中部和东部，印度西北部、巴基斯坦北部、墨西哥北部及阿根廷北部也有小部分重叠区域，适生区重叠面积达 269.69 万 km²，占全球总面积的 1.81%；紫花苜蓿与欧洲菟丝子的适生区重叠面积较大，达 1007.67 万 km²，占全球总面积的 6.77%，重叠区域主要集中在西欧各国家，以及加拿大东南部和东部、中国中部，印度北部、巴基斯坦北部、阿富汗北部、美国西北部、日本北部、澳大利亚东南部以及新西兰南部也有小部分重叠区域；紫花苜蓿与苜蓿菟丝子适生区重叠的区域主要集中在欧洲西部、伊朗北部、非洲西北部以及美国西北部，阿根廷南部、加拿大西南部、阿富汗北部、巴基斯坦北部、澳大利亚南部以及新西兰南部也有小部分重叠区域，适生区重叠面积达 513.52 万 km²，占全球总面积的 3.45%。

14.3.3　PCR6.0 情境下菟丝子属主要物种与寄主的生态位重叠预测

根据生态位叠加分析，研究得到在 2061～2080 年 RCP6.0 情境下豆科植物大豆、紫花苜蓿与菟丝子属 5 个主要物种适生区的生态位重叠区域。由表 14-10 可知，在 2061～2080 年 RCP6.0 情境下，大豆与南方菟丝子的适生区重叠的区域主要集中在美国、马达加斯加、尼泊尔、缅甸、越南、朝鲜、韩国、日本、欧洲西部、印度尼西亚、新西兰、印度西北部、澳大利亚东部沿海地区以及中国中部、东部、南部等地区，南非南部以及巴西南部也有小部分重叠区域，适生区的重叠面积达 776.85 万 km²，占全球总面积的 5.22%；大豆与金灯藤适生区重叠的区域主要集中在印度西北部、韩国、朝鲜、日本、越南北部、缅甸北部以及中国中部、南部和东部，在欧洲西部、阿根廷北部以及美国中部也有小部分重叠区域，适生区的重叠面积达 497.34 万 km²，占全球总面积的 3.34%；大豆与菟丝子的适生区重叠的区域主要集中在尼泊尔、孟加拉国、缅甸、越南、老挝、日本、朝鲜、韩国、印度西北部及中国北部、中部、东部和南部，赞比亚、马达加斯加、

墨西哥东部、阿根廷西北部、美国北部以及澳大利亚西北部也有小部分重叠区域,适生区的重叠面积达712.02万 km²,占全球总面积的4.78%;大豆与欧洲菟丝子的适生区重叠的区域主要集中在欧洲西部国家,中国中部、尼泊尔、印度北部、日本、挪威东南部、美国东北部、加拿大西南部、澳大利亚东南部、巴基斯坦北部、阿富汗北部以及新西兰南部也有小部分重叠区域,适生区的重叠面积达673.20万 km²,占全球总面积的4.52%;大豆与苜蓿菟丝子的适生区重叠的区域主要集中在欧洲西部国家,印度北部、瑞典南部、巴基斯坦北部以及美国西北部也有小部分重叠区域,适生区的重叠面积达175.51万 km²,占全球总面积的1.18%。

表14-10 大豆、紫花苜蓿与菟丝子属5个物种在2061~2080年RCP6.0情景下的适生重叠区

菟丝子属	大豆		紫花苜蓿	
	面积/万 km²	占全球面积的百分比/%	面积/万 km²	占全球面积的百分比/%
南方菟丝子	776.85	5.22	722.05	4.85
金灯藤	497.34	3.34	291.61	1.96
菟丝子	712.02	4.78	240.04	1.61
欧洲菟丝子	673.20	4.52	1000.78	6.72
苜蓿菟丝子	175.51	1.18	508.99	3.42

由表14-10可知,在2061~2080年RCP6.0情境下,紫花苜蓿与南方菟丝子的适生区重叠的区域主要集中在尼泊尔、日本、韩国、新西兰、阿尔及利亚北部、欧洲西部国家、澳大利亚南部以及中国中部和东部,美国南部和西北部、摩洛哥西部、印度西北部、南非、马达加斯加以及巴西南部也有小部分重叠区域,适生区重叠面积达722.05万 km²,占全球总面积的4.85%;紫花苜蓿与金灯藤的适生区重叠的区域主要集中在尼泊尔、日本、韩国以及中国中部和东部,欧洲西部、印度北部、阿富汗东北部、巴基斯坦北部、摩洛哥北部、阿尔及利亚北部、朝鲜东部以及美国中部和西部也有小部分重叠区域,适生区重叠面积达291.61万 km²,占全球总面积的1.96%;紫花苜蓿与菟丝子的适生区重叠的区域主要集中在尼泊尔、日本、韩国以及中国中部和东部,印度西北部、巴基斯坦北部、墨西哥北部及阿根廷北部也有小部分重叠区域,适生区的重叠面积达240.04万 km²,占全球总面积的1.61%;紫花苜蓿与欧洲菟丝子的适生区重叠面积较大,达1000.78万 km²,占全球总面积的6.72%,重叠区域主要集中在西欧各国,以及加拿大东南部和东部、中国中部、印度北部、巴基斯坦北部、阿富汗北部、美国西北部、日本北部、澳大利亚东南部以及新西兰南部也有小部分重叠区域;紫花苜蓿与苜蓿菟丝子的适生区重叠的区域主要集中在欧洲西部国家、伊朗北部、摩洛哥北部、阿尔及利亚北部以及美国西北部,阿根廷南部、加拿大西南部、阿富汗东部、巴基斯坦北部、印度北部、澳大利亚南部以及新西兰南部也有小部分重叠区域,适生区重叠面积达508.99万 km²,占全球总面积的3.42%。

14.3.4 PCR8.5情境下菟丝子属主要物种与寄主的生态位重叠预测

根据生态位叠加分析,研究得到2061~2080年RCP8.5情境下豆科植物大豆、紫花苜蓿与菟丝子属5个主要物种适生区的生态位重叠区域。由表14-11可知,在2061~2080

年 RCP8.5 情境下，大豆与南方菟丝子的适生区重叠的区域主要集中在美国南部、马达加斯加东部、欧洲西部国家、尼泊尔、缅甸、越南、朝鲜、韩国、日本、新西兰、印度西北部、澳大利亚东部沿海地区以及中国中部、东部、南部等地区，印度尼西亚、南非南部以及巴西南部也有小部分重叠区域，适生区的重叠面积达 762.18 万 km²，占全球总面积的 5.12%；大豆与金灯藤的适生区重叠的区域主要集中在尼泊尔、印度西北部、韩国、朝鲜、日本、越南北部、缅甸北部以及中国中部、南部和东部，罗马、意大利南部、阿根廷北部以及美国中部也有小部分重叠区域，适生区的重叠面积达 496.93 万 km²，占全球总面积的 3.34%；大豆与菟丝子的适生区重叠的区域主要集中在尼泊尔、孟加拉国、缅甸、越南、老挝、日本、朝鲜、韩国、印度西北部及中国北部、中部、东部和南部，阿根廷西北部及澳大利亚西北部也有小部分重叠区域，适生区的重叠面积达 716.76 万 km²，占全球总面积的 4.81%；大豆与欧洲菟丝子的适生区重叠的区域主要集中在欧洲西部国家，中国中部、印度北部、日本、美国东北部、加拿大西南部、澳大利亚东南部、巴基斯坦北部、阿富汗北部以及新西兰南部也有小部分重叠区域，适生区的重叠面积达 664.93 万 km²，占全球总面积的 4.47%；大豆与苜蓿菟丝子的适生区重叠的区域主要集中在欧洲西部国家，印度北部以及巴基斯坦北部也有小部分的重叠区域，适生区的重叠面积达 167.84 万 km²，占全球总面积的 1.13%。

表 14-11　大豆、紫花苜蓿与菟丝子属 5 个物种在 2061～2080 年 RCP8.5 情景下的适生重叠区

菟丝子属	大豆		紫花苜蓿	
	面积/万 km²	占全球面积的百分比/%	面积/万 km²	占全球面积的百分比/%
南方菟丝子	762.18	5.12	687.81	4.62
金灯藤	496.93	3.34	275.58	1.85
菟丝子	716.76	4.81	221.48	1.49
欧洲菟丝子	664.93	4.47	1023.63	6.87
苜蓿菟丝子	167.84	1.13	508.88	3.41

由表 14-11 可知，在 2061～2080 年 RCP8.5 情境下，紫花苜蓿与南方菟丝子的适生区重叠的区域主要集中在尼泊尔、日本、韩国、新西兰、欧洲西部国家、阿尔及利亚北部、澳大利亚南部以及中国中部和东部，美国南部和西北部、摩洛哥西部、印度西北部、南非南部、马达加斯加以及巴西南部也有小部分重叠区域，适生区的重叠面积达 687.81 万 km²，占全球总面积的 4.62%；紫花苜蓿与金灯藤的适生区重叠的区域主要集中在尼泊尔、日本、韩国以及中国中部和东部，欧洲西部、印度北部、阿富汗东北部、巴基斯坦北部、朝鲜东部以及美国中部和西部也有小部分重叠区域，适生区的重叠面积达 275.58 万 km²，占全球总面积的 1.85%；紫花苜蓿与菟丝子的适生区重叠的区域主要集中在尼泊尔、日本、韩国以及中国中部和东部，印度西北部、巴基斯坦北部、墨西哥北部及阿根廷北部也有小部分重叠区域，适生区的重叠面积达 221.48 万 km²，占全球总面积的 1.49%；紫花苜蓿与欧洲菟丝子的适生区重叠面积较大，达 1023.63 万 km²，占全球总面积的 6.87%，重叠区域主要集中在西欧各国，以及加拿大西南部和东部、中国中部，印度北部、巴基斯坦北部、阿富汗北部、美国西北部、日本北部、澳大利亚东南部以及新西兰南部也有小部分重叠区域；紫花苜蓿与苜蓿菟丝子的适生区重叠的区域主要集中在欧洲各国、伊朗北部、摩洛哥北部、阿尔及利亚北部以及美国西北部，阿根

廷南部、加拿大西南部、阿富汗东部、巴基斯坦北部、印度北部、澳大利亚南部也有小部分重叠区域，适生区重叠面积达 508.88 万 km²，占全球总面积的 3.41%。

14.4　小　　结

气候因子对菟丝子属 5 个主要物种及豆科植物 2 个物种分布的影响较大，而土壤因子对菟丝子属 5 个主要物种及豆科植物 2 个物种分布的影响不大。其中年平均气温和等温性是影响它们分布的主要气候因子。从末次盛冰期到全新世中期再到 1960～1990 年的预测研究结果表明，栖息地适宜性大于 0.75 的菟丝子、欧洲菟丝子和苜蓿菟丝子全新世中期是 3 个时期分布面积最大的，说明在全新世中期菟丝子属植物分布较多。豆科植物大豆及紫花苜蓿预测的高适生区在末次盛冰期面积最大，说明在末次盛冰期豆科植物分布较多。

从末次盛冰期到全新世中期再到 1960～1990 年苜蓿菟丝子与紫花苜蓿预测的适生区面积都是增加的。造成大豆产生病害的菟丝子属主要为菟丝子和欧洲菟丝子 2 种，从末次盛冰期到全新世中期再到 1960～1990 年欧洲菟丝子与大豆预测的适生区面积都是先减少后增加，从末次盛冰期到全新世中期菟丝子与大豆预测的适生区面积都是减少的，可以说明寄主与寄生植物的分布是有联系的。

在未来菟丝子、欧洲菟丝子以及大豆栖息地适宜性较高（0.5～1）的总面积最大的情景都是 RCP2.6，并且在 RCP2.6、RCP4.5、RCP6.0 和 RCP8.5 情境下，菟丝子与大豆较高的适宜区（0.5～1）均呈现逐渐减少的趋势，菟丝子和欧洲菟丝子较适宜生存的情景一致，并且在 RCP2.6、RCP4.5、RCP6.0 和 RCP8.5 情境下，菟丝子与大豆较高的适宜区（0.5～1）的变化也是一致的，说明寄生植物与寄主的分布是相互影响的。

通过预测在未来 RCP2.6、RCP4.5、RCP6.0 和 RCP8.5 4 个情景下菟丝子属 5 个主要物种及大豆、紫花苜蓿的适生区生态位重叠区域及面积，为了更好地保护大豆及紫花苜蓿，在未来 RCP2.6 情境下，在全球尼泊尔、缅甸、越南、朝鲜、韩国、日本、新西兰、老挝、美国南部、马达加斯加东部、印度西北部、印度西北部、欧洲西部各国家、非洲西北部、伊朗北部、美国西北部、加拿大西南部和东部以及中国北部、中部、东部和南部应加强对菟丝子属植物的防治。

主要参考文献

陈陆丹, 胡菀, 李单琦, 等. 2019. 珍稀濒危植物野生莲的适生分布区预测. 植物科学学报, 37(6): 731-740

邸淑娴. 2018. 基于 MaxEnt 模型的寒地稻田农残评估方法的建立. 哈尔滨: 东北林业大学硕士学位论文.

郭素民, 李钧敏. 李永慧, 等. 2014. 喜旱莲子草响应南方菟丝子寄生的生长-防御权衡. 生态学报, 34(17): 4866-4873

胡忠俊, 张镱锂, 于海彬. 2015. 基于 MaxEnt 模型和 GIS 的青藏高原紫花针茅分布格局模拟. 应用生态学报, 26(2): 505-511

武晓宇, 董世魁, 刘世梁, 等. 2018. 基于 MaxEnt 模型的三江源区草地濒危保护植物热点区识别. 生物多样性, 26(2): 138-148

闫东, 刘冠纯, 侯芝林, 等. 2020. 利用两种生态位模型预测长爪沙鼠鼠疫疫源地动物间疫情潜在风险.

中国媒介生物学及控制杂志, 31(1): 12-15

叶亚平, 刘鲁君. 2000. 中国省域生态环境质量评价指标体系研究. 环境科学研究, 13(3): 33-36

张超, 陈磊, 田呈明, 等. 2016. 基于 GARP 和 MaxEnt 的云杉矮槲寄生分布区的预测. 北京林业大学学报, 38(5): 23-32

张娇. 2016. 基于 GIS 的宜兴竹海森林公园旅游开发生态适宜性评价研究. 南京: 南京大学硕士学位论文

张文秀, 寇一翾, 张丽, 等. 2020. 采用生态位模拟预测濒危植物白豆杉五个时期的适宜分布区. 生态学杂志, 39(2): 600-613

左其亭, 王中根, 陈嘻, 等. 2001. 西部干旱区生态环境质量定量评价理论方法. 郑州工业大学学报, 22(2): 34-38

Beger M, Possingham H P. 2008. Environmental factors that influence the distribution of coral reef fishes: modelling occurrence data for broad-scale conservation and management. Marine Ecology Progress Series, 361: 1-13

Chatfield B S, Van Niel K P, Kendrick G A, et al. 2010. Combining environmental gradients to explain and predict the structure of demersal fish distributions. Journal of Biogeography, 37(4): 593-605

Cotter M, De la Pena-Lavander R, Sauerborn J. 2012. Understanding the present distribution of the parasitic weed *Striga hermonthica* and predicting its potential future geographic distribution in the light of climate change. Stuttgart-Hohenheim: Proceeding of the 25th German Conference on Weed Biology and Weed Control: 630-636

Elith J, Leathwick J R. 2009. Species distribution models: ecological explanation and prediction across space and time. Annual Review of Ecology, Evolution, and Systematics, 40(1): 677-697

Liu J, Yang Y, Wei H Y, et al. 2019. Assessing habitat suitability of parasitic plant *Cistanche deserticola* in Northwest China under future climate scenarios. Forests, 10(9): 823

Liu Z S, Gao H, Teng L W, et al. 2013. Habitat suitability evaluation of *Pseudois nayaur* in Helanshan Mountains based on MaxEnt model. Acta Ecologica Sinica, 33(22): 7243-7249

Martín-García L, Herrera R, Moro-Abad L, et al. 2014. Predicting the potential habitat of the harmful cyanobacteria *Lyngbya majuscula* in the Canary Islands (Spain). Harmful Algae, 34: 76-86

Melo-Merino S M, Reyes-Bonilla H, Lira-Noriega A. 2020. Ecological niche models and species distribution models in marine environments: a literature review and spatial analysis of evidence. Ecological Modelling, 415: 108837

Merow C, Silander J A Jr. 2014. A comparison of Maxlike and MaxEnt for modelling species distributions. Methods in Ecology and Evolution, 5(3): 215-225

Merow C, Smith M J, Silander J A. 2013. A practical guide to MaxEnt for modelling species' distributions: what it does, and why inputs and settings matter. Ecography, 36(10): 1058-1069

Padalia H, Srivastava V, Kushwaha S P. 2015. How climate change might influence the potential distribution of weed, bushmint (*Hyptis suaveolens*)? Environmental Monitoring Assessment, 187(4): 210

Phillips S J, Anderson R P, Schapire R E. 2006. Maximum entropy modelling of species geographic distributions. Ecological Modelling, 190: 231-259

Phillips S J, Dudík M. 2008. Modelling of species distributions with MaxEnt: new extensions and a comprehensive evaluation. Ecography, 31(2): 161-175

Wang D, Cui B, Duan S, et al. 2019. Moving North in China: the habitat of *Pedicularis kansuensis* in the context of climate change. Science of the Total Environment, 697: 133979

Warren D L, Seifert S N. 2011. Ecological niche modelling in MaxEnt: the importance of model complexity and the performance of model selection criteria. Ecological Applications, 21(2): 335-342

Yan H, Feng L, Zhao Y, et al. 2020. Prediction of the spatial distribution of *Alternanthera philoxeroides* in China based on ArcGIS and MaxEnt. Global Ecology and Conservation, 21: e00856

第15章 菟丝子属寄生植物和寄主植物的适应与进化

扩散与成对协同进化理论认为广寄主的寄生植物可以与寄主发生协同进化。一些研究已经证实了广寄主的寄生植物对寄主植物存在偏好（Yoder，1997；Norton and De Lange，1999），但相关研究很少。

15.1 不同生境喜旱莲子草对南方菟丝子的响应

喜旱莲子草原产于南美洲，分布在巴拉圭、阿根廷南部巴拉那河流域和巴西南部沿海地带，20世纪30年代末喜旱莲子草作为饲料引入中国上海（郭连金等，2009）。喜旱莲子草在原产地为水生生长（潘晓云等，2007），入侵我国后，逐渐可在陆地生长。由于水生生境的喜旱莲子草未见有南方菟丝子寄生，本研究采集陆生型与水陆两栖型喜旱莲子草为研究对象，比较分析其响应南方菟丝子寄生的生物量和次生代谢产物含量的变化（张雪等，2018）。

15.1.1 不同生境喜旱莲子草生物量对南方菟丝子的响应

南方菟丝子寄生处理显著降低了两种生境下喜旱莲子草的根生物量，而对茎、叶和总生物量影响不显著，但是茎生物量及总生物量有明显下降趋势，叶生物量有上升趋势；陆生生境中喜旱莲子草根、茎、叶和总生物量显著高于水陆两栖生境（图15-1）。

平衡生长假说认为植物在适应环境变化时，可以通过调节各器官中的生物量分配来最大程度地获取水分、营养和光等受限资源，从而提高植物的生长速率。南方菟丝子寄生处理显著降低了喜旱莲子草根冠比和根生物量比，显著提高了叶生物量比，对茎生物量分配影响不显著；无论是在陆生生境下还是在水陆两栖生境下，南方菟丝子寄生处理显著降低了两种生境下喜旱莲子草的根生物量，而对茎、叶和总生物量影响不显著。虽然并不显著，但也说明在喜旱莲子草受到寄生胁迫后，通过叶生物量的增加来提高光合作用能力，更有利于生存，而通过降低根生物量来减缓生长速率（张静等，2012）。

与陆生生境相比，在水陆两栖生境下寄生处理显著降低了喜旱莲子草的根冠比和根生物量比；在陆生生境下寄生处理降低了茎生物量比，然而在水陆两栖生境下寄生处理提高了茎生物量比（图15-2）。造成这种现象的原因主要是生境的差异，通过水陆两栖型与陆生型喜旱莲子草生存环境比较可知，水陆两栖型具有充足的水分，但氧气含量较陆生型低，而喜旱莲子草的茎具有发达的通气组织，并且为主要的繁殖器官。所以水陆两栖型通过提高茎生物量分配比例使自己占据更多的生存空间，降低根生物量分配比例，将更多的资源用于吸收氧气和进行光合作用。而陆生型喜旱莲子草的根冠比、根生

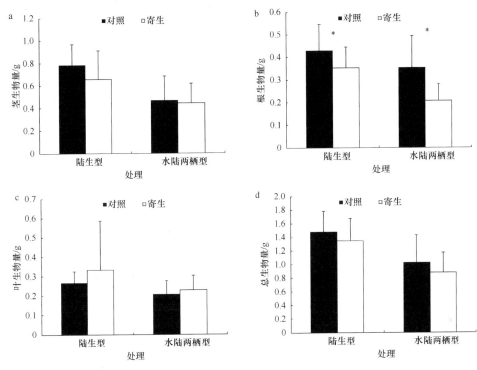

图 15-1　不同生境下喜旱莲子草响应寄生处理的生物量变化
图中数据为平均值±标准差

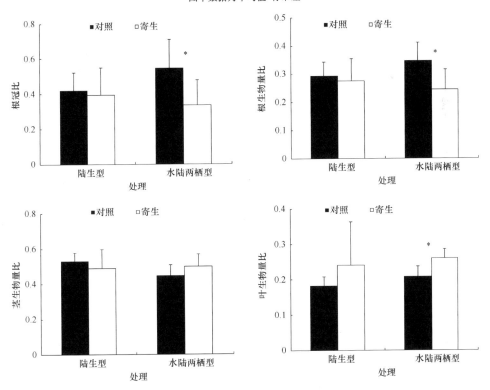

图 15-2　不同生境下喜旱莲子草响应寄生处理的生物量分配变化
图中数据为平均值±标准差

物量及茎生物量均有所下降，虽然变化不明显，但也说明在受到寄生胁迫后陆生型喜旱莲子草减少了生长资源的投入。

15.1.2 不同生境喜旱莲子草次生代谢产物含量对南方菟丝子的响应

次生代谢产物主要是植物受到外界环境的影响产生的，是植物的主要防御机制之一（郭艳玲等，2012）。南方菟丝子寄生显著提高了两种生态型喜旱莲子草的总酚含量，对单宁和木质素含量影响不显著；单宁含量在陆生生境下显著高于水陆两栖生境，总酚和木质素含量差异不显著，寄生处理后水陆两栖型单宁含量及总酚含量都有所升高，较陆生型喜旱莲子草的变化更为明显，木质素含量下降趋势较陆生型小（图 15-3）。木质素主要存在于植物茎部，具有支撑作用，本研究发现陆生型喜旱莲子草的木质素下降程度较水陆两栖型更为明显，说明寄生胁迫对陆生型喜旱莲子草的支撑作用有很大影响，这与陆生型喜旱莲子草茎生物量分配比例下降的结果一致。除木质素下降外，两种生态型喜旱莲子草的单宁和总酚含量有明显上升（陆生型不明显），其中水陆两栖型较陆生型更为明显，说明喜旱莲子草在受到南方菟丝子寄生胁迫后产生了一定的防御机制，提高了对南方菟丝子的抵抗能力。两种生态型喜旱莲子草防御高低的不同与它们所生存的环境有很大关系，这与郭素民等（2014）所研究的喜旱莲子草在受到胁迫后会通过次生代谢产物的变化提高自身的防御结论一致，但其作用机制还需进一步研究。

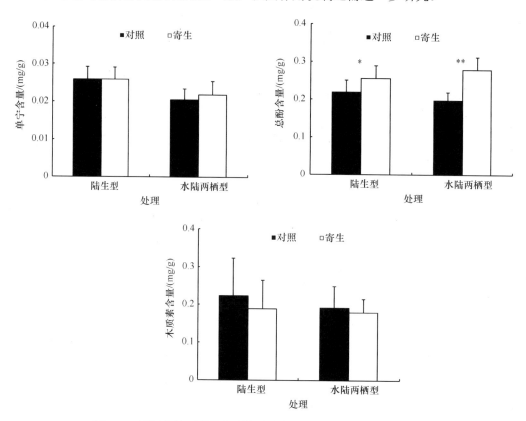

图 15-3　不同生境下喜旱莲子草响应寄生处理的次生代谢产物变化

图中数据为平均值±标准差

15.2　寄主植物对寄生植物的生长-防御权衡

生物量是反映植株生长情况的重要指标，而次生代谢产物在植物面临食草动物啃食和病原体侵害等环境胁迫时会大量产生。植物在逆境环境下，如受到温度、水分、养分等非生物因子的胁迫，或者受到食草动物、昆虫等生物因子的伤害时，会减少对自身生长的投资，而加大对防御能力的投资，如增加防御物质（阎秀峰等，2007）。最优防御假说（optimal defense theory）认为，植物次生代谢物质的产生是以减少植物生长为成本的，只有在次生代谢物质所能获得的防御收益大于植物生长获得的收益时，植物才产生次生代谢物质（Bazzaz et al.，1987；Chapin et al.，1987）。因此，植株生长与次生代谢产物积累间往往存在权衡关系，这种权衡关系可以反映出植物的生长-防御策略。

本研究以野外天然生长的喜旱莲子草和南方菟丝子为研究对象，比较分析南方菟丝子寄生与未寄生时喜旱莲子草的形态结构、生物量、次生代谢产物含量，判断是否存在生长-防御权衡的改变（郭素民等，2014）。

15.2.1　南方菟丝子寄生对喜旱莲子草生长的影响

野外观察发现南方菟丝子寄生 5 年后喜旱莲子草根、茎和叶生物量及总生物量均显著下降，分别降低了 59%、41%、61%、31%（王如魁等，2012）。实验室研究也发现南方菟丝子寄生后喜旱莲子草的生物量显著下降，其中对根生物量和叶生物量的影响极显著（图 15-4，$P<0.01$）；对茎生物量和总生物量的影响显著（图 15-4，$P<0.05$），表明南方菟丝子寄生显著抑制喜旱莲子草的生长。

与对照组相比，南方菟丝子寄生后喜旱莲子草茎的分枝数极显著增加（图 15-5，$P<0.01$），叶片数显著减少（图 15-5，$P<0.05$），表明喜旱莲子草在受到南方菟丝子寄生胁迫后，会通过改变其形态结构来响应这种胁迫。喜旱莲子草主要依靠茎节进行营养繁殖（Erwin et al.，2012），分枝数的增加意味着产生更多的茎节，说明喜旱莲子草受到南方菟丝子胁迫时会减少营养生长的投入而将更多的资源投向繁殖，以便通过产生新繁殖部位来应对老繁殖部位营养的丢失与生长的抑制，更有利于下一代的繁殖（郭伟等，2012）。

15.2.2　南方菟丝子寄生对喜旱莲子草茎部次生代谢产物含量的影响

植物的次生代谢物质在植物提高自身保护和生存竞争能力、协调与环境关系上充当着重要的角色（阎秀峰等，2007）。单宁是植物体内一种有效的化学防御物质，不仅可抵御病原体的侵害，而且可使植物具有苦涩的味道，减少食草动物与昆虫的取食。总酚和三萜皂苷是植物体内重要的防御物质（张国友等，2009）。在环境胁迫下，酚类化合物和萜类化合物的积累在化感作用中有重要作用，促进"植物-植物相互交流"，有助于植物进行主动防御，迅速提升植物的直接防御和间接防御能力。木质素在植物防御体系中发挥着重要的作用，环境胁迫下可快速诱发木质素等次生代谢产物的生成，而且木

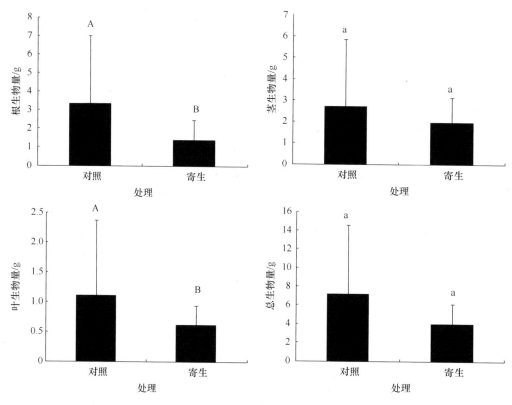

图 15-4　南方菟丝子寄生对喜旱莲子草生物量的影响
不同小写字母表示差异显著（$P<0.05$），不同大写字母表示差异极显著（$P<0.01$）；下同

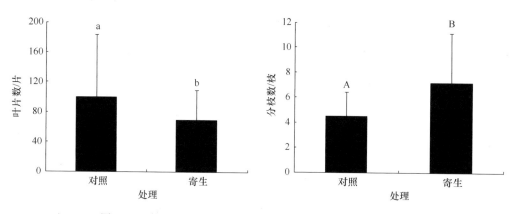

图 15-5　南方菟丝子寄生对喜旱莲子草叶片数及分枝数的影响

质素代谢与植物的抗病、抗虫、抗寒等抗逆生理均有一定的相关性，木质素含量的升高说明植物对自身系统的保护。已有较多研究发现食草动物与昆虫取食会使植物的次生代谢产物含量迅速增加，增强植物的防御能力（Miller *et al.*，2005；Chludil *et al.*，2013）。

　　南方菟丝子寄生胁迫下，喜旱莲子草茎部的 4 种次生代谢产物均显著增加，单宁和三萜皂苷含量均极显著增加（图 15-6，$P<0.01$），木质素和总酚含量显著增加（图 15-6，$P<0.05$），这表明喜旱莲子草对南方菟丝子寄生胁迫产生了一定的防御反应。在南方菟丝子寄生胁迫下，喜旱莲子草茎次生代谢产物含量的增加可能提高喜旱莲子草对南方菟

丝子的抵抗能力（李永慧等，2012），减弱寄生植物吸器的形成，影响寄生植物对寄主植物营养的利用，从而阻碍其生长发育及繁殖，但次生代谢产物增加的可能作用机制仍需进一步研究。

15.2.3　喜旱莲子草对南方菟丝子的生长-防御权衡

根据资源可利用性假说，食草昆虫取食与资源可利用性的关系会导致植物的生长-防御权衡发生改变。增强竞争力进化假说（evolution of increased competitive ability hypothesis，EICA）也认为，外来植物在引入地往往会逃离天敌的控制，重新调整其生长与防御的权衡关系，从而进化出更强的竞争能力和更弱的防御能力（Blossey and Notzold，1995；Müller-Schärer et al.，2004）。Pan 等（2012，2013）通过比较分析原产地与入侵地喜旱莲子草的生长及防御能力，证明我国入侵地的喜旱莲子草受到原产地昆虫胁迫时，生长-防御策略发生了变化，表现出较快的生长和较弱的防御策略，增强自身对生长的能量分配，加快生长以便更好地在入侵地扩张。

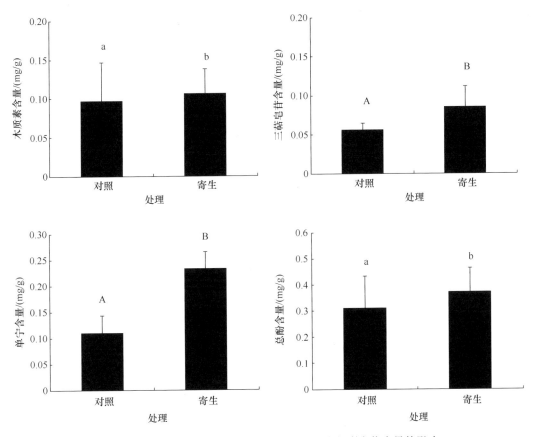

图 15-6　南方菟丝子寄生对喜旱莲子草茎次生代谢产物含量的影响

生物量与 4 种次生代谢产物含量的回归分析显示，无南方菟丝子寄生的对照组中，喜旱莲子草的生物量与茎木质素、三萜皂苷、单宁和总酚含量均无线性关系（$P>0.05$）；南方菟丝子寄生的喜旱莲子草的生物量与茎木质素、三萜皂苷、单宁和总酚含量均存在极显著的线性关系（$P<0.01$）（图 15-7）。南方菟丝子寄生后，喜旱莲子草将更多的资源投入到防御中，4 种次生代谢产物总量的相对含量百分比极显著高于无寄生的对照组（$F=18.880$，$P<0.01$），而生物量的相对百分比要极显著低于无寄生的对照组（$F=18.880$，$P<0.01$）（图 15-8）。表明当喜旱莲子草在入侵地遇到新的自然天敌——南方菟丝子时，重新权衡生长与防御的能量分配，重新发展出其在原产地的策略，资源由"生长"向"防御"的再分配使得喜旱莲子草的防御能力增强。这种投资的权衡策略将有利于喜旱莲子草的生存，对喜旱莲子草在入侵地的扩张及其快速进化将具有重要意义（郭素民等，2014）。

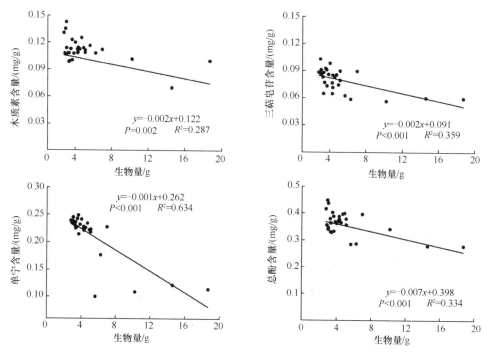

图 15-7 喜旱莲子草对南方菟丝子寄生的生长-防御权衡

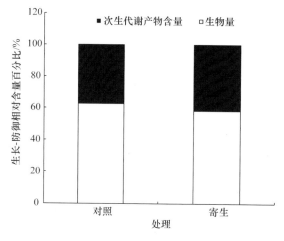

图 15-8 南方菟丝子寄生对喜旱莲子草生长-防御相对含量百分比的影响

15.3　微甘菊与原野菟丝子的协同进化

植物与食草动物，植物与病原菌，植物与动物系统，植物与寄生物之间均可产生区域性适应。Koskela 等（2000）发现一个种群中的全寄生植物欧洲菟丝子（*Cuscuta europaea*）和它的寄主异株荨麻（*Urtica dioica*）存在局部适应，但在另外两个种群中却检测不到局部适应。最近的研究发现，通过寄生植物的表现（Koskela *et al.*，2000；Mutikainen *et al.*，2000）来衡量寄生植物对寄主群体的局部适应是有限的，而且与专职寄生植物相比，具有广寄生性的寄生植物对寄主的局部适应的研究较少（Lajeunesse and Forbes，2002）。

15.3.1　微甘菊和原野菟丝子的克隆多样性与克隆大小

Li 和 Dong（2009）利用 12 个简单重复序列区间（inter-simple sequence repeat，ISSR）引物扩增微甘菊与原野菟丝子的 DNA，分别获得了 123 个和 136 个清晰条带。其中，微甘菊有 36 个多态性条带，而原野菟丝子只有 3 个多态性条带。克隆多样性参数见表 15-1。基株与分株的比值显示微甘菊每个基因型有 1.4 个分株，而原野菟丝子每个基因型有 5 个分株。Simpson 多样性指数显示微甘菊要高于原野菟丝子。基因型均匀度指数显示原野菟丝子基因型分布的均匀度要高于微甘菊。

表 15-1　微甘菊与原野菟丝子的克隆多样性参数

物种	分株/个	基株/个	基株与分株的比值	Simpson 多样性指数	基因型均匀度指数
微甘菊	20	14	0.7	0.9579	0.7778
原野菟丝子	20	4	0.2	0.7632	0.9479

多态性位点可用于区别斑块中的不同基株。微甘菊 20 个分株中共检测到 14 个基株，而原野菟丝子 20 个分株中仅检测到 4 个基株。微甘菊与原野菟丝子基株的空间分布见图 15-9。微甘菊的克隆斑块是比较小的（图 15-9a）。基株 11 和 14 分别有 3 个分株，而基株 1 和 8 分别有 2 个分株，其他基株均只有一个分株（图 15-10a）。而原野菟丝子的克隆斑块是相对较大的（图 15-9b）。基株 1 和 3 分别有 7 个和 6 个分株，而基株 2 和 4 分别有 4 和 3 个分株（图 15-10b）。

克隆植物种群的遗传多样性依赖于植物采取的有性繁殖与无性繁殖策略（Navas and Gasquez，1991；Eckert and Barrett，1993）。这些结果表示寄主植物微甘菊与寄生植物原野菟丝子的克隆多样性、克隆组成和空间分布均是不同的。形成这一现象的原因主要是微甘菊与原野菟丝子具有不同的繁殖策略、不同的迁移速率与不同的建立者效应。

15.3.2　微甘菊与原野菟丝子的局部适应

一些研究显示寄生植物与其寄主之间存在局部适应（Ebert，1994；Mopper *et al.*，1995；Lively and Jokela，1996），但也有一些研究认为找不到证据证明局部适应（Ennos

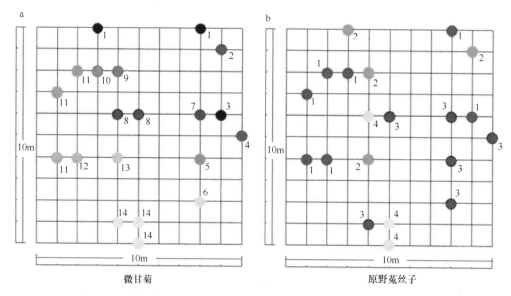

图 15-9　微甘菊与原野菟丝子基株的空间分布图（彩图见封底二维码）
不同颜色代表不同的基株。重复的数字代表相同的克隆。基株间的距离代表野外实测距离

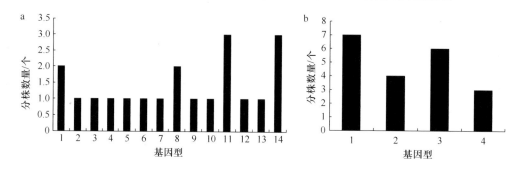

图 15-10　微甘菊（a）与原野菟丝子（b）每个基因型的分株数量

and McConnel，1995；Davelos *et al.*，1996；Strauss，1997；Mutikainen *et al.*，2000）。寄生植物与寄主的协同进化常发生在寄主与寄生植物的基因型匹配度最大的系统中（Clay and Kover 1996；Koskela *et al.*，2000）。本研究利用曼特尔（Mantel）检验显示寄主微甘菊与寄生植物原野菟丝子的遗传距离矩阵不存在显著相关性（$r=0.073$，$P=0.150$），表明在原野菟丝子寄生于寄主植物的早期阶段，寄生植物与寄主植物的克隆结构、基因型分布和基因流是不同的。根据 Gandon 等（1996）提出的模型，微甘菊是风媒植物，而原野菟丝子是虫媒植物，两者不可能存在局部适应。虽然微甘菊与原野菟丝子的寄生历史很短，斑块也较小，但研究结果还是清晰地提出了它们具有不同的迁移速率，特别是当寄主植物的克隆繁殖能力较弱时，寄主植物与寄生植物的早期寄生阶段不存在局部适应。但研究发现异株荨麻与欧洲菟丝子存在局部适应（Koskela *et al.*，2000）。造成这一现象的可能原因是异株荨麻由长寿命的克隆组成，并且克隆组成的变化比较小，而相同寄主的克隆被欧洲菟丝子连续不断地感染（Koskela *et al.*，2000）。这与我们的结论并不矛盾，即具有弱的克隆繁殖能力的寄生植物与寄主植物不存在局部适应。

15.4 小 结

陆生生境中喜旱莲子草根、茎、叶和总生物量显著高于水陆两栖生境。无论是在水生生境下还是在水陆两栖生境下，喜旱莲子草根冠比、根生物量分配、茎生物量分配和叶生物量分配差异均不显著。与陆生生境相比，在水陆两栖生境下寄生处理显著降低了喜旱莲子草的根冠比和根生物量分配；在陆生生境下寄生处理降低了茎生物量分配，然而在水陆两栖生境下寄生处理提高了茎生物量分配。寄生处理后水陆两栖型单宁含量及总酚含量都有所升高，较陆生型喜旱莲子草变化更为明显，木质素含量下降也较陆生型下降趋势小。研究结果表明，陆生型喜旱莲子草在受到寄生胁迫后，将更多的资源用于防御，将少量资源用于维系自身生长，与水陆两栖型的资源分配存在一定的差异。

南方菟丝子寄生显著改变了喜旱莲子草茎的形态，茎直径和平均节间长均增加，茎直径变化极显著。南方菟丝子寄生显著减少了喜旱莲子草的叶片数，但同时极显著增加了茎的分枝数，有利于喜旱莲子草的克隆繁殖。南方菟丝子寄生显著或极显著降低了喜旱莲子草的根、茎、叶生物量和总生物量，抑制喜旱莲子草的生长。南方菟丝子寄生显著或极显著增加喜旱莲子草茎的单宁、总酚、三萜皂苷含量，增强其防御能力。研究结果表明，受到南方菟丝子寄生胁迫后，喜旱莲子草改变自身的生长-防御策略，减少营养生长投入而将更多的资源投向克隆繁殖，同时增强对"防御"物质的投入，增强其防御能力，以利于后代生存和繁衍。

微甘菊的克隆多样性要高于原野菟丝子。斑块中，微甘菊的克隆是比较小的，原野菟丝子的克隆是相对较大的。利用 Mantel 检验显示寄主微甘菊与寄生植物原野菟丝子的遗传距离矩阵不存在显著相关性，表明在原野菟丝子寄生于寄主植物的早期阶段，寄生植物与寄主植物的克隆结构、基因型分布和基因流是不同的。研究结果表明，具有弱的克隆繁殖的寄生植物与寄主植物不存在局部适应。

主要参考文献

郭连金, 徐卫红, 孙海玲, 等. 2009. 入侵对乡土植物群落组成及植物多样性的影响. 草业科学, 26(7): 137-142

郭素民, 李钧敏, 李永慧, 等. 2014. 喜旱莲子草响应南方菟丝子寄生的生长-防御权衡. 生态学报, 34(17): 4866-4873

郭伟, 李钧敏, 胡正华. 2012. 酸雨和采食模拟胁迫下克隆整合对喜旱莲子草生长的影响. 生态学报, 32(1): 151-158

郭艳玲, 张鹏英, 郭默然, 等. 2012. 次生代谢产物与植物抗病防御反应. 植物生理学报, 48(5): 429-434

李永慧, 李钧敏, 闫明. 2012. 喜旱莲子草入侵群落土壤对植物生长的影响. 生态学杂志, 31(6): 1367-1372

潘晓云, 耿宇鹏, Alejandro S O S A, 等. 2007. 入侵植物喜旱莲子草: 生物学、生态学及管理. 植物分类学报, (6): 884-900

王如魁, 管铭, 李永慧, 等. 2012. 南方菟丝子寄生对喜旱莲子草生长及群落多样性的影响. 生态学报, 2(6): 1917-1923

阎秀峰, 王洋, 李一蒙. 2007. 植物次生代谢及其与环境的关系. 生态学报, 7(6): 2554-2562

张国友, 何兴元, 唐玲, 等. 2009. 高浓度臭氧对蒙古栎叶片酚类物质含量和总抗氧化能力的影响. 应

用生态学报, 20(3): 725-728

张静, 闫明, 李钧敏. 2012. 不同程度南方菟丝子寄生对入侵植物鬼针草生长的影响. 生态学报, 32(10): 313 3143

张雪, 郭素民, 高芳磊, 等. 2018. 不同生境下的喜旱莲子草对南方菟丝子寄生的响应. 杂草学报, 36(1): 14-19

Bazzaz F A, Chiariello N R, Coley P D, et al. 1987. Allocating resources to reproduction and defense. BioScience, 37(1): 58-67

Blossey B, Notzold R. 1995. Evolution of increased competitive ability in invasive nonindigenous plants: a hypothesis. The Journal of Ecology, 83(5): 887-889

Chapin F S, Bloom A J, Field C B, et al. 1987. Plant responses to multiple environmental factors. BioScience, 37(1): 49-57

Chludil H D, Leicach S R, Corbino G B, et al. 2013. Genistin and quinolizidine alkaloid induction in *L. angustifolius* aerial parts in response to mechanical damage. Journal of Plant Interactions, 8(2): 117-124

Clay K, Kover P X. 1996. The red queen hypothesis and plant/pathogen interactions. Annual Review in Phytopathology, 34(1): 29-50

Davelos A L, Alexander H M, Slade N A. 1996. Ecological genetic interactions between clonal host plant (*Spartina pectinata*) and associated rust fungi (*Puccinia seymouriana* and *Puccinia sparganioides*). Oecologia, 105(2): 205-213

Ebert D. 1994. Virulence and local adaptation of a horizontally transmitted parasite. Science, 265(5175): 1084-1086

Eckert C G, Barrett S C H. 1993. Clonal reproduction and patterns of genotypic diversity in *Decodon verticillatus* (Lythraceae). American Journal of Botany, 80(10): 1175-1182

Ennos R A, McConnel K C. 1995. Using genetic markers to investigate natural selection in fungal populations. Canadian Journal of Botany, 73(S1): S302-S310

Erwin S, Huckaba A, He K S, et al. 2012. Matrix analysis to model the invasion of alligatorweed (*Alternanthera philoxeroides*) on Kentucky Lakes. Journal of Plant Ecology, 1(6): 1101-1110

Gandon S, Capowiez Y, Dubois Y, et al. 1996. Local adaptation and gene-for-gene coevolution in a metapopulation model. Proceedings of the Royal Society B: Biological Sciences, 263(1373): 1003-1009

Jin Z X, Li J M, Zhu X Y. 2006. Analysis of the total phenols content in different organs of *Calycanthus chinensis* from different habitat. Journal of Anhui Agricultural University, 33(4): 454-457

Koskela T, Salonen V, Mutikainen P. 2000. Local adaptation of a holoparasitic plant, *Cuscuta europaea*: variation among populations. Journal of Evolutionary Biology, 13(5): 749-755

Lajeunesse M J, Forbes M R. 2002. Host range and local parasite adaptation. Proceedings of the Royal Society B: Biological Sciences, 269(1492): 703-710

Li J M, Dong M. 2009. Fine-scale clonal structure and diversity of invasive plant *Mkania micrantha* H.B.K. and its plant parasite *Cuscuta campestris* Yunker. Biological Invasions, 11(3): 687-695

Lively C M, Jokela J. 1996. Clinal variation for local adaptation in a host-parasite interaction. Proceedings of the Royal Society B: Biological Sciences, 263(1372): 891-897

Miller B, Madilao L L, Ralph S, et al. 2005. Insect-induced conifer defense. White pine weevil and methyl jasmonate induce traumatic resinosis, *de novo* formed volatile emissions, and accumulation of terpenoid synthase and putative octadecanoid pathway transcripts in *Sitka spruce*. Plant Physiology, 137(1): 369-382

Mopper S, Beck M, Simberloff D, et al. 1995. Local adaptation and agents of selection in a mobile insect. Evolution, 49: 810-815

Mutikainen P, Salonen V, Puustinen S, et al. 2000. Local adaptation, resistance, and virulence in a hemiparasitic plant-host plant interaction. Evolution, 54(2): 433-440

Müller-Schärer H, Schaffner U, Steinger T. 2004. Evolution in invasive plants: implications for biological control. Trends in Ecology and Evolution, 19(8): 417-422

Navas M L, Gasquez J. 1991. Genetic diversity and clonal structure of *Rubia peregrina* in Mediterranean vineyard and unmanaged habitats. Weed Research, 31(5): 247-256

Norton, D A, De Lange P J. 1999. Host specificity in parasitic mistletoes (Loranthaceae) in New Zealand. Functional Ecology, 13(4): 552-559

Pan X Y, Jia X, Chen J K, *et al*. 2012. For or against: the importance of variation in growth rate for testing the EICA hypothesis. Biological Invasions, 14(1): 1-8

Pan X Y, Jia X, Fu D J, *et al*. 2013. Geographical diversification of growth-defense strategies in an invasive plant. Journal of Systematics and Evolution, 51(3): 308-317

Strauss S Y. 1997. Lack of evidence for local adaptation to individual plant clones or site by a mobile specialist herbivore. Oecologia, 110(1): 77-85

Yoder J I. 1997. A species-specific recognition system directs haustorium development in the parasitic plant *Triphysaria* (Scrophulariaceae). Planta, 202(4): 407-413